최신 열간압연공학

목차

Part I 열간 압연 이론

Part 2 열간 압연 강판 제조

Part 3 선재 압연 기술

Part 4 분괴 압연 기술

Part 5 형강 압연 기술

머리말

우리나라의 조강생산 능력이 8천만 톤이 넘어서고 있다. 한국철강 협회는 국내 철강 업체 250여개사를 대상으로 조사한 결과 현대제철의 당진 1, 2, 3 고로의 가동에 따라 조강생산능력이 전년 대비 1천604만 톤이 늘어난 8천 21만 톤으로 예상된다고 밝혔다. 우리나라의 제철기술은 이처럼 계속 비약적인 발전을 하고 있다.

과거에는 개발도상국에서 철강제조업체가 생기는 것을 방지하기 위해서 세계 각국 업체에서 여러 가지 압력을 가해 오기도 했다. 이러한 어려운 점을 극복하고 포항제철이 출발하였으며, 2010년부터 현대제철이 고로를 가동하기 시작함으로써 중공업의 핵심적 역할을 담당하는 우리의 제철 기술은 양적으로나 기술적으로도 세계 제1의 수준에 달했다고 해도 과언이 아니다. 이와 같은 제철 산업 공업 중에서도 열간압연 공정에 필요한 이론과 실무를 겸비한 유능하고 숙련된 기술기능인이 필요하게 되었다.

이 책은 열간압연공학을 공부하고자 하는 공학도 및 현장 실무자들에게 길잡이가 될 수 있도록 하였으며, Part 1 열간 압연이론, Part 2 열간 압연 강판 제조, Part 3 선재 압연 기술, Part 4 분괴 압연 기술, Part 5 형강 압연 기술의 순서로 단원을 구성하여 내용을 전개 하였다.

이 책을 통하여 열간압연공학을 공부하는 공학도들과 현장실무자들이 활용하는데 많은 도움이 되고 또한 국가기술자격 검정시험을 대비하는 수험생들에게 수험대비용 참고도서로서의 지침서가 되기를 바란다.

아무쪼록 열간압연분야에서 최고의 기술인이 되었으면 하는 것이 저자로서의 바램이며, 원고 정리를 끝내고 보니 부족한 부분에 대해서 아쉬움이 많지만 신기술 부분과 부족한 것은 계속적으로 수정보완 할 것을 약속드리며, 여러분들의 많은 관심과 성원을 기대하는 바이다.

끝으로 이 책을 펴내기까지 많은 도움과 자료를 제공해 주신 선·후배 동료·여러분과 출판에 수고하여주신 도서출판 구민사 조규백 대표님과 직원 여러분께 감사를 드리는 바이다.

2014년

저자 씀

Part 01

열간 압연 이론

Chapter 01

최신열간압연공학

기초 이론

제1절 | 롤간 재료의 흐름

압연 기구(Mechanism)는 대단히 복잡하여 이것을 이론적으로 엄밀히 취급한다는 것은 곤란하다. 따라서 기초적 압연 이론의 이해를 도모하기 위하여 정확한 사실은 아니지만, 기초사항을 단순화 하는 다음의 가정이 필요하다.

① 압연 재료는 압연에 의해 폭퍼짐이 없는 것으로 한다.(즉 2차원 가정)
② 재료의 직단면은 압연후에도 변하지 않는다.
③ 체적의 변화는 없다.
④ 재료와 롤간의 마찰계수는 일정하다.
⑤ 롤은 완전한 원통형이고 상하 롤의 축은 평행이다.

제2절 | 롤 갭(Roll Gap)에서 재료의 속도

압연 전후의 재료 치수를 다음 <그림 1-1>과 같이 한다.

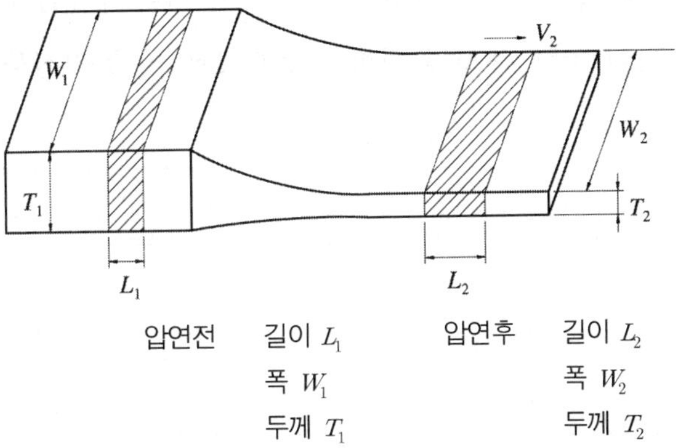

그림 1-1 | 압연 제원

이 경우 압하량은 $T_1 - T_2$이고, 압하율 r은 다음과 같이 표시한다.

$$r = \frac{T_1 - T_2}{T_1} \times 100 \qquad (1-1)$$

압연중에 재료의 체적 변화가 없다는 가정으로부터

$$L_1 \times W_1 \times T_1 = L_2 \times W_2 \times T_2 \qquad (1-2)$$

또 압연중의 폭의 변화가 없다고 가정했으므로

$$W_1 = W_2 \qquad (1-3)$$

따라서 (1−1)에 의해

$$L1=\frac{100-r}{100}\times L2 \qquad (1-4)$$

식에서 알수 있듯이 압연속도가 변해도 길이의 관계는 변하지 않는다.

또 압연 전후의 재료 속도를 V_1, V_2라 하면 압연 전후의 1점을 통과하는 시간은 L_1/V_1, L_2/V_2이다. 압연 중에 체적의 변화가 없으므로 이 동일점을 통과하는 시간은 같아야 한다. 따라서

$$L_1/V_1=L_2/V_2 \qquad (1-5)$$

(1−4)식에 의해

$$V_2=\frac{100}{100-r}\times V_1 \qquad (1-6)$$

압연 전후의 속도는 (1−6)식에 의하여 <그림 1−2>의 사선 부분을 속도는 V_1에서 V_2 사이이다.

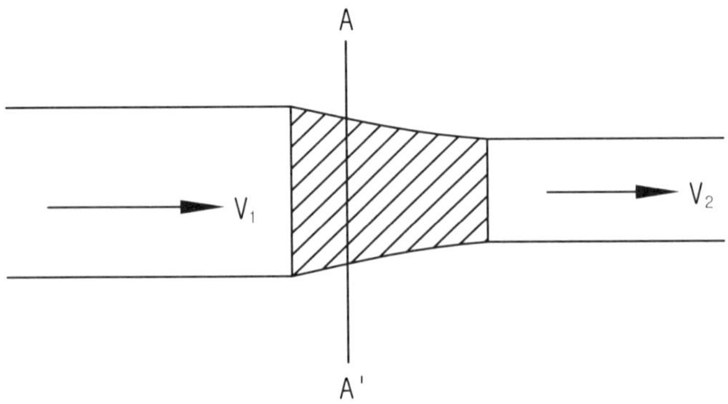

그림 1−2 ▌압연 전후 속도

또 임의의 단면을 A−A'를 따라 두께를 정확히 측정하면 그 부분의 압하율을 알고, (1−6)식에 의해 그 부분의 속도가 쉽게 계산된다.

이와 같은 방법으로 사선 부분의 전장에 걸치는 속도 분포를 구해보면 재료의 속도가 어떤 1점에 있어서만 롤 주속과 동일하며 이 롤 주속과 동일하게 되는 점을 중립점(Neutral Point)이라 한다. 중립점보다 입구측 부분은 재료 속도가 롤 주속보다 늦으며 이런 현상을 후진이라 한다.

또 중립점보다 출구 측에서는 역으로 속도가 롤 주속보다 빠르고, 이 현상을 선진이라고 한다. 선진은 압연 이론상 중요한 의미를 가지고 있고 다음과 같이 정의한다.

$$\text{선진율}(\%) = \frac{V_2 - V_R}{V_R} \times 100 \qquad (1-7)$$

여기서, V_R : 롤 주속도

제3절 | 롤과 재료간의 마찰 (1)

재료와 롤간에는 강한 힘이 작용하고 있으며 동시에 상호간 슬립이 발생한다는 상황을 생각하면 롤과 재료간에 큰 마찰력이 작용한다는 것은 당연하다고 생각된다. 롤에 걸린 전 하중을 접촉호 전장에 걸쳐 각각의 P점의 부분 하중을 생각하면 <그림 1−3>에서 분포 하중 P는 마찰력 f를 생성시킨다.

중립점보다 입구측에서는 마찰력에 의해 재료가 롤에 끌어 당겨지는 경향이 있고 중립점 보다 출구측에서는 역으로 작용한다.

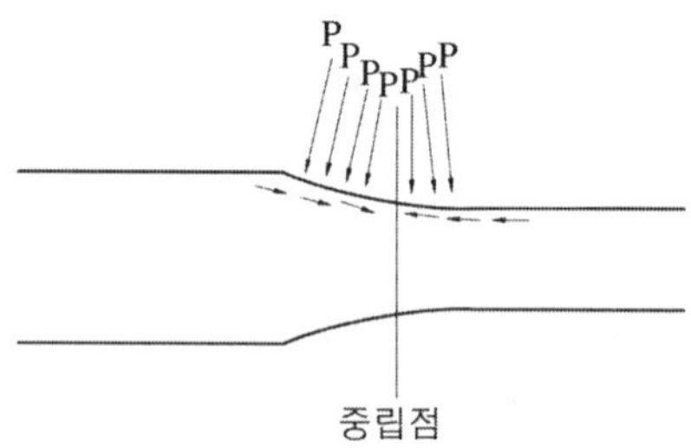

그림 1−3 | 마찰력

제4절 | 롤과 재료간의 마찰 (2)

마찰력의 수평 분력을 합해서 재료가 롤에 끌려 들어가는 방향의 합계를 F_1, 재료가 끌려 되돌아 오려는 방향의 합계를 F_2라 하면 F_1과 F_2는 당연히 똑같은 값이 된다.

중립점은 이 양방향의 힘이 같은 점이다. f_2의 수평 분력의 f_1의 수평 분력보다 크므로 중립점은 접촉호의 중심이 되지 않는다. 외부로부터 힘이 더해지는 경우에는 중립점의 위치가 변해진다. 즉, 전방 장력 T_f가 더해지는 경우 T_f는 F_1에 합해져 끌어들이는 일을 한다. <그림 1−4>는 중립점의 위치를 나타낸 것이다.

이 경우 $F_1 + T_f$와 F_2가 동일하게 되므로 F_1은 작고 F_2는 커야한다. 따라서 중립점은 입구측으로 이동한다. 만약 대단히 큰 전방 장력이 더해지는 경우는 중립점이 접촉호의 최전방까지 이동해서 마침내는 진정한 의미의 압연이 이루어지지 않게 된다. 마찬가지로 후방 장력이 더해지면 중립점은 출구측으로 이동한다.

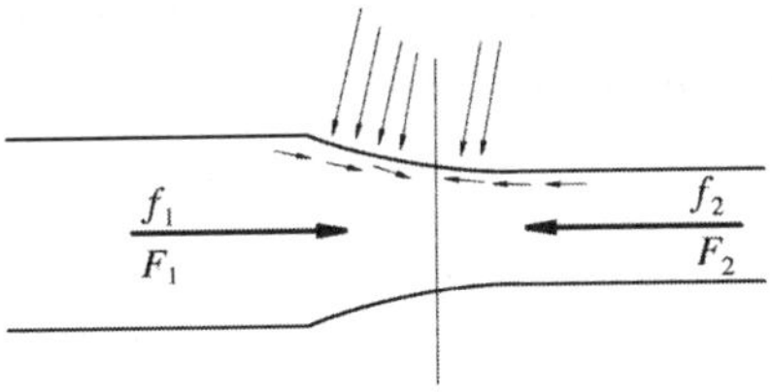

그림 1−4 | 중립점의 위치

제5절 | 최대 압하량

어떤 일정한 재료의 치수, 롤 치수, 마찰 계수에 대해서 그이상의 압하량이 걸리면 재료가 롤에 물리지 않는 최대 압하량이 존재한다. <그림 1-5>에 표기한 것처럼 A 점에 P가 작용하고 마찰력 f가 생긴다. P와 f를 수평 및 수직 분력으로 나누면 수직 분력은 어디든 동일한 방향으로 작용하고 그 합계는 접촉호의 어느 점에 있어서도 롤 분리력이 된다.

한편 수평 분력은 롤 입구에서 중립점까지 P의 수평 분력은 재료의 치입을 방해하는 방향으로, f의 수평 분력은 재료의 치입을 복돋으는 방향으로 작용한다. 따라서 재료가 롤에 치입하기 위한 조건은 롤의 입구에 있어서 Ph가 fh와 같거나 그것보다 작아야 한다.

만약 P가 롤의 중심에 대해서 a각도로 작용하면 <그림 1-5>에서처럼

$$Ph = P\ Rin\ a$$
$$fh = f\ Cos\ a \quad (1-8)$$

재료가 롤에 치입할 때는 Ph = fh

$$f = P\ Tan\ a \quad (1-9)$$

한편, $f = \mu P$ 이므로

$$\mu = Tan\ a$$

이것으로부터 최대 압하량을 구할 수 있다.

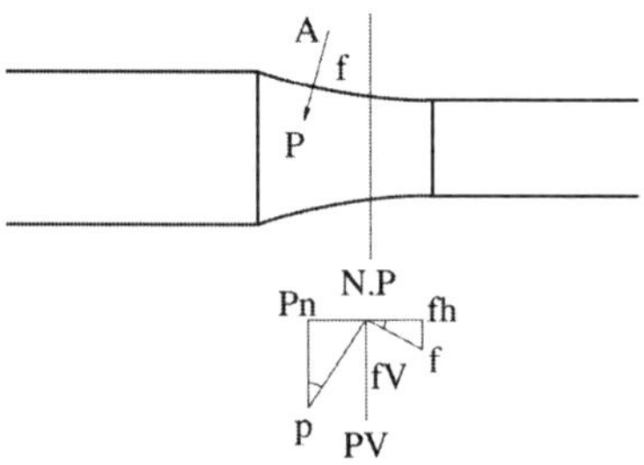

그림 1-5 | 압하량의 관계

<그림 1-6>에서 알 수 있듯이 롤경이 큰 쪽이 큰 압하량을 얻을 수 있다. 단, 최대 압하량에 영향을 미치는 다른 인자도 고려할 필요가 있다.

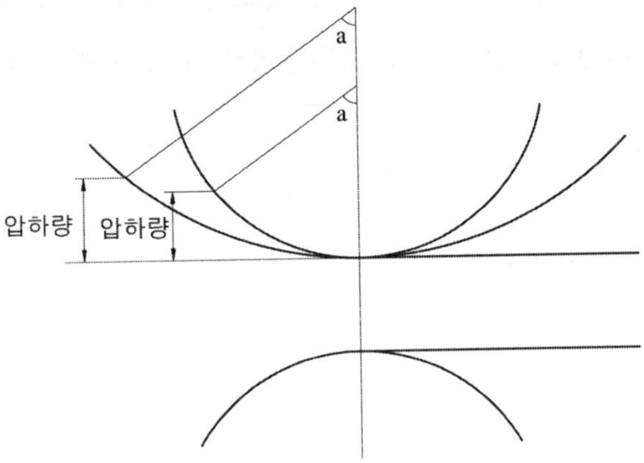

그림 1-6 ▌롤 직경의 관계

<그림 1-7>은 상이한 마찰 계수에 대응하는 가능 치입각이며, 마찰 계수가 크면 최대 압하량이 크게 걸리는 것을 알 수 있다.

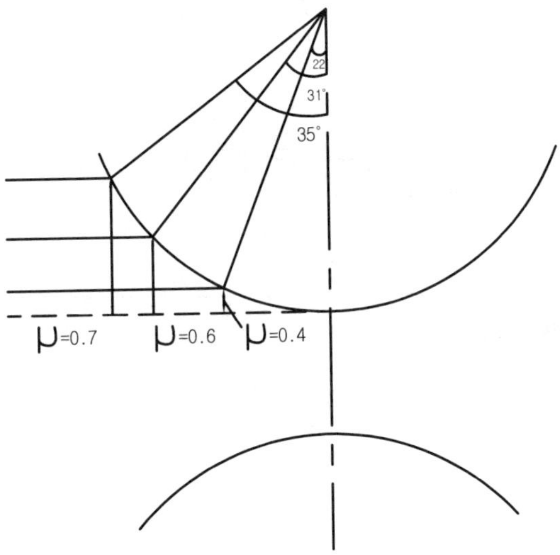

그림 1-7 ▌마찰계수와 치입각

제6절 | 평균압연 압력

<그림 1-8>에서 처럼 두께 h_1 ×폭 b_1의 재료를 $h_2 \times b_2$까지 압연할 때 $\Delta h = h_1 - h_2$를 압하량으로 하면 투영 접촉장이라 부르는 길이 L은

$$L = \sqrt{R\Delta h - \left(\frac{\Delta h}{2}\right)_2} \qquad (1-11)$$

2차 이상의 미소항을 생략하면,

$$L = R\Delta h \qquad (1-12)$$

가 된다.

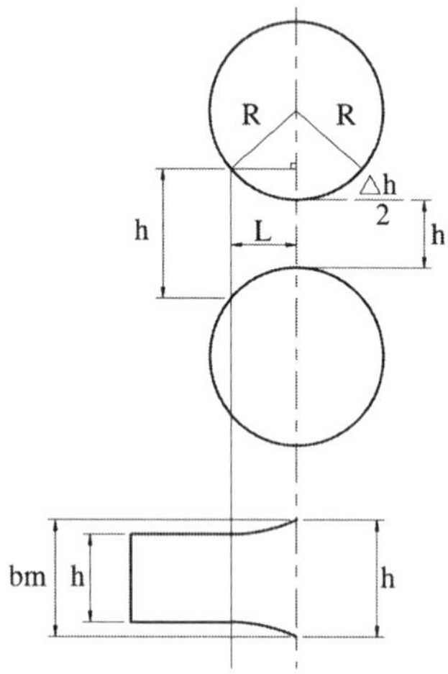

그림 1-8 | 압연 압력 관계

이상은 압연중에 롤이 변형하지 않는다고 가정한 경우지만 압연중 롤이 탄성 변형(Roll－Flattening)하는 경우는 실제의 투영 접촉장 L보다 조금 크게 된다. 롤 탄성 변형에 의한 롤 반경의 변화(R'로 한다)는 Hitchock에 의하면

$$\frac{R'}{R} = 1 - 2\,C_o \frac{P}{b\Delta h} \qquad (1-13)$$

$$C_o = \frac{8(1-r^2)}{\pi E}$$

단, r : 포아송의 비(Poisson's Ratio), E : 영율(Young Ratio), B : 관폭

따라서

$$L = R' \Delta h \qquad (1-14)$$

더욱 압연함에 따라 재료의 폭은 일반적으로 b_1보다 b_2가 약간 증가하지만 압연중의 평균치를 그림처럼

$$b_m = (b_1 + 2b_2) \qquad (1-15)$$

$A = b_m \times L$을 투영 접촉 면적이라 하고 재료와 롤의 접촉한 부분을 수직 방향으로 투영한 면적으로 표시하며 <그림 1－8>의 사선으로 표시한 부분에 해당한다.

평균 압연력 P_m은 압연 압력을 P로 하면 다음 식으로 표시된다.

$$P_m = \frac{P}{b_m \sqrt{R \Delta}} \qquad (1-16)$$

Chapter 02

압연력에 영향을 미치는 인자

제1절 | 압연 재료 폭

압연 하중 및 동력은 폭에 비례한다고 가정한다. 이것은 폭퍼짐 때문에 스트립(Strip)의 에지(Edge)에서의 하중 혹은 동력의 감소에 의한 작은 오차를 허용하면 거의 정확하다는 것이 판명되어 왔다.

제2절 | 롤 직경의 영향

일정한 압하율에 대하여 <그림 1-9>와 같이 롤경이 커지면 접촉호 길이도 길어진다. θ

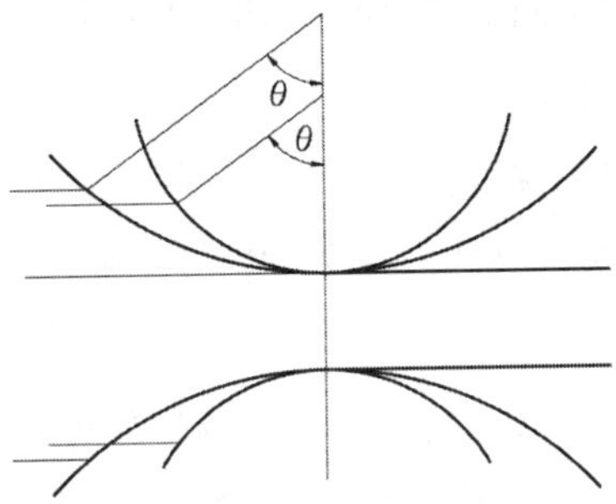

그림 1-9 | 롤 직경의 영향

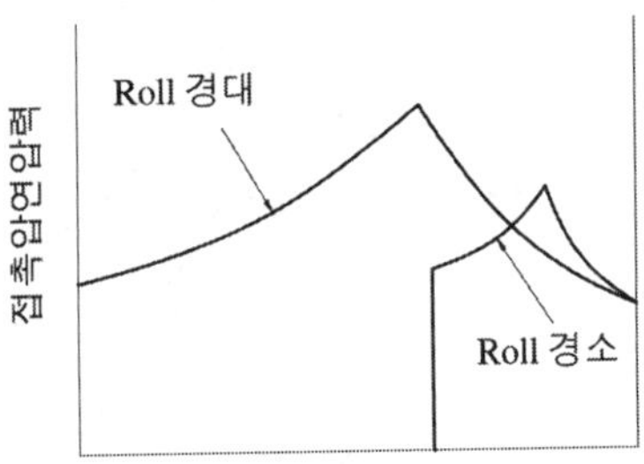

그림 1-10 | 접촉 압연력 분포 곡선

<그림 1-10>은 Friction Hill곡선(압연력 분포 곡선)에 대한 롤경을 영향을 나타낸다. 이것으로부터 알 수 있는 바와 같이 롤 직경이 커지면 곡선에 포함되는 면적이 커져 압연력은 이 곡선에 포함되는 면적에 비례하므로 압연 압력은 증가된다. 동력은 하중의 작용선과 롤 중심과의 수선 거리가 길게 되고 또 롤 압력의 증가에 의해 커진다.

제3절 | 압연 재료의 조성

응력 S 및 그것에 대한 가공 경화의 영향을 재료의 조성에 의한다. 소요 동력 및 압연력은 재료의 인장 강도(Tensile Strength)와 관계가 있고 인장 강도가 큰 재료를 압연 하는데 큰힘이 필요로 한다.

즉, 압연력은 재료의 2차원 구속 변형 저항(인장 시험의 1.15배)과 관계가 있고 변형 저항이 클수록 압연력은 크게 된다.(변형 저항은 재료의 화학 성분, 온도, 변형 속도에 따라 변한다.)

<그림 1-11>은 탄소의 조성에 따른 압연 압력의 변화를 나타낸 것으로, 탄소강의 경우에는 탄소량의 증대에 따라 압연 압력은 증가하는데, Mn도 같은 경향을 나타낸다.

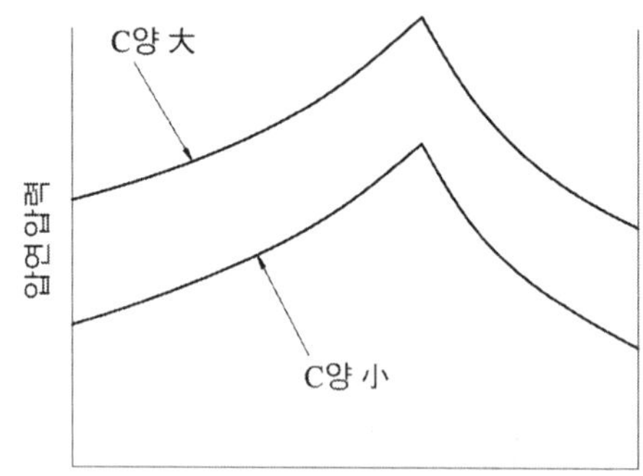

그림 1-11 | 조성의 영향

제4절 | 압연 온도

냉간 압연에 있어서는 압연 온도가 낮기 때문에 상온의 변형 저항과 거의 같지만 열간 압연에 있어서는 변형 저항 즉, 압연력에 미치는 압연 온도의 영향은 크다.

<그림 1-12> 및 <그림 1-13>에 나타낸 것과 같이 압연 온도가 높으면 변형저항 S는 작게되고, 따라서 압연력도 작아진다.

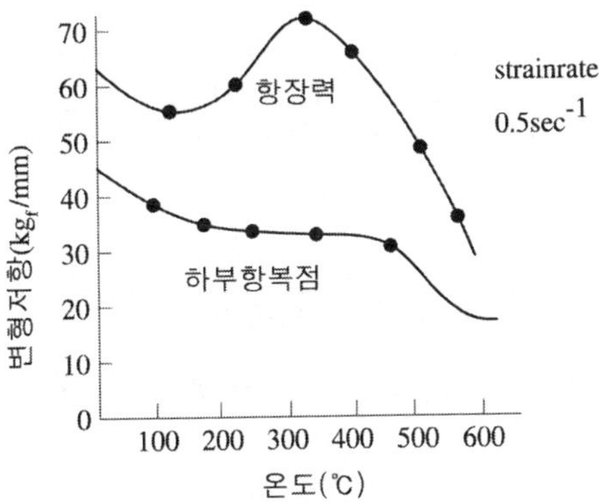

그림 1-12 | 저탄소강의 온도와 변형 저항

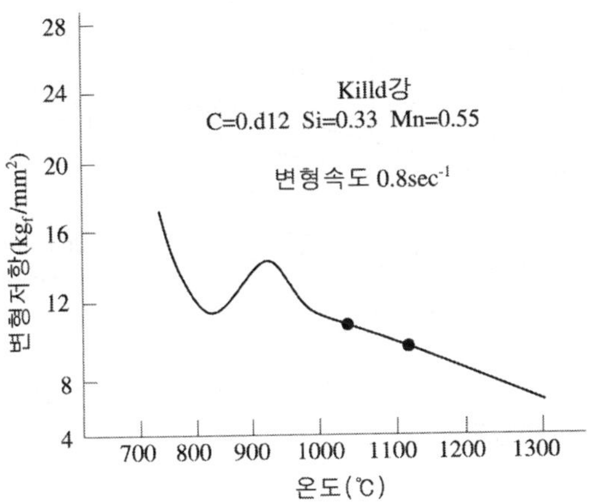

그림 1-13 | 저탄소강의 온도와 변형 저항

제5절 | 압연 온도에 따른 변형 속도

압연 하중과 동력에 대한 압연 속도의 영향은 비교적 작지만 열간 압연 에서는 현저하다. 고온에 있어서 강의 변형 저항은 변형 속도와 함께 현저히 증가한다. 양자간에는 다음과 같은 실험식이 있다.

$$S = K_1 \varepsilon^m \qquad (1-17)$$

또는

$$\log S - K_1 + m \log \varepsilon$$

단, ε : 변형속도(strain Rate) K_1 : 상수

Trinks는 Strain Rate $= \frac{\text{압하량}}{\text{압연 전 두께}} \times \frac{1}{\text{접촉시간}}$ 을 사용해서 각종의 변형율(Strain Rate)과 압연 온도에 의한 변형 저항을 구했다. 그것을 표시하면 <그림 1-14>와 같다.

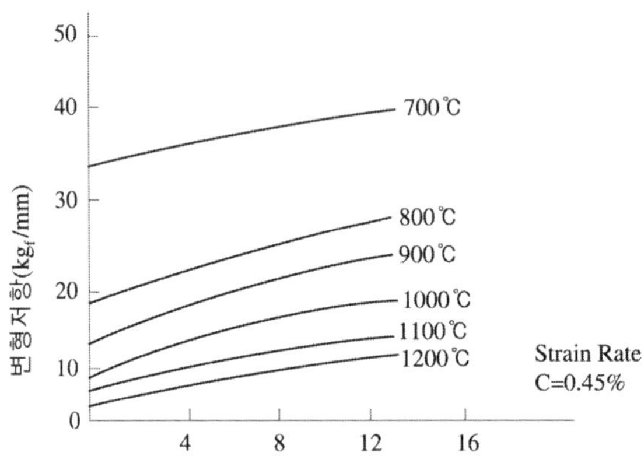

그림 1-14 | 변형속도와 변형저항

제6절 | 마찰 계수

압연에 있어서 롤 표면과 재료간에 슬립이 될 때 마찰력이 문제가 된다. 따라서, 압연에서 언급되는 μ는 슬립 마찰이다. 마찰 계수 μ의 크기는 압연 압력에 큰 영향을 주고 압연 압력 분포 곡선으로 나타내면 <그림 1-15>와 같다.

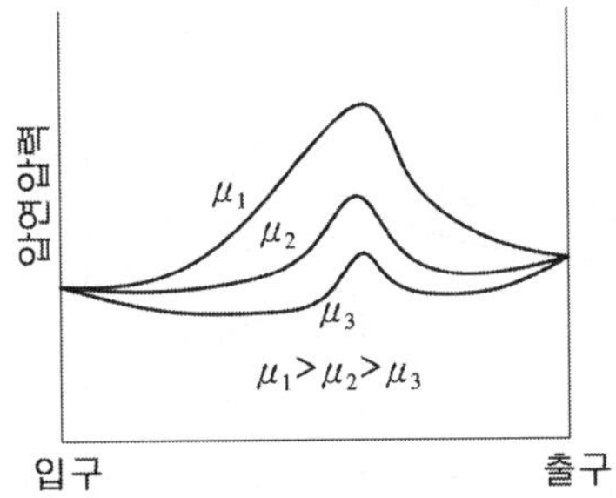

그림 1-15 | 마찰계수와 압연압력

열간 압연에 있어서 μ의 값은 온도의 영향을 마찰 계수와 압연 압력을 받는다. Elcelund는 $\mu=1.05-0.005t$(단, t=압연온도 ℃)의 실험을 제안했다.

제7절 | 압하율

일정한 롤경 및 재료 두께에 대해 압하율을 변화시키면 접촉호 길이가 변한다. <그림 1-16>은 압하율이 클수록 재료의 사상 압연 두께가 얇을수록 압연력이 증가함을 보여준다.

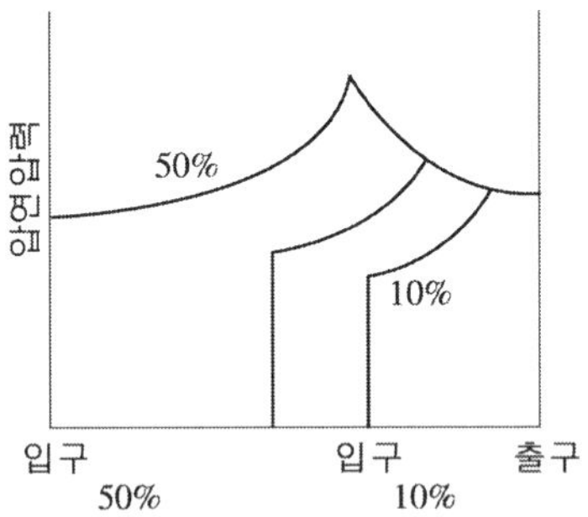

그림 1-16 | 압하율과 압연 압력 분포 곡선

제8절 | 재료두께

일정한 압하량 및 롤경에 대해서는 마찰력은 일정하므로 재료가 얇아지면 수평 방향의 응력은 커진다. 극박재의 경우 수평 방향의 응력은 항복 응력의 수배가 된다. 따라서 압하량 및 롤경이 일정하면 재료 두께가 얇을수록 압연 하중은 커진다.

제9절 | 장 력

압연에 있어서 전면 장력을 걸때는 재료 조직에 변화를 주지 않고 압연력을 줄이고 보다 경질의 재료를 보다 얇게 압연할 수 있으며 롤 마모도 어느 정도 줄어든다. 이것을 압연력 분포 곡선에서 고려해 보면 <그림 1－17>과 같이 어느 경우도 압연 하중이 감소하는 것을 알 수 있다.

또 합력의 작용선은 후방 장력의 경우 출구측으로 전방 장력의 경우는 입구측으로 이동함을 알 수 있다. 따라서 후방 장력은 동력을 증가시키고 전방 장력은 동력을 감소시킨다.

장력과 압연력 분포에 관해서는 Hessenbnrg Sims, Nadai 등의 연구가 있지만 여기서는 Nadai가 이론적으로 구한 압력 분포 곡선에 대해 설명한다.

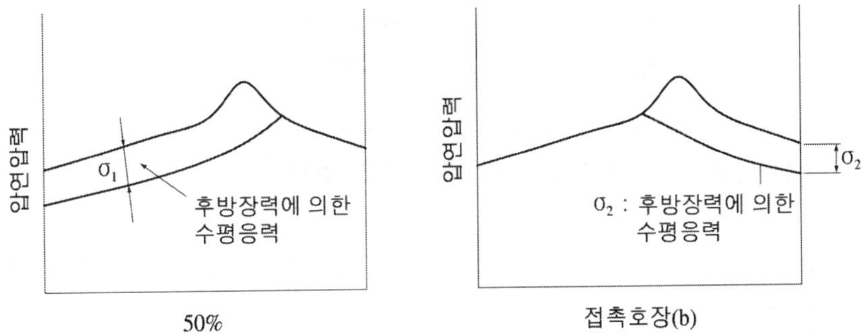

그림 1－17 | 장력과 압연 압력의 분포와의 관계

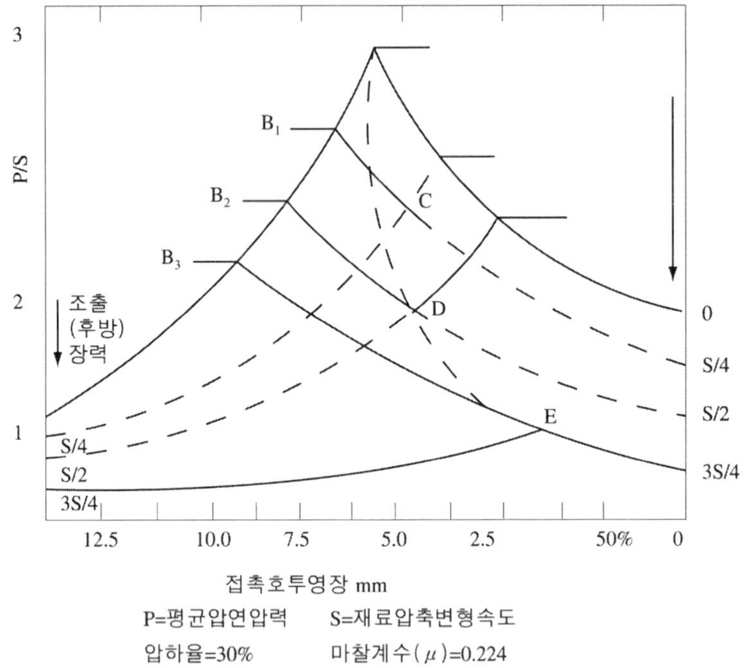

그림 1－18 ▌전방 및 후방 장력이 압연 하중에 미치는 영향

<그림 1－18>에서 장력을 가하지 않는 경우는 압력이 최대인 압력 분포 곡선으로 이 곡선에 포함되는 면적이 압하력에 비례한다.

전방·후방 장력을 점점 증가시키면 최대 압력점은 A → C → D → E로 이동하고 이 곡선들의 하부 면적이 압하력을 나타내므로 장력을 가하면 압연력(%)이 크게 저하되는 것을 알 수 있다.

또 전방·후방 장력이 각각 별개로 작용할 때는 영향을 미치는 것이 다르다. 즉 후방 장력만을 가하는 경우 중립점 A가 출구점의 방향으로 A → A_1 → A_2로 이동한다. 후방 장력이 충분히 커서 A점이 출구점 X까지 도달하면 접촉호의 전장에 걸쳐 롤의 주속도가 재료보다 빠르다.

그 결과 슬립에 의해 재료 표면에 홈을 낼수 있다. 역으로 전방 장력만을 순차적으로 크게 하면 중립점 A는 입구점 Y로 향하고 A → B_1 → B_2 → B_3로 이동하고 입구점 Y에 일치하면 접촉호의 전장에 걸쳐 롤 주속도 보다 재료 쪽이 빠르게 압연된다. 상기 각 경우의 구체적 예를 <그림 1－19> 및 <그림 1－20>에 나타내었다.

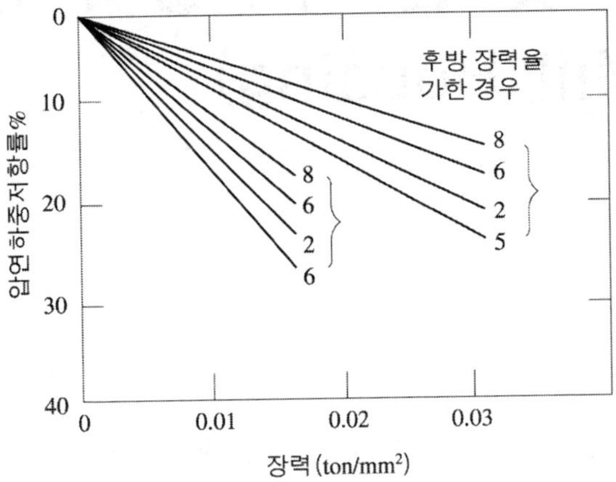

그림 1-19 ▌전방 장력 또는 후방 장력을 단독으로 가할 때 압하력 저하율

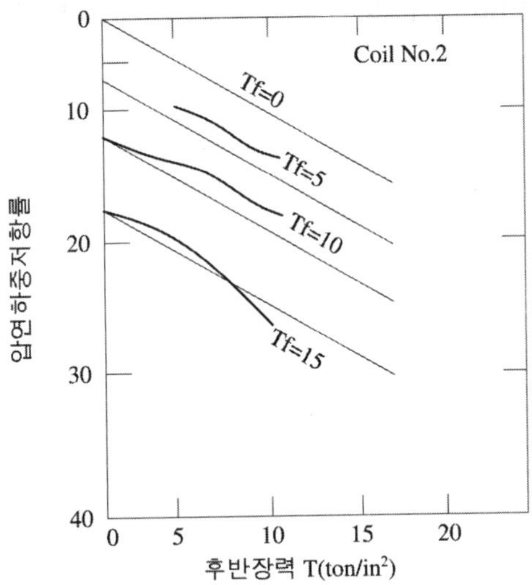

그림 1-20 ▌전·후방 장력을 동시에 가할 때의 압연 하중 저하율

Chapter 03

최신열간압연공학

롤 및 밀 하우징의 변형 (Mill Housing)

압연기에서 압연중 재료에서 롤에 미치는 힘은 매우 크므로 롤 변형을 일으켜 이것은 압연 작업, 관의 형상에 중대한 영향을 미친다. 또 하우징(Housing)도 마찬가지로 변형이 생기는데 일종의 탄성체로 볼 수 있으며 이 요소는 판두께 정도에 중요한 영향을 미친다.

이 항에서는 롤 벤딩(Roll Bending), 롤 탄성 변형(Roll Flattening), 밀 상수(Mill Spring)등에 대해 설명한다.

제1절 | 롤 벤딩(Roll Bending)

롤은 큰 하중(길이 방향으로 분포)을 받는 짧은 보(Beam)로 생각할 수 있다. 실제 롤은 롤경에 비해 길이가 짧고 전단 응력에 의한 휨이 굽힘 응력에 의한 휨과 같은 정도다. 따라서 응력 패턴은 복잡하므로 간단한 보의 굽힘 식을 이용한 근사치는 부정확 하다. 여기서는 Cox에 의해 제시된 간단하고 정도 좋은 롤 크라운 계산법을 소개한다.

이 방법은 균일 분포 하중을 받는 단순 지지 보식을 하중이 보의 전장에 걸치지 않고 스트립 폭 만큼 분포되어 있는 것으로 보정하고 전단 응력에 의한 한 휨에 대한 계산을 하여 롤의 전 벤딩량 계산하는 방식이다. 또 휨은 재료의 중앙부와 에지부 간의 휨으로 롤 전체의 휨은 아니다.

그 식의 간단한 도출 방법은 아래와 같다.

$$Y = Y_b + Y_s \tag{1-19}$$

여기서, Y=압연기의 중앙부와 에지부 간의 휨
Y_b=굽힘 휨
Y_s=전단 휨

라고 하면

$$Y_b \frac{5}{384} \times \frac{We^3}{EI} k_b \tag{1-20}$$

$$Y_s = \frac{2We}{3AG} K_s \tag{1-21}$$

단, W=전 롤 하중
E=탄성 계수
A=롤 Barrel 부의 단면적
e=Strip 폭
I=전단 2차 Moment
G=전단 계수

K_b, K_s 값은 a / L에 의해 결정된다.

롤이 정확한 E 및 G 값을 알려져 있지는 않지만 롤의 각 재질에 대해 근사 평균값을 취하면 좋다

1 열 크라운(Thermal Crown)

롤의 변형에서 열팽창에 의한 변형이 있다. 재료를 고온으로 가열해서 압연한 경우 롤은 재료에 접하는 부분에서 열을 받는 것은 말할 것도 없지만 냉간 압연의 경우에도 재료를 변형시 가해지는 기계적 일이 열로 변해서 발열된다.

또 그 외에도 롤과 재료간의 슬립에 의한 마찰열과 롤의 탄성 변형을 반복할 때의 내부 마찰 등, 롤과 재료의 접촉부에서 롤을 가열하는 원인이 존재하고 있다.

이와 같이 롤은 재료와의 접촉부에서 열을 받고 이것을 양단의 베어링(Bearing)에로의 전도와 롤 표면에서의 냉각 윤활액 및 대기로의 전달에 의해 방출된다. 재료에서 롤에의 열전도는 그 온도차가 클수록 바꿔 말하면 롤 온도가 낮을 수록 활발하고 단위 시간중의 이동 열량도 크다.

롤에서 외부로의 방열에 대해서도 같으며 롤과 대기와의 온도차가 클수록 단위 시간중의 방열량이 증대한다. 따라서 롤은 온도가 낮으면 열 유입이 많아져 방출이 적고 온도가 높으면 열유입이 적고 방출이 많다.

롤 온도가 낮은 상태에서 작업을 시작하면 롤 온도는 점차 상승해서 평형 온도에 이른다.

이와 같이 열 이동은 온도차가 없으면 일어나지 않는 성질이므로 재료에서 열을 받는 롤 부분과 여기서 이동된 열의 방출 역할을 하는 양단의 베어링부에서는 당연 온도차가 나서 <그림 1-21>과 같은 변형을 일으킨다.

이 같이 열에 의한 롤 크라운 변형을 열 크라운이라 한다.

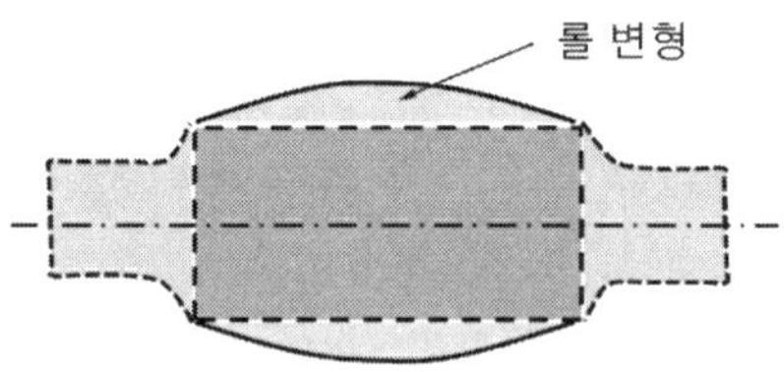

그림 1-21 | 열 크라운(Thermal Crown)

2 롤 크라운을 변형시키는 방법

압연중에 롤 크라운을 기계적으로 변화시키는 각종 방법은 설명하기 전에 압연중의 롤의 온도 및 마모에 의해 일으키는 변동을 고찰한다. 롤 간격은 매우 고온이 되므로 압연기가 냉각된 상태에서 압연을 개시하면 롤 중심부는 베럴 에지(Barrel Edge)부 및 롤 베어링부 보다 매우 빨리 열을 받는다. 따라서 롤 몸체부의 중심부는 단부보다 크게 팽창해 열 크라운을 형성한다. 광폭 열간 스트립 밀에 대한 크라운 계산에서 최대 폭의 재료의 압연에 필요한 크라운보다 실질적으로 작은 크라운으로 시작된 광폭재의 압연에 앞서 열 크라운의 형성을 허용하도록 할 필요가 있다.

이것은 냉각된 상태의 압연기에서 롤 몸체 길이의 약 1/2정도의 폭의 재료를 수분 압연하므로서 압연을 개시해서 롤이 열을 받으므로서 폭을 넓혀 나간다. 20~30분 압연후에 최대 폭에 도달한다.

롤 교체전에 나머지 압연 스케쥴에 대해서는 롤 마모에 의해 폭을 감소해 가며, 롤 교체 직전에서는 최소 폭을 수백 톤 압연한다. 이와 같은 싸이클은 받침 롤 교체까지 주간을 통해 반복된다. 동일한 순서가 냉간 롤에도 적용된다.

1) 압연 하중의 조정

가열식 압연기에서는 소요의 압하를 가능한 최소시간이 되도록 일련의 패스(Pass)를 행하는 것이 보통이다. 따라서 그 하중에 의한 롤 크라운이 양호한 형상을 주지않는 경우는 적정한 형상을 얻을 때까지 하중, 즉 롤 휨을 감소시켜 그 보상을 위해 1패스나 2패스 극단적인 압하를 할 수 있다.

마찬가지로 필요에 따라 하중, 즉 롤 휨을 증대시켜 패스 횟수를 감소시키는 방법도 있다.

탠덤 압연기(Tandum Mill)의 경우 스탠드(Stand)수에 의해 패스 횟수가 고정되어 있으므로 이 보정 방법을 사용하는 것은 매우 어렵다. 그러나 스탠드간 장력을 조작하여 특정 스탠드의 압연 하중을 증감하므로써 미미한 보정은 가능하다.

2) 롤 온도의 조정

광폭 압연기에서는 롤 몸체부 전체, 중앙부 또는 단부의 어느 것도 냉각할 수 있는 냉각 스프레이(Spray) 장치를 가지고 있는 것이 보통이다. 스트립이 중파의 상태로 압연될 경우(이것은 크라운이 크다는 것을 나타낸다) 냉각수를 롤 몸체부에 집중시키면 크라운이 극단적으로 부적절하지 않으면 중파는 보정될 수 있다. 역으로 양파로 압연되는 경우는 냉각수를 롤의 단부에 집중하는 것이 좋다.

때로 일련의 가스 제트(Gas Jet)가 같은 방법으로 사용되고 있지만 이 경우 동작은 냉각수 제트보다 매우 완만하다.

3) 롤 굽힘의 외부에서 기계적 조정

롤 넥(Neck)의 연결부에 잭(Jack)을 사용하면 바로 롤 초기 크라운을 부여한 것과 같다. 이와 같이 굽혀진 롤 형상은 소량의 휨에 대해서는 스트립에 의하여 굽혀졌을 때의 형상과 동일하다고 볼 수 있다.

최근의 롤을 이와 같은 롤 벤딩 장치가 대부분 설치되어 있다.

롤 벤딩으로서는 유압장치에 의한 작업 롤 굽힘이 대부분이고 그 예는 <그림 1-21(a), (b)>에 나타내었다. 또한 그 응용기술로서 최근 개발된 Double Chock Work Roll Bender에 대해서는 전장에서 기술하였다.

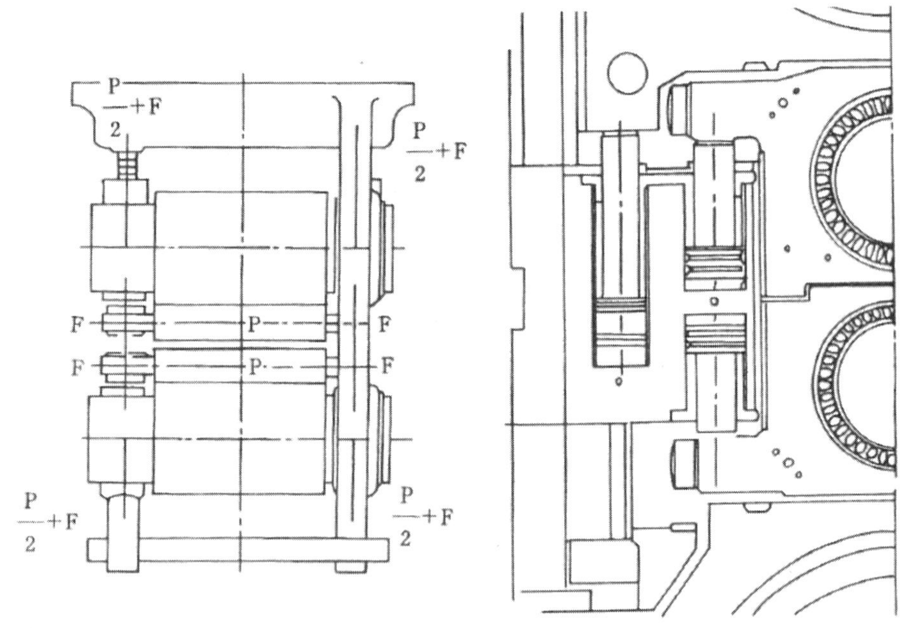

(a) Work Bearing Bender 장치 (b) Work Bearing Bender Cylinder부 상세

그림 1-22 ▌롤 굽힘의 외부에서 기계적 조정

4) 롤 크로스(Roll Cross)

<그림 1-23>에서는 과장시킨 것이지만 롤 축을 조금 크로스하면 직선 접촉을 하지 않고 롤은 만곡(彎曲)된 상태가 되어 롤 크라운을 증가시킨다. 따라서 롤 최저 크라운을 설정하고 척를 다소 오프셋(Off-set) 될 수 있도록 해 놓고 롤 축을 크로스시켜 롤 크라운을 증가시킬 수 있다.

이것을 실용화 한 것이 전장의 페어 크로스 밀(Pair Cross Mill)이다.

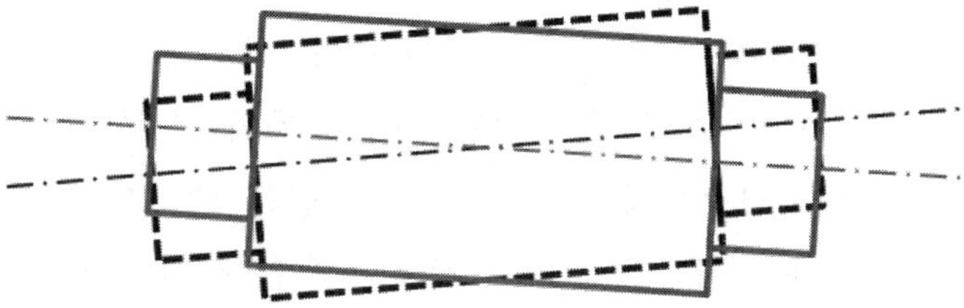

그림 1-23 | Roll Crossing

제2절 ǀ 받침롤 벤딩(Back UP Roll Bending)

4단 압연기의 경우에는 작업롤과 받침롤을 조합하여 빔으로 구성하고 있다. <그림 1－24>는 롤 경과 굽힘과의 관계를 도시한 것인데 여기서 직경이 증가하면 강성이 급속히 증대됨을 알 수 있다. 받침롤 경이 작업롤 경의 2～2.5배가 되면 작업롤의 강성은 받침롤의 강성에 비교해 거의 무시할 정도로 작다.

이 경우 롤 굽힘 계산시 받침롤만을 고려하여 하중은 스트립 폭에만 걸리는 것이 아니고 롤 몸통 전체에 걸린다고 가정하는 것이 좋다. 따라서 2단 압연기의 롤 초기 크라운의 계산에 있어 이미 주어진 식을 압연 하중이 롤의 전 몸통에 걸쳐 균일히 분포하는 것으로 식 중의 스트립 폭을 몸통 길이로 변환시켜 계산할 수 있다.

작업롤과 받침롤과의 차가 상술한 값보다 작은 경우는 작업롤의 관성 모멘트를 계산해서 그 값의 3/4를 받침롤의 관성 모멘트에 가해 줌으로서 정도 좋은 근사치가 될 수 있다.

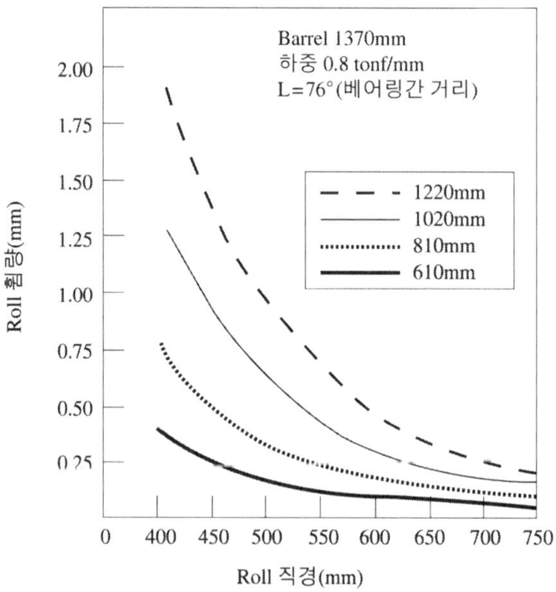

그림 1－24 ǀ 롤 경 및 굽힘과의 관계

제3절 | 롤 편평 변형(Roll Flattening)

고압연 하중에 의한 롤 굽힘에 대해서 설명하였는데 굽힘 이외에 압하에 의해 압연재와의 접촉부에 있어서 롤의 변형이 일어난다. 이것을 롤 편평 변형이라 한다. <그림 1-25>는 압연재와의 접촉부에서 변형을 받지 않는 롤과 고압연력하에 얻어지는 실제의 롤 형상을 비교한 것이다.

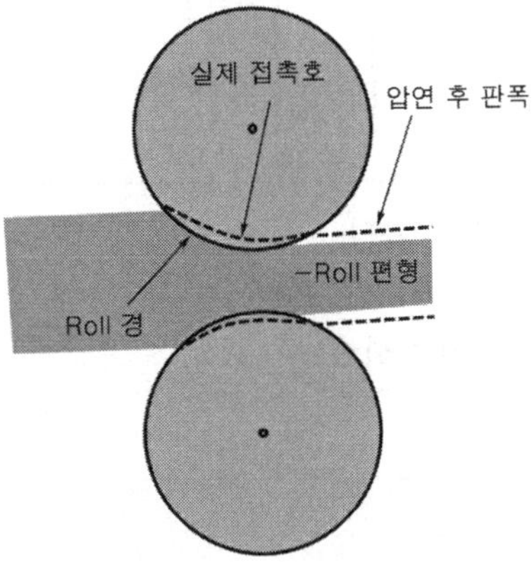

그림 1-25 | 롤 Flattering

이 그림에서 접촉호의 길이는 롤이 편평됨에 따라 증대하고 롤 출측의 스트립 두께는 변형되지 않을 롤에서 나오는 두께보다 두껍다. 접촉호에 있어서 하중은 롤 재질이 하중에 견딜 수 없어서 롤이 편평하게 될수록 큰 압력을 일으킨다.

그림에서 알 수 있듯이 접촉호는 길게되고 그에 따라 압력이 감소되도록 하중은 커진 면적에 분포한다. 편평화는 압력이 감소해서 롤 재질이 그것에 견딜 수 있는 점에서 평형 상태가 될 때까지 계속된다.

어떤 경우 특히 박판 스트립에서는 접촉호가 롤의 압력을 충분히 감소해 평형 상태에 도달할 만큼 길게 되지 않는다. 이 경우에는 스트립의 두께가 감소하지 않고 롤을 통과하고 모든 롤경에 대해서 압연 가능한 최소 두께가 존재한다.

롤 편평에 관한 여러 연구가 있지만 Hitchock의 근사식이 가장 일반적이다. 그의 이론에 기초가 되는 가정은,

① 압력분포는 <그림 1-26>에 나타는 것처럼 타원형이다.

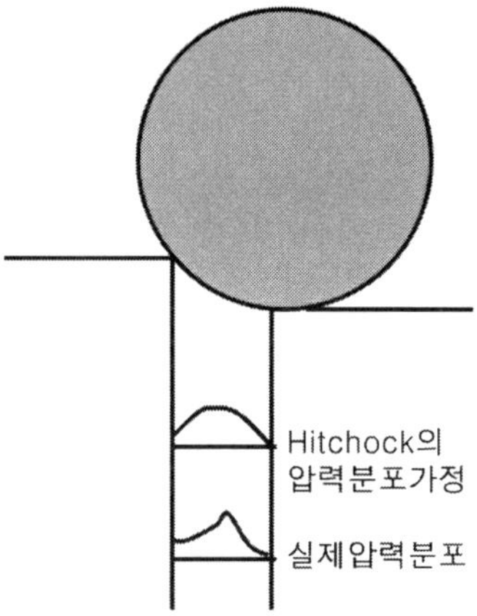

그림 1-26 ▍Hitchcock의 압연압력 가정

② 편평화된 롤은 반경 R'의 원호이다.

Hitchcock의 식은,

$$\frac{R}{R'} = 1 + C_o \frac{P}{b\,\Delta h}$$

$$C_o = \frac{8(1-r^2)}{\pi E} \qquad (1-22)$$

여기서, P : 압연 하중　　b : 판 폭

r : 포아송비　　E : Young율

롤 편평 변형이 생기면 좋지 않으므로 가능한 한 그것을 방지할 필요가 있다. 그렇기 위해서는 작동 롤경을 미세하게 하는 등의 대책이 있지만 직접 대책으로서는 일반적으로 채용되고 있는 것은 경도가 높은 롤을 사용하는 것이다. 롤 편평 변형은 열간 압연에 있어서 생기지만 냉간 압연 경우에 더 크므로 박판 냉간 압연 롤로서는 높은 경도의 롤이 사용된다.

제4절 I 롤의 탄성 곡선

바(Bar)가 2단 롤에 들어갈 때는 롤 편평 및 굽힘이 일어난다. 롤 단부가 이론적 절대 강체 지지라 가정하면 압연된 바는 압연 후 그것이 롤에 들어오기 전의 처음 롤 갭 보다 두껍게 된다.

이 초기의 롤 갭과 최종 압연, 두께와의 차는 양 작업롤의 편평량과 구휨량이 합이고, 이것은 부여된 압연 하중에 대해서 계산할 수 있다.

압연 압력에 대해서 롤 스프링(Spring)을 그림으로 그리면 처음 부분은 직선에 근사하며, 그 일례가 <그림 1-27>이다.

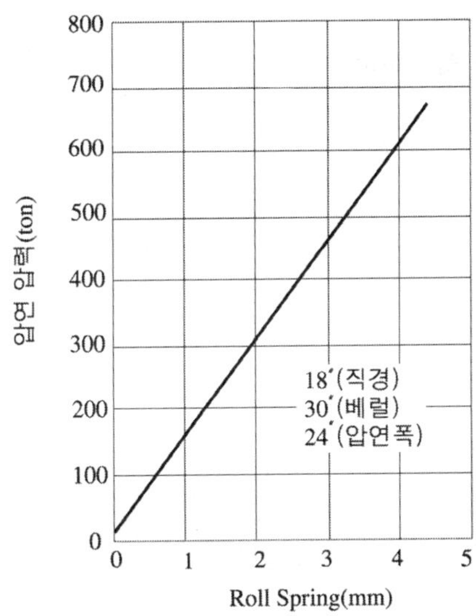

그림 1-27 I 2단 압연기의 롤 Spring

4단 압연기의 경우에는 처음의 롤 갭과 바 압연 두께와의 차는 바에 대한 작업롤의 편평량, 받침롤에 대한 각 작업롤의 편평량 및 받침롤 굽힘량의 합이다. 압연 하중에 대한 롤 스프링의 대표적인 곡선은 <그림 1-28>과 같다.

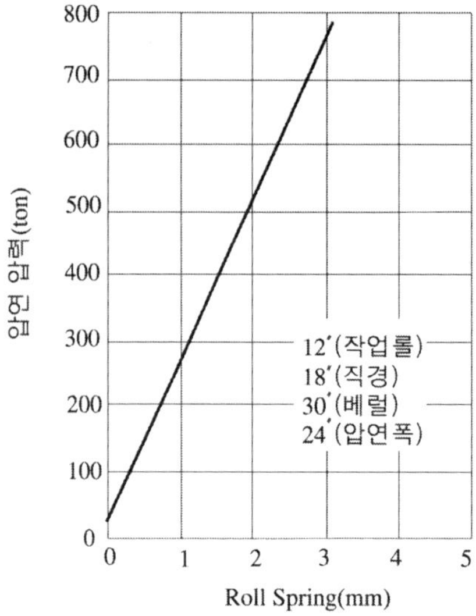

그림 1-28 ❙ 4단 압연기의 롤 Spring

제5절 | 밀 정수(Mill Spring)

롤로 재료를 압연할 때 롤에 사용하는 압연 반력은 롤, 롤 넥(Neck), 롤 넥 베어링, 베이링 초크, 압하 스크루, 하우징으로 전달되어 상하 롤의 압연 반력을 하우징이 지탱한다.

압하력이 작용하면 상기 각부는 각각 탄성적으로 변형하면서 힘을 전달해 최종적으로 지지하는 하우징도 탄성화해 약간 늘어난다. 그 결과 상하 롤간의 갭은 넓어진다. 각 요소가 후크의 법칙 또는 보의 휨으로부터 유도될 경우 스프링 양은 하중에 비례하므로 직선적 관계가 된다. 그러나 롤 및 롤 넥 베어링의 편평화는 어느 경우에는 처짐 하중에 대해서 비례하지 않으므로 다소 곡선적이다.

밀 정수(Mill Spring)는 최초의 롤 갭과 실제 압연재의 사상 두께차로 정의된다. S를 소재 치입전의 롤 간격, h를 압연한 재료의 사상 두께라고 하면 밀 정수는 (h−s)가 된다. 이것은 소재 치입전에 롤이 서로 접촉하고 있는 경우나, 롤 사이에 이미 압하력이 걸린 경우 S는 롤이 접촉된 다음 더욱 가해지는 스크루의 압하량이고 '−'값이 된다.

하중과 스프링 량과의 곡선을 그리려면 압연기를 공회전하면서 압하를 가한 여러 위치의 스크루에 대해서 하중을 측정하면 좋다.

이 방법으로 얻은 곡선은 바로 실제의 재료를 압연할 때의 밀 정수를 나타내는 것이 아니다. 실제 압연에서는 재료의 폭이 롤 몸통 길이 보다 좁다. 따라서 압연 하중은 롤에 국부적으로 집중해서 롤 굽힘, 편평을 일으키고 그 결과로 롤 길이 전체에 하중이 걸린 경우보다 스프링 량이 크게 된다.

제6절 | 판 두께와 밀 정수

<그림 1-29>는 하중과 밀 정수와의 관계를 나타낸 것인데, 이것으로도 알 수 있듯이 하중이 적은 곳을 무시하면, 하중과 밀 정수의 관계는 사용 조건 부근에서는 거의 직선이다. 하중과 밀 정수관계가 직선이면 직선의 경사는 압연기에서 일정하다.

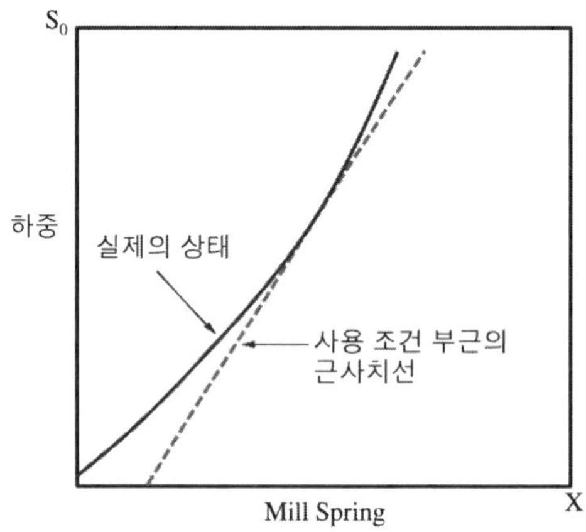

그림 1-29 | 하중과 밀 정수의 관계

이 경사를 밀 정수라 하고 롤에서 하우징까지 모두 합한 압연기의 스프링 상수이다. <그림 1-30>에서처럼 X축과 S_o를 합하면,

$$\text{Mill Spring} = S_o \frac{F}{M} \qquad (1-23)$$

따라서 처음 롤 Gap이 S이면 <그림 3-31>과 같이 판두께 h는

$$h = S + S_o + \frac{F}{M} \qquad (1-24)$$

여기서 S = Mill, F : 압연력, M : 밀 정수

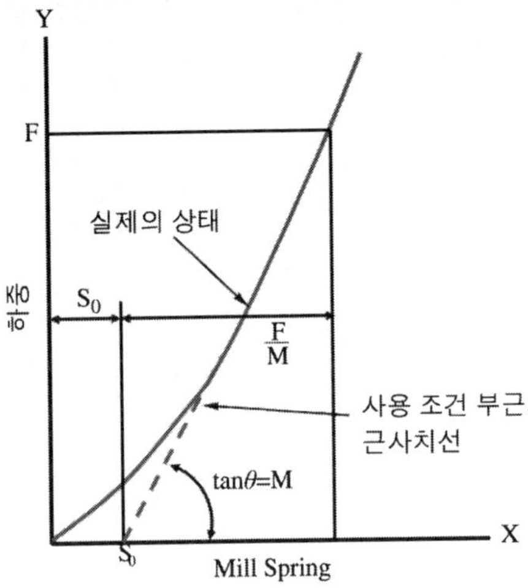

그림 1-30 ▎Mill Spring 곡선

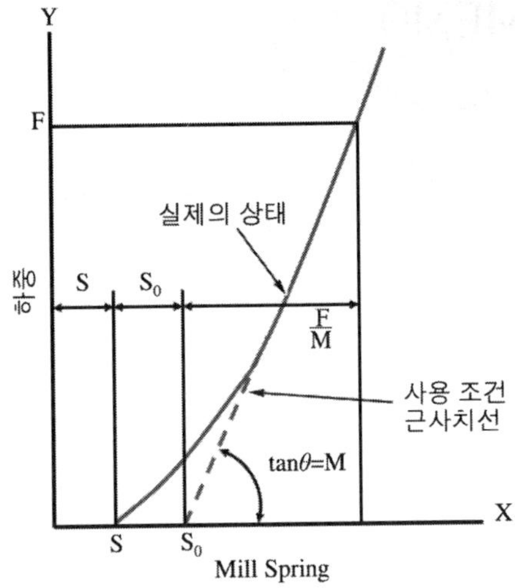

그림 1-30 ▎Mill Spring과 판두께

식(1－24)를 사용하면 이론상으로 가장 정확한 두께를 구할 수 있다. 그러나 실제로는 다음의 몇 가지 다른 요인의 영향이 있다.

① (1－24)식은 하중과 밀 정수와의 관계를 직선이라고 가정할 때의 값이고 실제는 조금 곡선 부분도 있다. 일반적으로 압연 작업은 한계 하중의 범위내에서 행하므로 곡선에 따른 오차는 적다.

② 롤이 열팽창을 일으키면 설정 갭 S_o는 감소하고 하우징의 열팽창은 S_o를 증가시킨다.

③ 롤에 편심 오차가 생기면 1회전마다 설정 간격 S_o는 변화한다. 편심 오차를 생각하지 않으면 안될 것이 받침롤이다.

④ 다음으로 영향이 있는 것은 베어링이다. 롤러 베어링에 편심 오차가 있으며 이미 설명한 롤의 편심과 같은 S가 1회전마다 주기적으로 변화한다. 또 셀 베어링의 유막 두께 변화가 압연재의 두께에 영향을 미친다.

MEMO

노력하는 당신은 언제나 아름답습니다.
주민사는 노력하는 당신의 성공을 위해 매속 노력하겠습니다.

Part 02

열간 압연 강판 제조

Chapter 01

소재와 소재 처리

제1절 | 열연의 개요

열연은 통상 재결정 이상의 고온에서 압연하는 것을 말하며, 연속주조 또는 분괴압연에 의해서 제조되는 슬래브를 열간 압연을 통하여 1.2~22.0mm, 폭 400~2,540mm의 제품으로 제조한다.

열연 공정의 특징은 대량 생산에 의해 균질의 제품을 싼 값으로 제조하는데 있으므로 제조설비를 갖추기 위한 초기 투자가 방대하며 품질을 안정적으로 확보하기 위한 기술이 중요하다.

열간 압연 제품이 만들어지기까지의 제조 공정은 <그림 2-1>과 같다.

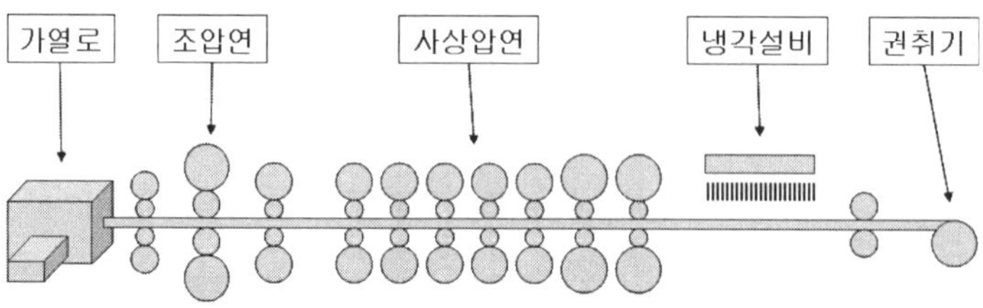

그림 2-1 ‖ 열간 압연 제조 공정도

제2절 | 열연 소재

열연 코일용 소재로는 일반적으로 탄소함유량이 0.4% 이하의 아공석강을 많이 사용하지만, 특수한 소재의 경우로는 합금강, 고탄소강, 스테인리스강, 규소강 등이 있다. 열연 코일의 용도로는 자동차용, 건설용, 선박용, 전기용, 산업기계용, 파이프용 등이 있다.

1 소재의 종류

강의 성분은 각종 규격에 준하여 가공정도, 사용 목적을 고려하여 결정하지만 표면 품질을 감안하여 조정되는 성분도 있다. 강종의 설계는 성분 이외에도 탈산 방법에 따라 림드강(Rimmed Steel), 캡드강(Capped Steel), 세미킬드강(Semi-Killed Steel), 킬드강(Killed Steel)으로 분류되기도 한다.

이상과 같은 탈산 형식은 각각의 특징을 가지고 있어 제품의 요구 품질에 따라 제조단가가 낮은 탈산 형식을 채택하게 된다.

2 소재의 형식

열연용 소재로서는 슬래브(Slab)가 사용된다. 슬래브에는 분괴 슬래브와 연주 슬래브가 있으며 각각의 특징을 <표 2-1>에 나타내었다.

표 1-1 ‖ 분괴 슬래브와 연주 슬래브의 비교

구분 항목	분괴 슬래브	연주 슬래브
공 정	• 조괴로 형발 후 균열로에서의 균열 및 분괴 압연기에서의 압연이 필요	• 분괴 공정이 생략되어 건물은 1/2로 축소되고 슬래브의 제조 시간은 0.5~1일 빨라진다.
운 용	• 분괴압연 스케쥴의 변경에 의해 Lot는 1강괴 단위까지 제조할 수 있음	• 폭변경의 실질적인 운용으로부터 Lot 단위는 1스탠드 단위로 된다.
기계화 성력화	• 조괴 작업의 기계화, 성력화에는 한계가 있다.	• 종래의 조괴작업에 비하여 훨씬 더 기계화, 성력화가 실시되고 있다.
성에너지	• 연속주조에 비하여 균열을 위한 에너지 소비가 필요하게 된다.	• 연속주조에서의 에너지 소비는 분괴의 약 1/2이다.
실수율	• 캡드강은 약 92~93% • 킬드강 : 약 85%	• 연속주조 : 약 98%
강 종	• 제한없음	• 킬드강의 제조는 곤란
품 질	• 부위에 따른 편석이 큼 • 강괴 Top부의 파이프, Bottom부에 대형 개재물이 문제됨 • 슬래브의 휨이 발생하기 쉽다.	• 균일한 품질이다. • 1/4t, 표층의 대형 개재물 잔류가 문제로 될 수가 있다. • 슬래브의 휨이 발생하기 어렵다.

연주 슬래브는 Lot 단위, 재질 등의 제약이 있지만 대단중화, 고실수율, 성에너지, 균일 품질, 공정 단축 등의 이점이 있다. 이러한 이점 때문에 급격하게 연주 슬래브의 구성 비율이 증가하여 최근에는 연주 슬래브의 사용 비율이 대부분의 열연 공장에서 90% 이상을 차지하고 있다.

3 소재의 크기

<그림 2-2>와 같이 슬래브 단중은 압연기 능력의 증대에 따라서 점차 대형화하고 있어 최근에는 최대 단중이 50Ton 가량된다. 슬래브의 크기는 일반적으로 100~300mm, 폭 500~2,300mm, 길이 3,000~13,000mm를 주로 사용하고 있으며, 그 예를 <표 2-2>에 나타내었다.

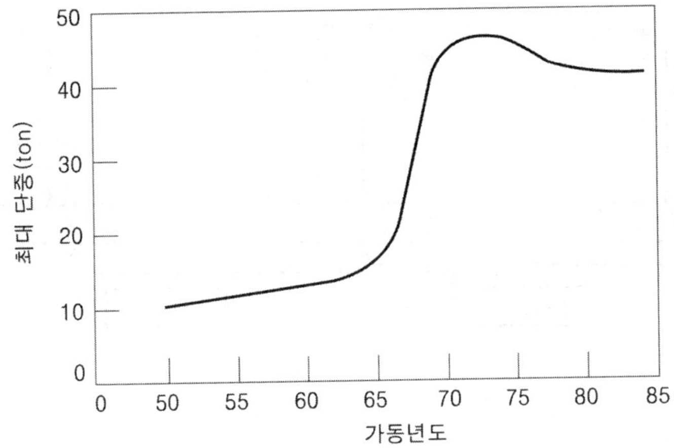

그림 2-2 | 최대 슬래브 단중 추이

표 2-2 | 대형 압연기에서의 슬래브 사이즈

슬래브 두께	180～305mm
슬래브 폭	600～2,200mm
슬래브 길이	4,300～13,270mm
슬래브 중량	최대 45Ton
폭충당 기준 범위	240mm

<그림 2-3>은 슬래브 크기 제약 조건을 나타내었다. 슬래브 크기의 제약 조건으로는 연속 주조의 주형 크기, 후공정의 수입 능력, 열연 공정 내에서의 가열로의 능력, 압연기의 능력, 스트립의 재질상으로부터 제약 등이 있다.

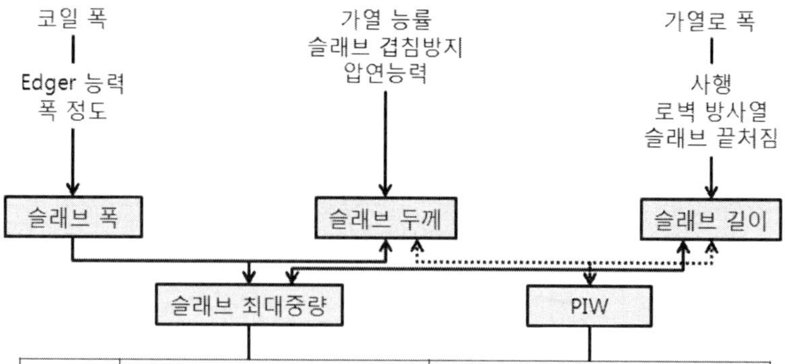

	슬래브 중량 제약조건	PIW 제약조건
전공정	Handling 능력	주형 사이즈
열연	Handling 능력	푸셔 능력 노상부하 스탠드간 길이 압연기 동력, 압연형상 코일러 능력(코일 외경)
후공정	후공정 설비능력(중량제한) 수요자 요구(중량제한)	후공정 설비능력(외경제한) 수요자 요구(외경제한)

그림 2-3 **| 슬래브 크기 제약 조건**

4 소재의 품질

소재의 품질로는 표면 성상, 내부 성질, 치수 정도, 형상 등이 있다. 표면 성상, 내부 성질에 관해서는 최종 제품에서의 영향이 크기 때문에 검사해서 유해한 결점은 제거한다.

슬래브의 휨과 같이 슬래브의 형상에 관해서는 연수 슬래브화에 의해서 문제점을 해결할 수 있다.

제3절 | 소재의 처리

1 소재의 처리의 개요

슬래브 야드(Yard)는 분괴 공장 및 연주 공장으로부터 대차, 트레일러 등으로 반입된 슬래브를 롤의 준비 상황(Roll Chance) 단위로 구분하여 결정된 압연순에 따라 가열로에 보내는 곳이다.

슬래브의 스카핑(Scarfing)은 분괴 정정 라인 또는 연주 정정 라인에서 처리될 경우, 열간 슬래브 야드(Hot Slab Yard)내에 처리 설비를 갖추는 경우가 있지만, 각각의 공장 특색을 살려 설치 장소가 결정되고 있다.

슬래브 야드내 반입되는 소재로서는 냉편 슬래브와 열편 슬래브가 있다. 종래는 분괴 또는 연속주조로 제조된 슬래브를 냉각 손질 후 가열로에서 목적 온도까지 재가열하여 압연하는 것이 일반적이었다. 그러나 최근에는 성에너지 관점에서 분괴 및 연주로부터의 고온 슬래브 현열을 이용하는 열편 장입(HCR : Hot Charge Rolling))이나 가열로를 사용하지 않는 직송 압연(HDR : Hot Direct Rolling) 등의 새로운 성에너지 기술, 프로세스, 연속화 기술이 발달을 하였다. <그림 2-4>에 HCR, HDR 흐름도를 나타내었다.

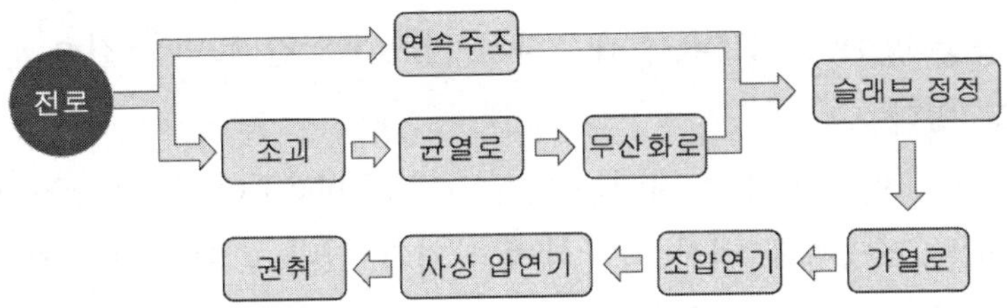

그림 2-4 | HCR HDR 흐름도

2 소재 처리 설비

1) Scarfing

슬래브의 표면 청정은 스카핑(Scarfing)으로 행하는 것이 거의 대부분이지만 스테인리스강, 고합금강의 경우는 그라인더 수입을 할때도 있다.

스카핑에는 열간 스카핑(Hot Scarfing), 냉간 스카핑(Cold Scarfing) 및 핸드 스카핑(Hand Scarfing)의 3가지 방법이 있다. 열간 스카핑은 분괴 압연기 라인 또는 연주 정정 라인에 설치되지만, 냉간 스카핑 및 핸드 스카핑 설비는 분괴 정정 라인, 연주 정정 라인 또는 열간 슬래브 야드의 어디엔가에서 설치되어 소재의 표면을 깨끗하게 한다. HCR의 확대 적용에 따라 연주 슬래브를 토치로 절단할 때에 발생하는 이물(슬래브 이면에 부착)이 제품의 흠으로 연결되므로 문제되어 왔다.

과거에는 작업원에 의한 핸드 스카핑에서의 제거도 행해지고 있었지만, HCD의 증가와 고온화에 따라 작업원에 의한 제거가 곤란하게 되고, 자동적으로 이물을 제거하는 방법이 개발되어 실용화되고 있다. 이물제거 방법에는 제거 나이프(Knife)로 기계적으로 없애는 방법과 산소에 의한 스카핑이 있지만 현재에는 기계적인 제거 방법의 채용이 대부분이다.

2) 검사

슬래브의 표면 성상 검사는 스카핑 전후에 작업원에 의해 눈으로 행해지고 있지만, 검사 정도의 향상 및 HCR, HDR에 대응하기 위하여 열간 표면흠 검출 장치가 개발되어 실용화되고 있다.

슬래브의 열간 표면흠 검출 장치에는 탐상 코일(Probe Coil)을 적용한 와류 탐상 장치와 자발광 또는 조명광에 의한 광학식 탐상기가 있다. 스테인리스강이나 고합금강에서 미소한 표면 결함까지 검출할 필요가 있는 경우는 냉편 슬래브로 침투 탐상 시험(PT)이 행해지고 있다.

Chapter 02

압연 소재의 가열 공정

제1절 | 개요

가열 공정의 주목적은 연주 또는 조괴 작업에서 생산된 슬래브를 열간 압연에 맞는 온도로 가열하는 것으로서 통상적인 가열 온도는 1,100~1,300℃이며, 가열로에 사용되는 연료는 제선과 전로 제강 공장에서 발생되는 부생 가스와 천연 가스 등을 사용한다.

최근에는 연료의 소모를 감소시키기 위해 가열 공정을 생략하고 연주가 완료된 직후 바로 압연하는 직송 압연(HRD : Hot Direct Rolling), 고온 상태의 슬래브를 가열로에 장입하는 열간 장입(HCR : Hot Charge Rolling) 작업이 일반화되어 있다.

제2절 | 가열로의 종류

1 푸셔(Pusher)식 가열로

슬래브를 푸셔(Pusher)를 이용하여 장입측에서 밀어 넣어 장입하면 동시에 노내에 전 슬래브를 1매분만큼 추출측으로 밀어내어 추출단에 있는 슬래브를 추출하도록 하는 가열로이다. 슬래브 추출에는 경사를 이용한 슈트(Chute)에 슬래브를 떨어뜨려 범퍼(Bumper)로 받는 방식과, 추출기(Extractor)를 이용하여 최초 출단 슬래브를 들어올려 테이블 상까지 운반하는 방식이 있다.

2 워킹빔(Walking Beam)식 가열로

슬래브의 스키드 마크(Skid Mark) 최소화와 연속 압연 작업이 용이한 구조인 워킹빔(Walking Beam)식 가열로의 각 빔 내부에는 노내 분위기 온도에 의한 빔의 강도를 유지하기 위하여 냉각수가 항상 흐르는 구조로 되어 있다.

빔을 냉각함에 따라 푸셔식 가열로에서는 슬래브가 빔 위를 지나감에 따라 연속적으로 스키드 빔과 닿는 부분이 가열이 되지 않아 연속적인 띠 모양의 마크가 발생하는데 이 마크를 스키드 마크라 한다.

워킹빔식 가열로는 스키드 마크를 최소화하기 위하여 슬래브를 지지하는 스키드가 고정 스키드와 이동 스키드로 구성되어 있으며 이동 스키드가 유압 또는 전동에 의해 상승 → 전진 → 하강 → 후퇴 운동을 반복하여 전진시키는 슬래브를 고정 스키드에 적재하는 방법으로 슬래브를 노내에서 연속적으로 이송시키는 연속로이다.

<그림 2－5>는 이동 스키드의 상승 → 전진 → 하강 → 후퇴 이동 경로를 나타낸 것이다. 압연 라인의 사정으로 계속 슬래브가 추출하지 않을 때는 슬래브의 스키드 마크 감소를 목적으로 아이들링(Idling) 운동(상승 → 하강 → 상승)을 실시하며 추출 신호에 따라 고정 스키드 빔위에 얹혀진 슬래브가 추출기에 의하여 추출된다.

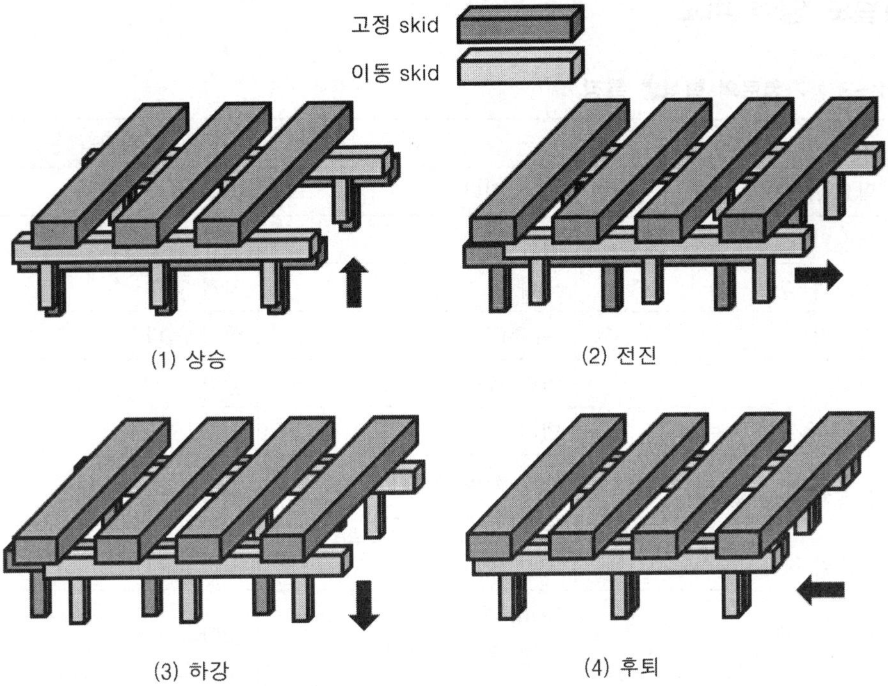

그림 2-5 ▎워킹빔식 가열로의 스키드의 이동 경로

슬래브의 이송 경로는 입측 롤러 테이블(Roller Table) → 장입기 → 워킹빔 → 추출기 → 출측 롤러 테이블 순이며, 이 이송 싸이클은 전기적으로 연동되어 있으며 운전은 자동으로 행하여진다.

슬래브 추출에는 일반적으로 추출기(Extractor)를 사용하여 최추출측의 슬래브만 들어올려 테이블 위까지 운반하는 방식을 사용하고 있다.

3 가열로 형식 비교

표 2-3 | 가열로의 형식별 특징

	항목	푸셔식	워킹빔식
설비	필요 노길이	약간 길다.	짧다.
	노길이의 제한	있다.	없다.
	기초의 깊이	낮다.	약간 깊다.
	건설비	(표준)	약간 높다.
기능	가열시간	약간 길다.	짧다.
	가열 용량의 가변성	없다.	있다.
	온도차(Skid Mark)	Hot Skid 로에서는 적지만 일반적으로 크다.	적다.
	연소량	약간 많다.	약간 적다.
	강재의 흠	Skid, 균열대 바닥 연와에 의한 흠이 발생한다.	없다.
	강재의 밀착	있다.	없다.
조업	강재의 반송	상향 휨, 하향 휨 발생	하향 휨 발생
	노폭 방향 온도 분포	조정 용이하다.	축류 버너는 조정이 용이하다.
	열손실	적다.	다소 많다.
	냉각수량	약간 많다.	많다.
	전력량	적다.	많다.
	공로 용이성	곤란하다.	용이하다.
	강재의 전처리 영향	있다.	없다.
관리	내화물의 손상	균열로 바닥 연와 마모 및 Skid 라이닝의 수명이 짧다.	Skid 라이닝 수명이 비교적 길다.
	일상 보수관리	비교적 간단하다.	약간 복잡하다.

제3절 | 가열로 설비

푸셔식 가열로와 워킹빔식 가열로의 노구조는 다르지만 기본적으로 내화물로 둘러 쌓인 노안에서 연소를 하면서 스키드로 슬래브를 지지하면서 이동시키는 것이 다르지 않다. <그림 2-6>에서와 같이 가열로는 크게 노벽, 스키드, 버너, 폐열 회수 장치 등으로 구성되어 있다.

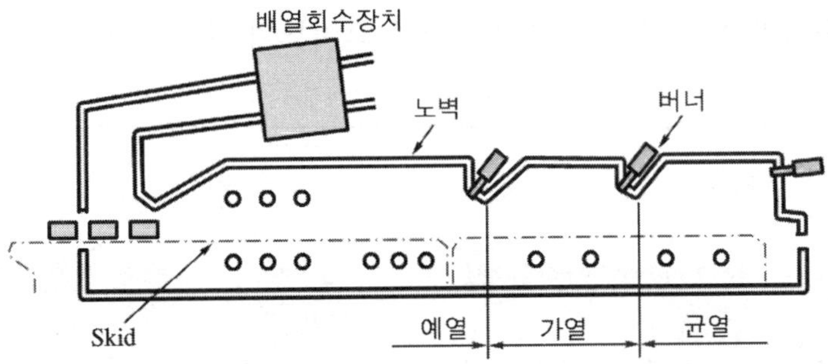

그림 2-6 | 연속식 가열로의 기본 구조

1 노벽

노벽은 가열로 형식을 만드는 것으로서 노내부 고온 분위기와 외부 대기와의 단열을 하는 것이다. 노벽은 측벽, 천정, 노상으로 각각 다르지만 일반적으로 단열성, 내스폴링(Spalling)성이 우수하고 시공이 용이한 플라스틱 또는 캐스터블(Castabke)에 의해 구성되고 있다. 또 이들 내화물이 노내측 표면에는 단열성을 높이기 위해 세라믹 섬유(Fiber)가 붙여져 있다.

최근에는 단열성을 높이기 위해 노벽을 두껍게 하고 특히 세라믹 섬유를 두껍게 하는 것은 노온의 과도 응답이 좋아 성에너지 효과가 크다.

또 푸셔식 노의 균열상은 슬래브와의 접촉에 의한 손모가 고려되기 때문에 내마모성, 내압축성에 우수한 콜바트 연와가 사용되고 있다.

2 스키드(Skid)

노내에서 슬래브를 지지하고 있는 것이 스키드이다. 스키드는 Support라 하는 지지재로 지지되고 있고 모두 수냉되고 있다.

푸셔식 로의 경우 슬래브 하단과 스키드가 항상 닿아 있기 때문에 수냉 타입의 상부에 내마모성 강봉을 전장에 걸쳐 용접하여 설치되어 있다. 워킹빔식 노의 경우 슬래브 하단과 스키드가 연속적으로 닿아 있지 않기 때문에 슬래브에서 열전도를 막도록 스키드 파이프(Skid Pipe) 상부에 부분적으로 버튼(Button) 형식의 단열강을 용접하여 슬래브를 지지하고 있다. 또 스키드 파이프는 직접 노내 고온 분위기에 손상받지 않도록 내화물로 둘러쌓여 있다. <그림 2-7>은 스키드의 구조를 나타낸 것이다.

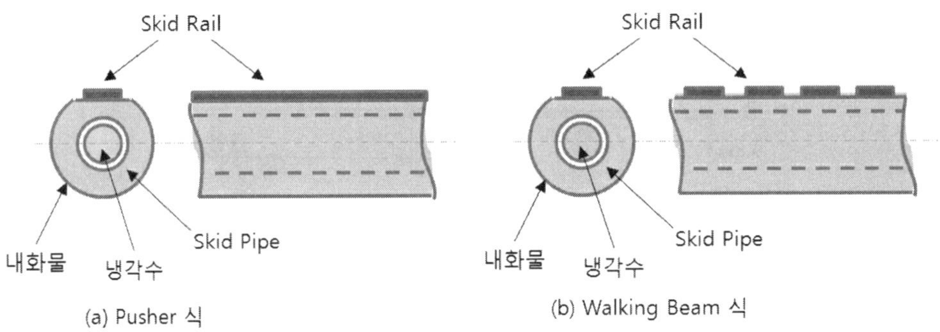

그림 2-6 | Skid의 구조

스키드 내화물의 구성은 냉각에 따른 손실열을 절감하기 위해 세라믹 파이버(Ceramic Fiber)와 캐스터블(Casttable)의 2중 구조로 되어 있다. 최근에는 단열 효과를 보다 강화한 세라믹 파이버의 1종 단열 구조를 채용하고 있는 경우도 있다.

일반적으로 슬래브를 가열한 경우 이 스키드에 닿는 부분은 온도가 저하되어 스키드 마크가 발생한다. 그러므로 이 스키드 마크를 최소화 하기 위해서 고온 강도가 우수한 세라믹 버튼을 사용하고 버튼의 높이도 높게 한다. 버튼의 높이가 높아지면 스키드 내화물의 영향을 적게 받고 고온 가스로부터 복사 열전도가 되어 스키드 마크가 줄어든다.

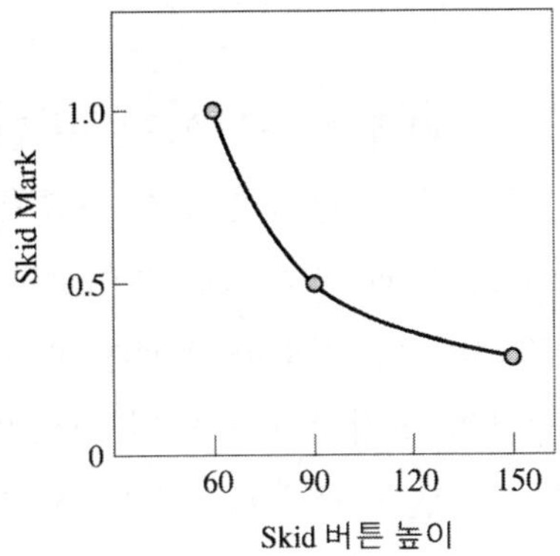

그림 2-7 ▌버튼 높이와 스키드 마크

2 버너(Burner)

가열로는 COG, LDG. Mix Gas(COG와 BFG 혼합) 등 제철소의 부생 가스 또는 천연 가스(LNG), 액화 석유 가스(LPG), 중유, 등유 등을 원료로 사용하고 있다. 이들 연료를 가열로 내에서 효율 좋게 연소시키는 것이 버너의 역할이다. 버너의 구조는 사용 연료에 따라 다르며 전용으로 사용되고 있다.

중유 및 등유 등의 액체 연료를 사용하는 버너는 증기를 이용해 액체 연료를 무화시키며, 연소하는 버너로서 연료와 증기가 혼합된 상태에서 버너 연소구로 분출될 때, 그 분출 속도와 증기의 팽창에 의해 연료가 미세한 안개와 같이 되는 것과 동시에 버너 캔(Burner Can) 주위로부터 들어오는 연료용 공기가 혼합 연소되는 것이다.

기체 연료의 경우는 액체 연료와 같이 증기에 의한 무화를 필요로 하지 않고 연료와 연소용 공기를 혼합해 연소한다.

조업 상 연소 플레임(Flame)의 형상은 매우 중요한 요소로서 플레임 길이를 임의로 조정 가능한 가변 플레임 길이 버너를 채용하고 있는 경우도 있다.

현재 환경 대책으로서 배가스 중의 NOx(질소산화물) 수치를 낮추기 위해 저 NOx 형인 축열식 버너(RCB : Regenerative Ceramic Burner)가 채용되고 있는 추세이다.

3 스키드 냉각 시스템

가열로의 스키드 빔과 포스트는 폐쇄 회로를 흐르는 온수(Primary Water)에 의하여 냉각되며, 스키드 빔과 포스트를 거치는 동안 온도가 상승된 온수는 열교환기 및 냉각기에 의해 냉각되어 다시 스키드 빔과 포스트로 들어간다.

열교환기에서 온도가 올라간 2차 냉각수(Secondary Water)는 저압 보일러로 공급되며 저압 보일러에서 재가열하여 공장이나 주택의 난반용으로 사용된다.

냉각기에서 산업 용수의 증발 잠열로 냉각되며 산업 용수는 냉각기에 설치된 팬 및 펌프에 의하여 자체 냉각되고 순환된다.

정전시 비상 발전기가 비상 전원을 정지한 후 1분 이내에 냉각수 공급 펌프 및 순환펌프에 공급하기 때문에 정전으로 인한 스키드 파이프 냉각에는 문제가 없으며 만일 비상 발전기도 가동되지 않았을 때를 대비하여 스키드 입측에 동력부로부터 담수 라인이 설치되어 스키드 파이프 내에 냉각수를 공급하도록 되어 있으며, 이때 사용된 담수는 스케일 배출구로 배출되도록 되어 있다.

4 MPC(Mill Pacing Control)

1) MPC의 개요

MPC 제어 모델과 타기능과의 관련도는 <그림 2-9>와 같다.

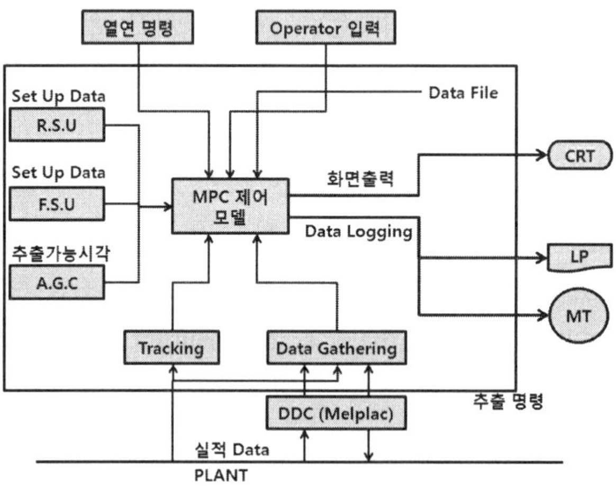

그림 2-9 | 다른 기능과의 관련도

MPC는 가열로 조업과 압연 라인 조업의 협조로 압연 라인에서의 원활한 강판의 반송과 생산성 향상을 목적으로 가열로에 있어서 슬래브 추출 시각을 자동으로 결정하는 것이다.

MPC는 가열로에서 다음에 추출하는 슬래브에 대하여 반송 패턴을 예측하여 앞장에서 예측한 반송 스케줄과 가열로 연소 제어에 의해 추출제약 및 반송상의 여러 가지 압연 제약 조건에서 최적의 차추출 시각을 결정한다.

2) MPC 구성 기능

가) 입력 처리

압연 명령, 조압연기 Set Up, 사상압연기 Set Up, 층별 데이터를 사용하기 쉬운 형태로 변환하여 처리하고 입력 데이터 파일을 작성하며 초기 설정도 행한다.

나) 반송 스케줄

압연 명령, Set up Data, Plant Data 등을 사용해서 가열로 추출에서부터 권취 완료까지의 강판의 움직임(반송 스케줄)을 계산하여 강판의 가속율 및 판두께가 변화하는 포인트에서의 강판 선단과 미단의 위치, 속도, 가속율 및 추출을 기준으로 한 소요시간을 계산한다. 이벤트 수는 1개의 강판에 대하여 최대 300개이며 이벤트에서 다음 이벤트까지는 가속율, 판두께가 일정하다.

다) 압연 라인 제약 피치(Pitch) 계산

가열로 내의 차출재에 대하여 행하며, 반송 스케줄에 의해 계산된 앞장의 반송 스케줄과 당해재의 반송 스케줄을 사용하여 압연 라인 상의 제약 조건을 만족하는 앞장과 당해재간의 추출 피치를 계산한다.

라) 차추출 시각 계산

압연 라인 제약, 가열로 제약 및 RMS 제약에 의한 추출 피치로부터 차추출 시각을 결정하고 그 시각에 설정 프로그램을 기동한다. 차추출 시각은 다음과 같이 구할 수 있다.

차추출 시각＝전추출 시각＋Max(pitM, pitF, pitT, pitR)

- pitM : Mill 라인 제약 Pitch
- pitF : 가열로 제약 Pitch
- pitT : Table 고정 Pitch
- pitR : RMS 제약 Pitch

마) 실적 반송 스케줄 작성

강판의 반송 중에 발생하는 각종 이벤트(HMD On/Off, 조압연 스탠드 On/Off, 사상 압연 스탠드 On/Off 등) 발생시에 추적 프로그램(Tracking Program)에서 기동되고 실적 반송 스케줄을 작성한다. 강판의 반송 중에 생기는 각종 이벤트 중 미리 결정된 이벤트 발생시 추척 프로그램으로부터 기동된다.

바) Dynamic 수정

압연 라인에서 압연 중 판두께의 변동, 강판의 슬립, 오퍼레이터 개입 등에 의해 속도, 가속도의 변경이 발생될 수 있기 때문에 압연 라인 상의 MPC 제어 대상재(차추출재)의 선행 추출한 강관에 대해 실적 반송 스케줄과 예측 반송 스케줄을 비교하여 차추출 시각을 수정한다.

사) MPC 학습

예측 반송 스케줄과 실적 반송 스케줄과의 비교에 의해 반송 스케줄에 있어서 이벤트 발생 시간 간격을 학습하여 수정한다.

아) RMS 체크

압연기 모터의 열부하를 온라인으로 감시하기 위해 각 모터의 RMS치를 일정 주기로 체크하고, RMS가 허용량을 초과한 경우에는 추출 피치를 수정한다.

자) 평가 기능

MPC의 성능에 최고로 큰 영향을 주는 반송 스케줄의 정도를 이벤트 간의 반송 소요시간의 예측과 실적의 차의 통계량에 의해 평가하고 이 통계량은 평가 로트별로 평가한다.

5 배열 회수 장치

가열로의 성에너지 대책의 하나로 배열 회수가 있다. 가열로의 배열은 배가스 손실열, 스키드 냉각수 손실열, 노벽 방산열, 개구부 복사 손실열 등으로 대별되지만 그 중에서도 대부분을 차지하는 것은 배가스 손실열, 스키드 냉각수 손실열이라 할 수 있다.

1) 배가스 손실열 회수 장치(Recuperator)

배가스 손실열의 회수 장치로 가장 많이 사용되고 있는 것이 공기 환열기(Recuperator)이다. 공기 환열기는 배가스가 갖고 있는 열량을 송풍기(Blower)에서 보내오는 공기와 열교환하여 고온 연소 공기를 얻는 것이다. 가열로에서 사용되는 공기 환열기는 대부분 금속재로서 다관식과 방사식이 있으며, 현재는 전열 면적이 크고 열회수율이 우수한 다관식으로 주로 설치되어 사용하고 있다. <그림 2－10>은 다관식 환열기의 구조를 나타낸 것이다.

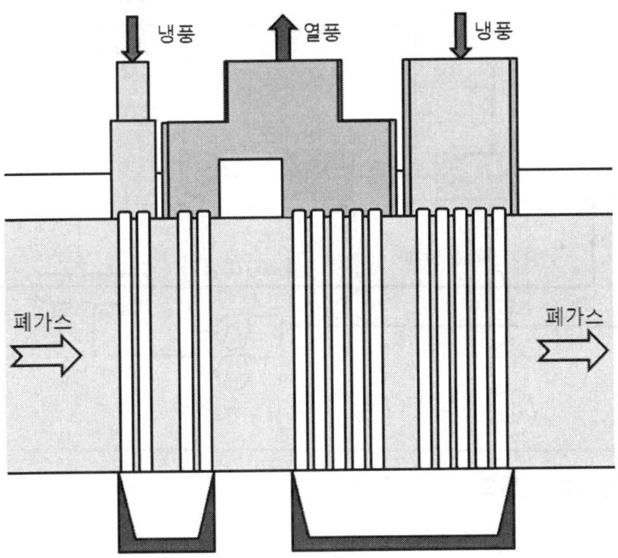

그림 2－10 ▌다관식 환열기의 구조도

2) 스키드 냉각수 손실열 회수 장치

일반적으로 스키드 파이프 내부에는 냉각 매체로서 공업 용수가 사용되고 있고, 통상 35℃ 전후로 공급되어 스키드 파이프의 열을 흡수하여 5~10℃로 수온이 상승하여 배출하고 있다. 이와 같은 스키드의 냉각에 의해 연료 투입에 의한 열량 10% 전후가 냉각수 손실이라 할 수 있다. 따라서 이 냉각수 손실열의 회수 방법으로서 증발 냉각법이 사용되고 있다.

증발 냉각법은 냉각 매체에 고온, 고압의 포화수가 증발할 때 잠열을 이용한 것으로 동시에 증기를 얻는 방식이다. 이 방식으로는 통상 5~10T/Hr의 증기가 발생하며, 얻어진 증기는 연료 가스의 예열 또는 공업용 증기로서 사용한다.

3) 배열 회수 계략도

배열 회수 계통도는 <그림 2-11>과 같다.

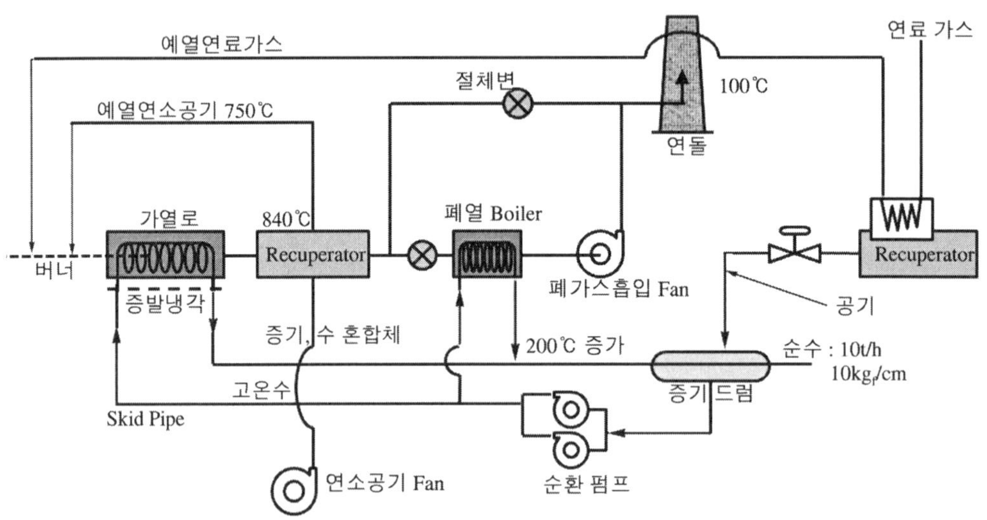

그림 2-11 **배열회수 계통도**

제4절 | 가열 작업

가열 작업의 목적은 최소량의 연료를 사용하여 온도 편차가 아주 작도록 하면서 압연에 필요한 온도까지 슬래브를 가열하는 것이다.

일반적으로 압연에 필요한 온도는 사상 압연 온도, Mill 능력, 재질, 코일 표면 등의 제약에 의해 결정되고, 슬래브 사이즈, 사상압연 사이즈에 의해 세분되어 설정하며, 대략 1,000~1,300℃ 정도이다. 하지만 가열로의 조업은 이 온도 조건외에 가열로 자체의 독자적인 제약을 충분히 고려해야 한다.

1 장입 작업

장입 작업은 기본적으로 압연 계획에 대응하여 설정하지만 가열로 조업상 여러 가지 제약이 있다.

1) 조로 기준의 상이에 의한 제약

슬래브 강종 또는 제품의 종류에 의해 조로 기준이 크게 다른 것이 있다. 이런 경우 각각 동일 조로 기준재로 동일 롤 단위를 편성한다. 대표적인 것이 스테인리스강의 경우에 해당한다. 동일 조로 기준재로 동일 롤 단위가 구성되지 않는 경우는 조로 기준 변화가 급격하지 않도록 압연 순서를 조정해야 한다.

2) 슬래브 사이즈에 의한 제약

인접한 슬래브의 두께차가 큰 경우, 안정된 조업이 불가능하여 두께가 두꺼운 것은 가열 부족이 되고, 얇은 것은 과가열되어 추출 온도가 크게 된다. 이렇게 가열 온도차가 크게 되면 통상적으로 얇은 슬래브가 과열 상태가 된다. 또 푸셔식 가열로에서는 두께차가 크면 포개지기 쉽다. 때문에 인접하는 슬래브의 두께차는 통상 극히 작도록 장입 계획을 세워야 한다.

슬래브의 길이는 일반적으로 로상피복률(로상부하)를 크게 하기 위해 슬래브가 전체 스키드 상에 적재될 수 있도록 장척이 바람직하지만 압연상 제약 및 슬래브 제조 조건상 단척 슬래브가 제조되기도 한다. 이런 단척 슬래브가 스키드 상에 적재될 경우 로내 사행을 방지하고, 스키드 파이프의 돌출을 방지하기 위해 이들 슬래브의 연속 장입량 또는 장입 방법에 제한을 둔다.

가열로를 장시간 보열하는 경우 또는 소화후 점화, 승열하는 경우에 노내에 있는 슬래브를 노내재라고 한다. 이 노내재는 장시간 가열 산화되었기 때문에 강종에 따라 선택 산화 등에 의한 스케일 흠이 발생하기 쉽다. 이러한 강종은 보열시에 노내재가 안되도록 계획을 쉐워야 한다.

또한 노내 최선단 슬래브는 편열이 발생하기도 한다. 따라서 일반적으로 워킹빔식 노에서는 통상 공로로 하지만 푸셔식 노의 경우에는 노내재 관리에 주의해야 한다.

3) 장입 패턴

가능한 슬래브 선단(Top)부 온도가 일정하게 관리될 수 있도록 슬래브 선단을 노벽측으로 맞추고 단척 슬래브는 노상부하를 높이기 위해 2열재로 장입하며, Mill 측의 슬래브는 장척재와 같이 노벽측에 맞춘다. 슬래브의 돌출(Overhang)은 노내에서 슬래브 이송시 사행에 의한 내화물의 탈락 및 워킹빔 상승시 슬래브 처짐을 일으키기 때문에 돌출을 최소화하기 위해 제한해야 한다.

2 조로 작업 제어(가열 연소 제어)

1) 가열 온도

슬래브 가열 온도를 결정할 때는 재질, Mill 능력 및 에너지 절감 등을 충분히 고려해야 한다. 특수한 경우를 제외하고는 Ar^3 변태점 이상에서 압연이 완료되도록 압연 사이즈, 강종 등을 고려하여 가열 온도가 결정된다. <표 2-4>는 특수용도별 가열 온도 설정시 고려할 사항을 나타낸 것이다.

표 2-4 ▌ 가열 온도 설정시 고려 사항

재질	가열 온도 설정시 고려 사항
냉연재, BP재	• 사상입구 및 출구온도 • 스케일 흠 방지 • 표면 성상이 엄격한 BP재, 냉연 박판재에서는 슬래브 표면 온도를 낮게 관리
극박재	• 사상 압연 온도 • 압연 부하 및 형상 • 가열 온도는 스케일 흠을 고려한 최고 온도까지 설정
스테인리스재	• 입계 산화에 기인한 실버흠 발생 방지 • δ－페라이트에 의한 edge 크랙 발생 방지 • Ridging 방지
Nb계	• Nb 강의 강도 확보 • 압연 종료 후 Nb 석출물에 의한 석출 경화로 강도 확보 • 가열 온도 10℃ 상승시 0.4－0.5kg_f/mm^2 강도 유지
Hi－C계	• 탈탄 방지 • 저온 가열이 유리

2) 가열로 연소 제어 모델

가) 개요

열연 가열로는 슬래브를 가열하는 설비로서 3개 Zone(예열대, 가열대, 균열대)으로 구분되어 있다. 슬래브는 압연되는 형태 및 강종에 따라 가열 온도(추출 목표 온도), 균열도, 재 로 시간 등이 결정되며 이러한 조건을 충족하도록 각 대별 로온을 제어한다.

각 대별 설정 노온을 계산하는 수식을 연소 제어 모델이라 하며 연소 제어 모델은 노내 소재의 위치, 잔 재로 시간 등을 고려하여 추출 목표 온도, 균열도가 달성되도록 노온 설정치를 계산한다.

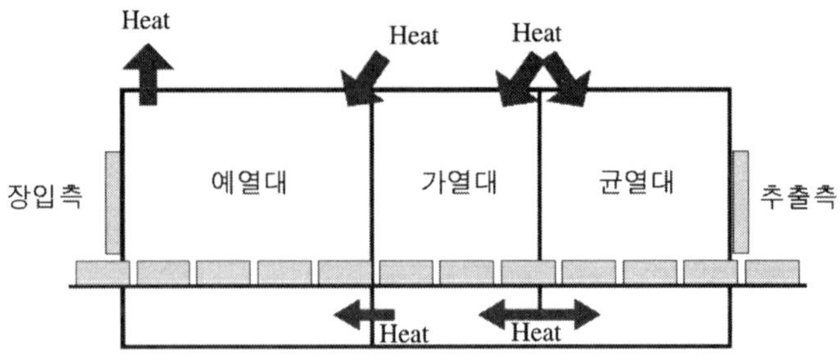

그림 2-12 ❙ 가열로 3개 Zone

나) 장입 처리

연소 제어 모델의 장입 처리는 슬래브가 노내에 장입 완료된 시점에 처리한다. 장입 완료는 슬래브의 후미가 장입 도어의 장입측에서 추출단으로 통과한 때를 말한다.

① 추출 목표 온도 결정

장입된 슬래브가 추출 목표 온도 상위 지시치가 있으면 상위 지시치를 사용하고, 상위 지시치가 없으면 모델에서 추출 목표 온도를 결정한다.

② 목표 균열도

Skid부와 Non－Skid부의 온도차로서 코일 사이즈별(추출 목표 온도 분류와 동일)로 되어 있다.

③ 제어 대상재 결정

㉮ 제어 대상재의 정의 : 차분 모델 및 기본 모델(노온 설정 모델) 계산에 사용되는 슬래브를 말하며 슬래브 장입시 강종, 슬래브 사이즈 등에 의해 결정되고 계산기 부하를 고려하여 매수를 제한하고 있다.

㉯ 제어 대상재 결정 : 제어 대상재 결정 규칙에 의해 결정하는 것이 원칙이며 AJ(인공지능) 기능 이상 등에 의해 거리 제한, 선행 조건 등을 할 수도 있다.

㉰ 무조건 선택 : 각로 최출측에 있는 슬래브는 무조건 제어 대상재가 된다.

㉱ 최신 장입재가 기존 제어 대상재보다 장입 중요도가 크면 슬래브간 간격을 고려하여 장입 중요도가 낮은 제어 대상재가 삭제되어도 거리 제한에 위배되지 않으면 기존 제어 대상재가 삭제되고 최신 장입재가 제어 대상재가 된다.

다) 잔 재로 시간 예측

추출 Pitch와 롤 교체를 고려하여 각 대별 잔 재로 시간을 예측한다.

① 추출 잔 재로 시간 = 현 추출 pitch × 추출순

② 로내 이동속도 $= \dfrac{\text{슬래브위치}}{\text{추출잔재로시간}}$

③ 가열대 잔 재로 시간 $= \dfrac{(\text{슬래브위치} - \text{가열대출측까지거리})}{\text{로내평균이동속도}}$

④ 예열대 잔 재로 시간 $= \dfrac{(\text{슬래브위치} - \text{예열대출측까지거리})}{\text{로내평균이동속도}}$

라) 주기 처리

2분 주기로 슬래브 온도 계산과 노온 설정을 하는 처리를 말한다.

① 필요 노온 계산

제어 대상재에 대해 현재 위치하고 있는 Zone(예열대, 가열대, 균열대)에서의 적정 노온을 기본 모델(노온 설정 모델)로 해서 슬래브 1매를 목표 온도로 올리는데 필요한 노온을 말한다.

② 노온 설정

현재 위치하고 있는 zone에서의 적정 노온을 기본으로 슬래브 1매를 목표 온도로 승온하는데 필요한 노온을 설정치를 구한다.

3 관리 항목

1) 노 온도

가열로에서 Full 조업시 승열 패턴은 가열 능력을 우선한 조업을 선행하므로 예열대에서 연소시킬 때 급속 가열을 하게 되어 장입측 폐가스 온도가 높아지고 폐가스 손실열이 증가하며 열효율이 나쁘게 된다. 가열 부하가 작을 때는 예열대를 소화하고 연료 추출 배분을 추출측으로 옮기기 때문에 장입측의 폐가스 온도가 낮게 되고 열효율은 매우 양호하게 된다. 이처럼 가열로 조업을 할 때는 생산량에 대한 최적 승열을 패턴을 항상 고려해야 한다.

이렇게 슬래브 승열 패턴을 결정하는데 가장 중요한 것은 노내 각대의 온도 분포라 할 수 있다. 따라서 최근에는 노내 온도 관리에 따른 연료 자동 제어에 의해 관리하며,

온도계 설치 장소는 가능한 슬래브에 가깝고 화염의 영향을 받지 않으며 노내 온도를 대표할 수 있는 장소를 선택한다. 열전대에 의한 유량 제어용 온도계는 노내 온도를 정확히 파악하기 위해 각 대별 통상 2개소 이상 설치하게 된다.

2) 노내 분위기 관리

화학 조성상 연료를 완전 연소시키기 위해 필요한 공기의 양을 이론 공기량이라고 한다.그러므로 연료를 이론 공기량의 공기로 완전 연소시킬 때의 공기비를 1.0이라고 기준한다. 이때 공기비가 1.0보다 낮을 경우에는 불완전 연소가 되어 연료가 유효하게 사용되지 못하게 되고, 1.0보다 훨씬 클 경우에는 과잉 공기비에 의해 폐가스량이 증가하고 이로 인해 폐가스 손실열이 증가해 열효율이 낮아진다.

그러므로 실제 연소시의 평형 상태를 고려해서 가열로에서는 공기비를 통상 1.05~1.10 정도로 조업하는 것이 최적 포인트라 할 수 있다. 하지만 최근에는 연료의 조성 변동, 추출구로부터의 침입 공기 변동에 대응하기 위해 산소 분석계, 일산화탄소 분석계 등을 설치하여 노내 산소 농도를 자동으로 제어하는 것이 일반적이다.

특히 노내 분위기 중에서 산소 농도가 높으면 높을수록 스케일 생성량이 증가하여 스케일 손실량이 증가한다. 따라서 스케일 손실량을 감소시켜 슬래브 실스율을 높이기 위해서는 연료가 완전 연소하는 범위내에서 가능한 연소용 공기량을 줄이지 않으면 안된다. 그러나 스케일 생성량이 너무 적으면 스케일이 지철에서 박리하기 어렵고, 조압연 단계에서 상, 하향 및 치입시 슬립(Slip) 등이 발생하여 제품 표면의 흠발생으로 이어지므로 이 부분도 고려하지 않으면 안된다.

따라서 공기비는 연소 상태, 연료 원단위, 스케일 생성량, 스케일 박리성 등을 고려하여 최적치로 결정된다. 그리고 가열로 각대의 공기비는 침입 공기량에 따른 각로의 특성에 따라 달라지며 0.90~1.20의 범위이며, 통상은 0.95~1.15 정도로 조업을 한다. 또 스케일 박리성을 고려하여 균열대 공기비를 가열대 설정치보다 좀 더 높여 설정하는 가열로도 있다.

가) 공기비 관리 기준

① 공기비 변동시의 영향

표 2-5 ▎공기비의 영향

공기비가 작을 때(1.0 이하)	공기비가 클 때(1.0 이상)
• 불완전 연소에 의한 손실열 증가 • 불완전 연소에 의한 미연 발생 • 가스 폭발 사고 위험 • 연도 2차 연소에 의한 Recuperator 고온 부식 수명 단축 • 소재 스케일 박리성 불량 • 로폭 방향으로 O_2 차가 커짐 • 미연소에 의한 연료 소비량 증가	• 연소 온도 저하 • 피가열물의 전열 성능 저하 • 연소 가스 증가에 의한 폐손실열 증가 • 저온 부식 발생 • 연소 가스 중의 O_2의 생성 촉진에 의한 전열면 부식 • 스케일 생성량 증가 • 탈탄 증가

② 공기비 변동 요인과 대책

표 2-6 ▎공기비 변동 요인과 대책

변동요인	발생원인	방지책	기타
연료	• 연료 가스의 혼합비 변동	• 연료 가스의 혼합비 균일화 • 공기비 관리 철저	
버너	• 각 버너 연료, 연소 공기 압력의 불균일	• 압력 점검에 의한 조정 • 각 zone별 각 버너 압력 균일화 조정	연소 불량
침입 공기	• 로압 변동으로 부하 변동 • 개구부 관리 미흡 • 로압 검출기 위치불량	• 개구부(입출측 도어, 관찰구, 밀폐부) 관리 철저 • 보조 도어 관리 철저 • 로압 검출점 관리 철저 • 연도 댐퍼 관리 철저	과잉 공기 증가
배관	• 연료 및 연소공기 • 배관내 타르, 연진 막힘 • 각각의 버너 유량 불균형	• 청정 연료 사용 • 가스 내관내 타르, 연진 제거 철저 • 버너 압력 조정	연소 불량
계장 장치	• 조절변의 제어 불량 (가스밸브, 공기밸브 등)	• 계장 계통 조정으로 응답성 확보 및 정밀성 제고	제어 불량

나) 사용 연료와 공기비

열연 공장에서 사용하는 연료로는 공장내 부생 가스를 Mix하여 2종 가스 또는 3종 가스를 가열로 주연료로 사용하고 있다.

① 부생 가스의 특성

표 2-7 ▌부생가스의 종류와 특징

부생가스 종류	특성
코크스 가스(COG)	• 코크스 제조시 석탄을 1000℃정도로 건조할 때 얻어지는 가스 • CH4, H_2를 많이 함유 • 발열량 : 4400kcal/Ncm^3
고로 가스(BFG)	• 고로에서 코크스가 열풍과 반응하여 얻어지는 CO, H_2 가스가 철광석과 반응하여 발생하는 가스 • 연진, CO_2를 많이 함유 • 발열량 : 750kcal/Ncm^3
전로 가스(LDG)	• 전로내의 용선 중에 취련용 산소를 취입할 때 발생하는 가스 • 다량의 연진을 함유 • 발열량 : 2000kcal/Ncm^3

② Mix 가스의 특성

표 2-8 ▌Mix 가스의 종류와 특징

구분		2종 믹스	3종 믹스
가스 종류		BFG, COG	BFG, COG, LDG
비율		BFG : COG = 0.44 : 0.56	BFG : COG : LDG = 0.10 : 0.38 : 0.52
비중		0.66	0.78
이론 공기량		2.77	2.30
폭발 범위(%)		6.1~34.7	12.68~48.73
조성	CO_2	10.8	12.5
	CO	14.3	38.8
	O_2	0.2	0.2
	CmHn	1.7	1.1
	CH_4	14.9	10.1
	H_2	32.5	22.8
	N_2	25.5	14.5

다) 적정 공기비 연소 기준

연소 효율과 소재 가열 품질 특성에 의해 적정 공기비를 산출하기는 어려우나 현장에서 취하는 방법은 폐가스 중의 O_2 농도를 분석하여 각대를 제어한다.

배가스 중의 O_2를 제어할 때 소재별 특성 관리가 필요하며 이는 소재의 스케일 생성과 박리성에 중요한 기준이 된다.

라) 대기 오염 물질 발생 원인 및 대책

표 2-9 ❙ 오염 물질의 발생 원인과 대책

종류	발생 원인	대책
검댕 (연진, 분진 포함)	• 탄소와 수소비(C/H)가 클수록 발생 • 가스 확산 연소시 화염 가운데서 탄소 결합으로 발생 • 연소 공기의 부족으로 발생 • 로내 압력이 높을 때 발생	• 공기와 연료 혼합 적정 유지 • 중유의 분무입자 작게 유지 • 연소실 온도를 높게 유지 • 노압 적정 관리
유황 산화물	• SO_2 : 연료중의 S와 산소가 결합 • SO_3 : SO_2 가스가 고온 상태에서 과잉산소와 결합 • H_2SO_4 : SO_3가 수분과 반응	• 연료의 S 성분 제거 • 과잉 공기를 작게 연소
질소 산화물	• NO : 연소 공기중 질소와 산고가 고온 상태에서 결합 • NO_2 : NO가 산소와 결합	• 과잉 공기를 작게 연소

3) 노압 관리

일반적으로 노압은 노의 열효율에 아주 큰 영향을 미친다.

표 2-10 ❙ 노압 관리

로압이 높을 경우	로압이 낮을 경우
• 슬래브 장입구, 추출구, 로내 점검구 에서의 방염에 의한 열손실 증가 • 방염에 의한 로체 주변 철구조물 손상 • 버너 연소상태 약화 • 개구부 방염에 의한 작업자 위험도 증가 등의 문제 발생	• 외부 찬 공기 침투로 로온 저하로 열손실 증대 • 침입 공기가 많아 열손실 증가 • 소재 산화에 의한 스케일 생성량 증가

노압 제어는 노내에 설치된 노압 검출단에서 압력 신호를 받아 연도에 설치된 댐퍼(Damper) 개도를 통해 자동 제어한다.

4) 냉각수 관리

가열로에서 스키드의 냉각은 다량의 냉각에 의해 실행되고 있지만 필요 이상의 냉각은 열손실을 많게 할 뿐만 아니라 물을 쓸데없이 사용하게 되므로 연료 원단위 및 전력 원단위를 상승시킨다. 따라서 냉각수를 가능한 적게 사용하며 수온을 높게 관리하는 것이 바람직하다.

그러나 수량을 적게 하여 관내 유속이 늦어지면 수온이 너무 높게 되어 배관내 물때가 부착되고, 배관이 쉽게 막히게 되며, 냉각 효과가 현저히 떨어지게 되어 스키드에 문제가 된다. 특히 스키드 파이프의 변형과 균열 등의 사고가 나기 쉬우므로 주의해야 한다.

일반적으로 가열로 스키드 냉각수는 입측과 출측의 온도차가 5~20℃ 이내이며, 최고온도는 약 60℃ 이내로 관리하고 있다.

4 온도 변화

1) 슬래브 두께 방향의 온도 변화

슬래브는 상하면으로부터 가열되기 때문에 슬래브 두께 중심 부근에 저온부가 발생한다. 이 저온부와 상하면과의 온도차가 크면 추출시 슬래브 표면 온도는 높아도 조압연 단계에서 급속히 온도가 저하하며, 이로써 사상압연 전에 재료 온도가 저온으로 되어 압연 불량의 원인이 된다.

이것을 방지하기 위해 슬래브 두께에 따라 어느 정도 균열 시간을 확보하고 있지만 균열 시간이 짧으면 다소 높게 가열해둘 필요가 있다.

2) 스키드 마크(Skid Mark) 온도 변화

일반적으로 스키드 마크는 스키드 파이프가 고정되어 있는 푸셔식로가 고정빔과 이동빔의 스키드 파이프를 가지고 있는 워킹빔식 보다 크다.

조업면에서는 재로 시간이 짧을수록, 슬래브 두께가 두꺼울수록, 추출 온도가 낮을수록 크게 된다.

조업시 스키드 마크가 발생하는 원인과 대책은 <표 2-11>과 같다.

표 2-11 ‖ 스키드 마크 발생 원인과 대책

발생 원인	대책
• 재로 시간이 짧을 때 • 슬래브 두께가 두꺼울 때 • 추출 온도가 낮을 때	• 재로 시간 연장 • 승열 패턴, 균열 시간 변경 • 워킹빔로 : 이동 빔에서 상하 운동의 Idling 실시

3) 슬래브 폭방향 온도 변화

푸셔식 노의 경우는 4면 가열이지만 워킹빔식 노에서는 장입 슬래브 간에 간격을 두기 때문에 6면 가열이 된다.

이 때문에 상, 하면 중심의 가열인 푸셔식 노에 비하여 측면 가열이 가능한 워킹빔식 노는 열흡수는 좋지만 폭방향 온도차가 크게 발생하기 쉽다. 그래서 슬래브 간격의 축소나 재로 시간의 연장에 의한 균열화 등의 조치가 필요하다.

4) 슬래브 길이 방향의 온도 변화

초기 사상 압연기에서 가속 압연을 하지 않고 사상 압연을 할 때 Bar의 Tail부 온도가 서서히 떨어져 판두께 변동 및 사상 압연 온도 저하의 문제가 발생하기도 하였다. 이를 방지하기 위해 압연 Tail부에 해당하는 슬래브 부위 가열 온도를 높게 하는 경사 가열이 행하여졌다. 또한 가속 압연기에서 압연할 때는 압연 Tail부의 온도가 런다운(Run Down)되는 현상이 발생하였고, 특히 박판재에서는 사상 통판성까지 나쁘게 하므로 Tail부 고온 경사 가열법도 행하여졌다.

5) 슬래브 간 온도차

노내 온도를 동일하게 설정하여도 다음과 같은 이유로 슬래브 간에 온도차가 발생한다.

① 슬래브 두께 변화에 의한 온도차

② 로간차에 의한 온도차

③ 강종에 의한 온도차

5 품질에 미치는 영향

표 2-12 ❙ 온도 변화가 품질에 미치는 영향

항목		품질영향	대책
1차 스케일 생성		• 스케일 로스가 큼 • 1차 스케일 박리성 증가 – 방추형 스케일 – 적 스케일 • 특수원소 농화	• 노온 설정 적정화 • 재로 시간 적정화 • 공기비 적정화
슬래브 온도	고온	• 롤 표면 거칠어짐 – 스케일 흠(모래형, 유성형) • 고온성 스케일 흠(비늘형)	• 가열 온도 적정화
	저온	• 저온성 스케일 흠 • AlN, Nb의 불완전 고용	• 가열 온도 적정화
슬래브 내 편열	폭 방향	• 권취 형상 불량 • Camber 발생	• 슬래브 장입 편성 적정화 • 슬래브 간격 균일화
	길이 방향	• 두께, 폭 변동이 커짐 • 재질 변동이 커짐	• 재로 시간 연장 • 가열 패턴 조정

6 성에너지 대책

1) 가열로 열손실 주요인

① 페가스 손실열(전 손실열의 60~70%)
② 냉각수 손실열
③ 노벽 등의 방산열

2) 연료 원단위 절감 방안

① 저 공기비 연소 : 저 공기비 연소는 노의 열효율 향상 외에도 스케일 로스(Scale Loss) 감소, NOx 대책 등에 큰 효과가 있다.
② 열 패턴 개선
③ 저온 추출

④ **노장 연장** : 노장을 길게 하면 슬래브와 연소 가스의 열교환이 충분히 이루어져 폐가스 온도가 저하하여 열효율이 향상된다.

⑤ 슬래브 파이프의 2중 단열

⑥ 폐열 회수

⑦ 열편 장입(Hot Charge Rolling)

⑧ 직송 압연(Hot Direct Rolling)

Chapter 03

열연 조압연

제1절 | 개요

조압연의 주목적은 최종 공정(Finishing Mill)에서 작업이 가능하도록 슬래브의 두께를 감소시키고, 슬래브 폭을 고객이 원하는 폭으로 압연하는 것이다. 조압연 설비는 공장의 길이와 생산성 향상을 감안하여 대부분의 경우 3~4개의 압연 스탠드로 구성돼 있으며, 정확한 코일의 폭을 확보하기 위해 에지롤(Edger Roll)이 압연기 입측 및 출측에 각각 부착되어 있다. 또 압연 중에 발생하는 스케일을 제거하기 위해 압연기 전후에 디스케일링(Descaling) 설비가 설치되어 있다.

제2절 | 조압연 형태

조압연기의 배열은 생산성 향상, 코일 단중 증대, 설비비 절감, 성에너지 등의 필요성에 의해 초기의 반연속식에서 대형의 전연속식 압연기를 사용하였으나 최근에는 반연속식과 전연속식을 조합하여 능률을 높인 3/4연속식이 많이 적용되고 있다.

1 반연속식 압연기

반연속식 압연기는 <그림 2-13>과 같이 2단 압연기인 RSB와 4단 가역식 압연기 1기(R1)로 구성되어 있는 반연속식 압연기로서 R1에서 3~7패스의 가역 압연을 실시한다.

이때 R1에서의 정압연 및 역압연의 상호 변환 시간이 생산 능률을 좌우하며 각 패스를 고속으로 압연할 필요가 있으므로 관성이 작은 강력한 직류 모터를 사용하여 구동을 해야한다. 또한 전후면 롤러 테이블에 대해서도 단독 구동을 할 수 있도록 해야 역전 패스가 신속히 이루어질 수 있다.

한편 RSB는 2단 압연기로서 당초 경압하에 의해 스케일을 파괴하는 것이 주목적이었지만, 최근에는 디스케일링의 사용 압력이 120~150kg_f/cm^2으로 높아지고 있어 디스케일링용 고압수 만으로도 스케일 제거가 가능하므로 RSB를 순수하게 2단 압연기의 역할만 하도록 하고 있다.

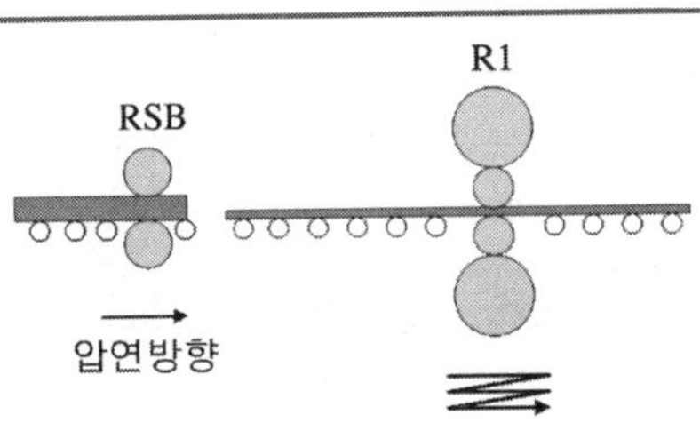

그림 2-13 | 반연속식 압연기 구조

이 형식의 압연기의 장점은 다음과 같다.

① 설비비가 저렴하다.

② 강종, 슬래브 두께에 따라 패스 회수를 변경하는 등 작업에 유연성을 갖는다.

단점은 다음과 같다.

① 조압연 능률에 의해 라인 능력이 결정되므로 생산 능력이 떨어진다.

② 압하, 사이드 가이드(Side Guide), 에지롤, 전후면 롤러 테이블 등이 각 패스별 동작하거나 역전하는 부분이 많으므로 보수가 많이 필요하다.

③ 4단 압연기 전면만 에지롤이 설치되어 있으므로 홀수 패스때만 폭 압연이 가능하다. 따라서 제품 폭 정도가 약간 나쁘고, 또 1본의 슬래브에서 압연 가능한 제품의 폭 범위가 좁아 슬래브 폭 종류를 증가해야만 한다.

2 전연속식 압연기

이 형식의 압연기는 <그림 2-14>와 같이 2단 압연기 3대 R1, R2, R3와 4단 압연기 3대 R4, R5, R6이 연속적으로 배치되어 있는 것으로 소재를 한 방향으로 연속적으로 압연하는 것이다.

이 방식은 생산 능률을 최대로 한 조압연기 배열인 반면 조압연기 스탠드 수가 많아 각 스탠드 사이에서 슬래브 바의 길이를 고려하여 공간을 확보하기 때문에 라인의 길이가 길어지고, 압연기 및 그 부대설비, 건물의 설비비가 증가한다. 또한 조압연 패스 회수가 조압연기의 스탠드 수로 결정되기 때문에 슬래브 두께의 범위 등 부하에 제약이 있다.

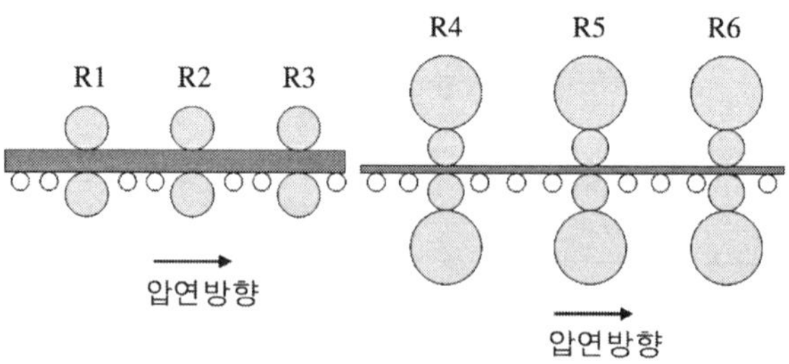

그림 2-14 ▌전연속식 압연기 구조

3 3/4(Three Quarter)연속식 압연기

이 형식의 압연기는 <그림 2-15>와 같이 2단 압연기인 RSB를 R1으로 하고, 4단 압연기 R2를 가역 압연하고, R3, R4를 연속적으로 배치한 것이다. 가역식인 R2에서의 패스는 3~5 패스 역전 압연을 하며, 다른 스탠드는 1패스씩 압연을 한다.

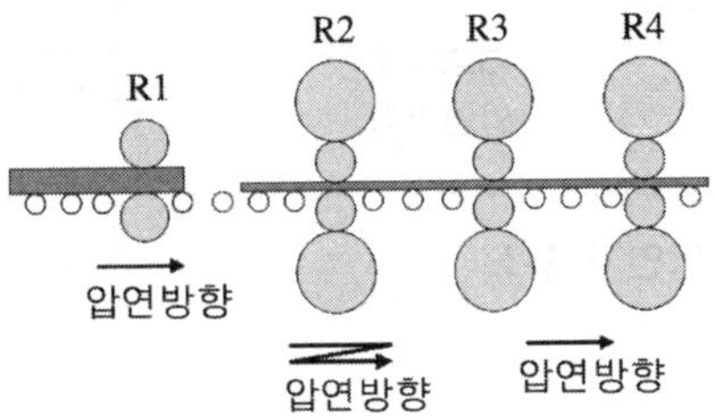

그림 2-15 ❙ 3/4연속식 압연기 구조

이 형식은 라인 길이가 대폭 단축될 수 있으며 생산성도 전연속식에 비해 떨어지지 않고 압연 부하 밸런스를 변경하는 경우에도 탄력성이 있으므로 최근 많이 사용하고 있는 형식이다.

4 크로스 커플(Cross Couple)식 압연기

이 형식의 압연기는 <그림 2-16>과 같이 3/4연속식 압연기에서 후단의 4단 압연기인 R3, R4를 탠덤(Tandum) 압연기 형식으로 근접하게 배열한 것으로 조압연 소요시간이 대폭적으로 단축될 뿐만 아니라 테이블 길이가 단축되어 설비비가 저렴한 것이 특징이다.

4단 압연기인 R3는 직류 모터로 구동하고, R4는 교류(AC) 모터로 구동하여 R4의 속도를 기준으로 R3의 속도를 제어하여 조압연 슬래브 바를 탠덤 압연한다.

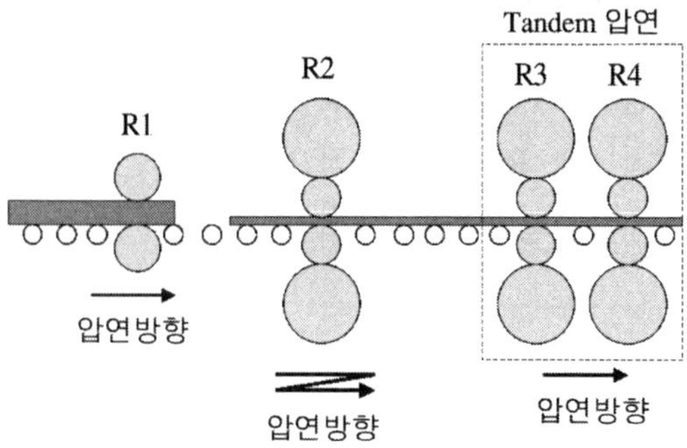

그림 2-16 ▎크로스커플식 압연기 구조

제3절 | 조압연 설비 및 형태

1 수평 압연기

열연 공장에서 사용되는 압연기 형식은 롤 배치에 의해 분류하면 <그림 2-17>과 같이 작업롤(WR : Work Roll) 2개 구성된 2단식과 작업롤의 상하부에 직경이 큰 받침롤(BUR : Back Up Roll)을 갖는 4단식이 있다.

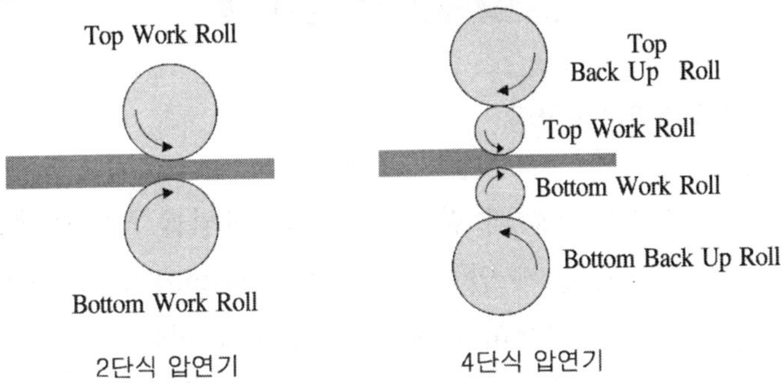

그림 2-17 | 압연기 기본 구조

압연 롤로서는 직경이 작은 롤이 압연 하중 및 동력 등을 작게 하지만 작은 직경의 롤을 그냥 사용하면 롤의 굽힘 및 두께 정도를 저해할 뿐만 아니라 롤이 절손되기 쉽다.

따라서 비교적 큰 압연 하중은 직경이 큰 받침롤에서 받도록 하고 비교작 작은 직경의 작업롤에서 압연하는 4단식 압연기가 개발되어 조압연 및 사상 압연에서 사용된다. 그러나 통상의 압연에서 치입각을 무제한으로 크게 하는 것은 불가능하다. 비교적 큰 치입각으로 압연할 경우 롤과 압연재 사이에서 슬립을 일으켜 압연 불능의 상태로 되기 쉽다.

따라서 1패스의 압하량을 크게 해도 동력을 크게 필요로 하지 않는 조압연의 제1, 제2, 제3 패스 정도까지는 슬립 방지를 위해 특히 직경이 큰 작업롤을 필요로 하므로 직경이 큰 2단 압연기를 사용한다.

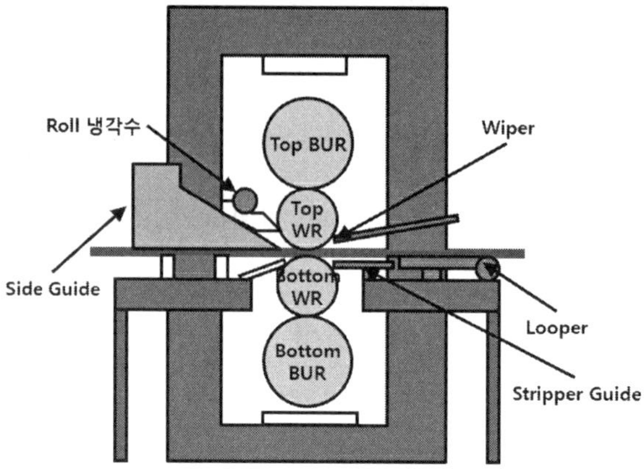

그림 2-18 | 4단식 조압연기의 구조

4단식 조압연기는 <그림 2-18>과 같이 각 2개의 작업롤, 받침롤에 의해 구성되는 베어링(Bearing) 및 쵸크(Chock)가 압연기 하우징(Housing)에 설치되어 있다. 또, 작업롤 중심은 받침롤 중심에서 약 6mm 후방으로 Off set되어 있어서 작업롤 압연 반력이 받침롤에 정확히 전달되어 안정된 압연을 할 수 있다.

한편 하부 작업롤의 상면의 높이는 전방의 테이블 롤러의 높이에서 적어도 그 압연기에서 최대 압하량의 반을 높게 한다. 이렇게 높은 량을 Pick Uu 량이라고 한다. 롤을 사용함에 따라 선삭 또는 연마에 의해 롤 직경이 작아져 Pick Up 량도 크게 변하며, 이때 받침롤 쵸크의 하부에 라이너 두께를 변화시켜 조절한다.

또한 압연하는 소재의 두께에 따라 롤 갭(Roll Gap)을 조절하는데 이는 스크루(Screw)로 작동하며, 압연 전후 설비로는 소재의 이송 설비인 테이블 롤러 및 소재를 압연기에 정확히 유도하기 위하여 압연기 전면에 사이드 가이드를 설치한다.

가열로에서 발생한 스케일 제거 및 조압연 중 발생되는 스케일을 제거하기 위해 스탠드 입측에 디스케일링 헤더(Descaling Header)가 설치되어 있다.

2 VSB(Vertical Scale Breaker) 및 Edger

가열로에서 추출된 슬래브는 두꺼운 스케일(1차 스케일) 층으로 덮여 있다. 이를 제거하기 위해서 슬래브 측면에서 압력을 가하여 스케일 층을 균열시킨 후 고압의 디스케일링 냉각수를 분사시켜 제거하는 공정이 VSB이다.

VSB는 Edger와 기계 구조적으로는 동일하지만 보다 대형화하여 1개의 스탠드로 독립시킨 것으로 폭압연 능력이 대단히 큰 것이 특징이다. 이 폭압연 능력을 향상시키기 위해서 Reverse 압연, 혹은 Back Pass 압연 등도 하고 있다.

한편 Edger는 수평 롤 하우징에 설치되어 있는 Edger Housing 사이를 슬라이딩하여 움직이는 요크(Yoke), 그 요크 내에 있는 에지롤(Edger Roll), 베어링 쵸크 등이 주요 부분으로 상부에 구동 장치가 설치되어 있다.

제4절 | 조압연 작업

1 수평 압하

2단식 및 4단식 압연기에서 100~300mm 두께의 슬래브는 사상 압연기 능력 등을 고려하여 결정된 30~50mm 정도의 바 두께로 압연한다.

슬래브 두께 및 바 두께가 결정되면 각 압연기는 압연량과 가역 압연기의 패스수가 결정된다. 이때 압하량은 압연기의 기계적인 능력, 통판성과 탠덤 압연기의 경우 스피드 제어 등을 고려하여야 할 뿐만 아니라 압연 중 온도 감소 및 2차 스케일 발생량을 줄이기 위해 가능한 후단측에 있는 스탠드에서의 압연량을 증가시키고 바 두께도 두껍게 한다.

2 속도 설정

1) 가역식 압연기 속도 제어

반연속식 또는 3/4연속식 조압연에서는 가역식 압연기의 패스수와 더불어 통판 속도를 적절히 설정하여 생산성 향상을 기할 수 있어 속도 제어는 매우 중요한 요소라 할 수 있다. 가역 압연기의 일반적인 속도 패턴은 판이 물릴 때와 빠질 때의 속도는 낮으며 Load On 직후 압연 속도로 가속되어 다시 판이 빠지기 직전 감속된다. 이는 기계적인 충격을 가능한 줄이기 위해서이다.

2) 가역식 압연기의 압연 속도

압연 속도는 압연 조건에 따른 파워를 체크하여 모터 허용 한도내에서 생산성 향상을 위해 압연 속도를 높게 설정한다. 단 Pitch는 작업시에 모터의 RMS가 Over되기 쉬우므로 이를 충분히 고려하여 설정하는 것이 바람직하다.

3) 탠덤 압연기의 속도 제어

크로스 커플식 조압연은 R3, R4가 탠덤 압연이므로 R3, R4간 속도는 정밀하게 제어되지 않으면 스탠드간에서 Loop 또는 Over Tension이 걸려 폭불량 및 미스 롤

(Miss Roll)의 원인이 된다.

한편 이들 압연기의 모터 형식은 R4는 교류 모터로 정속 압연을 하고, 직류 모터인 R3으로 속도를 제어한다. R3 초기 속도 설정치는 결정된 R4의 속도와 판두께에 의해 Mass Flow 일정 법칙에서 결정하며 통판 중 제어는 AMTC(Automatic Minimum Tension Control)에 의해 가능하다.

3 폭 압하

VSB, Edger에 의해 슬래브 폭에서 고객이 원하는 여러 종류의 제품 폭으로 폭압하를 한다. 폭 압하 패턴은 여러 가지를 고려하여 결정하지만 전단 강압하, 후단 경압하가 일반적이다. 전단 강압하, 즉 바 두께가 두꺼울 때 폭압하를 많이 하면 롤과 재료와의 사이에서 슬립이 일어나 재료가 앞으로 진행하기 어려우며, 협폭재는 비틀림이 발생하기 쉬우므로 이로 인해 "폭 +"가 발생한다. 다음 <그림 2-19>, <그림 2-20> 및 <그림 2-21>은 폭압연시 비틀림이 발생하는 상황을 나타낸 것이다.

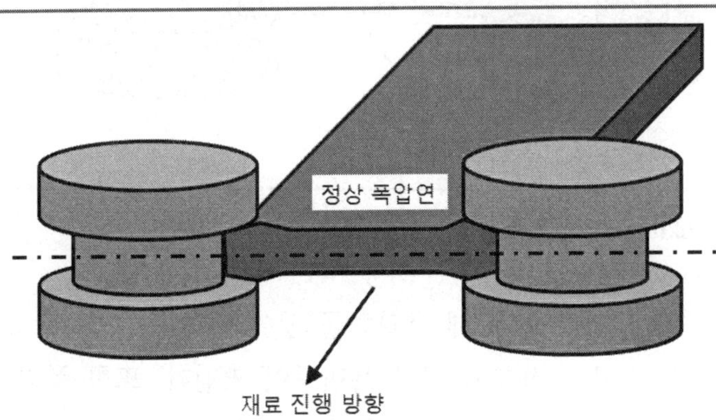

그림 2-19 ▮ 정상 폭압연

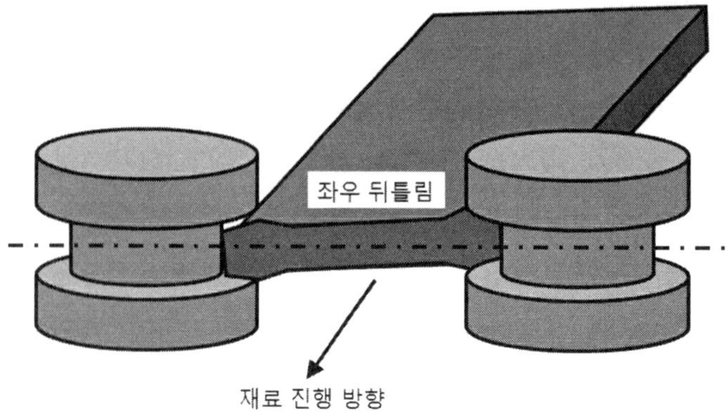

그림 2-20 | 비틀림이 발생한 폭압연

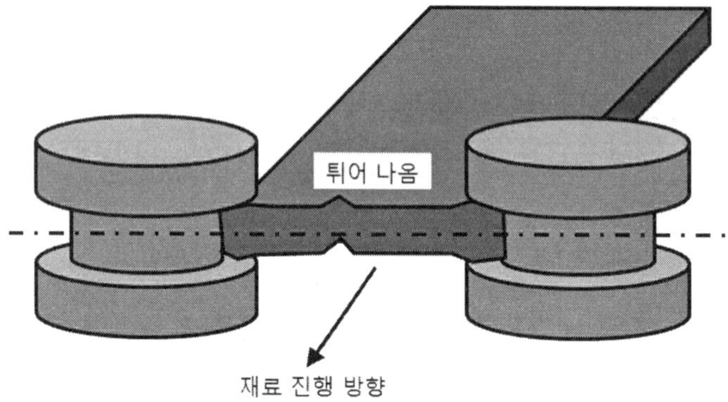

그림 2-21 | Buckling 발생한 폭압연

후단 강압하, 즉 바 두께가 얇을 때 폭압하를 많이 하면 재료 Buckling에 의해 폭압연 효과가 없어지며, 스키드 마크에 의한 폭변동이 커진다. 또한 폭압하에 의해 생기는 Dog Bone이 재료 에지부 부근에 발생하여 폭압연 효율이 나쁘다.

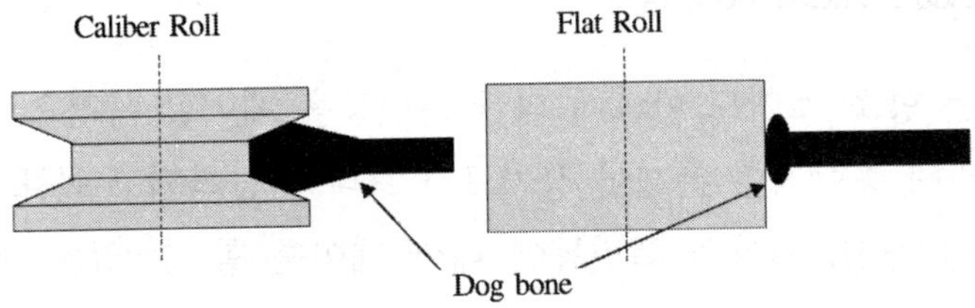

1. Dog bone이 중앙부로 향한 모양 2. Dog bone이 Edge부에 발생한 모양

그림 2-22 | Dog Bone의 발생 모양

폭압연 효율을 향상시키기 위해서는 재료를 폭압하할 때 생기는 Dog Bone을 가급적 폭방향 중심부로 가도록 해야한다. Dog Bone이 중심부로 갈수록 수평 압하시 폭 펴짐량도 적어지므로 실제 폭압연량을 크게 할 수 있기 때문이다.

이를 위해 폭압연 롤(VSB 포함)의 형상을 종래 Flat 형상에서 Caliber 형상으로 변화시켜 사용하고 있다.

최근 대폭 압하 요구에 대하여 에지 패스 스케줄의 최적화만으로는 판폭 변동을 허용 범위내로 관리하기가 어렵기 때문에 자동 판폭 제어(AWC : Automatic Width Control) 시스템이 도입 적용되고 있다.

4 디스케일링

1차 스케일을 제거한 바의 표면은 아직도 고온이기 때문에 곧 재료 표면에 2차 스케일이 발생한다. 이 스케일을 제거하지 않으면 제품 표면에 스케일에 의한 흠이 발생한다. 이를 방지하기 위해 각 스탠드 입측에는 100~150kg_f/cm^2의 고압수를 분사하는 디스케일링 해더가 설치되어 있다.

하지만 이 디스케일링도 성에너지 측면에서 가능한 한 분사시키지 않는 방향으로 나아가고 있기 때문에 최근에는 압연하는 재료에 요구되는 표면 품질에 따라 사용하는 디스케일링 헤더가 사용되고 있다. 또 R1 패스와 최종 조압연기 패스시만 디스케일링 고압수를 분사하는 경우도 있다.

5 AWC(Automatic Width Control)

AWC의 목표는 당초 스키드 마크에 의한 폭변동을 제어할 목적으로 채용되었으나 실수율 향상을 위해 종합적인 폭제어 장치로서 보다 기능화되고 목표 폭제어, 선단부 및 미단부 폭빠짐 개선, 기타의 폭변동에 대한 제어를 할 수 있는 장치로 적용되고 있다. 이러한 AWC는 조압연기에서 에지롤의 개도를 제어하는 조압연 AWC와 사상 압연기의 스탠드간 장력을 제어함으로써 제어하는 다듬질 AWC로 나눌 수 있다. 각각의 AWC의 특징은 다음 <표 2−13>과 같다.

표 2−13 ǀ 개별 AWC의 특징

	방식	검출	조작	비고
조압연 AWC	하중 Feed forward 방식	전단 Edger 하중	후단 Edger 개도	검출부터 조작까지의 시간 지연 보상 실시
	폭계 Feed forward 방식	Edger 전면 폭계	폭계 후면 Edger 개도	검출부터 조작까지의 시간 지연 보상 실시
	하중 Feed back 방식	Edger 하중	Edger 개도	AGC에 상당하는 응답성이 빠른 유압 AGC 적용
다듬질 AWC	스탠드간 장력 제어 방식		스탠드간 장력	현재 다양한 방법 연구

조압연 AWC는 AGC(Automatic Gauge Control)와 다르게 단순히 Mill Spring에 의한 롤 갭 변화만을 보상하는 것 뿐만 아니라 수평 압연에 의한 폭퍼짐까지 고려해야 한다.

또 선단부, 미단부의 폭빠짐 개선을 위해 AGC의 보상 기능에 해당하는 것으로 Short Stroke 제어법을 이용하기도 한다. 이 방법은 수직 롤의 개도를 실시간 제어하면서 선단부와 미단부의 개도를 순차적으로 넓게 해서 압연하는 방법이다.

Chapter 04

최신열간압연공학

열연 사상 압연 설비 및 제어

제1절 | 개요

조압연에서 압연된 재료(Bar)는 6~7 스탠드가 연속적으로 배열된 사상 압연기에서 최종 제품의 판 두께로 압연된다. 과거에는 6스탠드 압연기(Mill)이 대부분이었으나, 생산성 향상 및 슬래브의 대형화에 따라 최근에는 7스탠드로 설치하여 압연 속도의 고속화를 이루고 있다.

또한 조압연 공정에서의 온도 강하를 방지하기 위해 바의 두께를 증대할 필요가 있어 그 대응책으로 F1 스탠드 앞에서 F0 스탠드를 설치하는 경우도 있다.

한편 이 공정에서의 작업성이 제품의 치수, 형상 품질에 크게 영향을 미치므로 세심한 조업 관리가 요구되며, 이를 위해 판 크라운(Crown) 제어 능력의 향상, 형상 제어 능력의 향상 등을 목적으로 한 작업롤 시프트(Shift), 패어 크로스(Pair Cross) 등 형상 제어 압연기가 개발되어 사용하고 있다. 또 관련 설비로는 사상 압연 소재인 바의 길이 방향, 폭 방향 온도 편차를 감소시키기 위한 보열 커버(Cover), 바 에지 히터(Bar Edge Heater) 및 전후단부를 절단하여 사상압연 시 치입성을 양호하게 하는 크롭 시어(Crop Shear), 사상 압연 전 스케일을 제거하는 FSB(Finishing Scale Breaker) 등이 있다.

제2절 | 사상 압연 설비

사상 압연 설비에는 <그림 2-23>과 같이 크롭 시어, FSB, 사상 압연기 본체, Delay Table 또는 ROT(Run Out Table), 두께 측정 장치, 폭 측정 장치, 형상 검출기, 온도계 등으로 구성되어 있다.

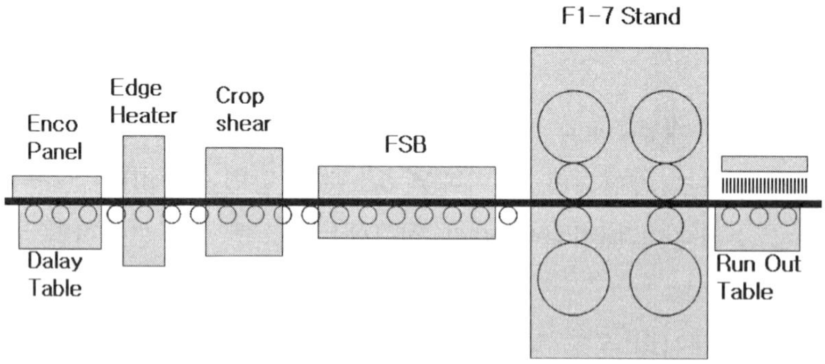

그림 2-23 | 사상 압연기의 기본 구조

1 크롭 시어(Crop Shear)

1) 구성 장치

크롭 시어는 하우징(Housing), 2개의 나이프 드럼(Knife Drum) 구동 장치, 나이프 교환 슬레드(Knife Change Sled), 입출 롤러, 슈트(Chute)로 구성되어 있다.

일반적으로 크롭 시어는 2쌍의 곡도와 직도를 가지고 있다. 곡도는 바의 선단, 직도는 바의 후단을 자르고 잔편은 크롭 슈트(Crop Chute)를 통해 크롭 하우징(Crop Housing) 장치로 떨어진다.

칼날의 교체는 드럼 전체를 유압 실린더로 압연 라인 밖으로 인출한 다음 안전하게 교체한다.

2) 역할

열연 슬래브, 바의 선단 및 미단을 철단하여 사상 압연기에서의 통판성을 양호하게 하기 위한 절단 장치로 사상 압연기 전단에 설치되어서 다음과 같은 역할을 한다.

① 조압연기에서 이송되어 온 재료 선단부를 커팅하여 사상 압연기 및 다운 코일러(Down Coiler)의 치입성을 좋게 한다.
② 압연재 미단부를 절단하여 박판재의 작업성을 개선한다.
③ 경질재 선후단부의 저온부를 절단하여 롤 마크(Roll Mark, 저온부가 롤에 물릴 때 흠이 발생하여 판재에 전사된 것) 발생을 방지한다.
④ 중량이 큰 슬래브를 단중 분할하는 목적으로 절단한다.

최근에는 실수율 향상 측면에서 절단량을 가능한 적게 하는 경향으로 선후단의 형상을 모니터로 검출하여 자동적으로 최적 절단 길이를 결정, 크롭 컷 시스템(CCS : Crop Cut System)을 도입하여 실수율 향상에 큰 진전을 보이고 있다.

2 FSB(Finishing Scale Breaker)

FSB는 사상 압연기 전면에서 바 표면에 붙어 있는 2차 스케일을 제거하기 위하여 100∼170kg_f/cm^2의 고압수를 분사하는 장치이다. 디스케일링(Descaling)의 수압은 초기에는 100kg_f/cm^2 정도가 일반적이었지만, Mill의 고속화, 탈 스케일성의 요구로 150kg_f/cm^2 이상으로 주로 작업을 하고 있다. 그러나 최근 성에너지 측면에서 다시 디스케일링 수압의 저압화에서도 스케일 제거를 위한 충격력을 확보한 상태의 조업이 실시되고 있다.

사용하는 헤더(Header)의 수는 2열이 일반적이다. 성에너지 관점에서 불필요한 토출을 없애기 위해 통판하는 재료의 폭에 따라 협폭용, 광폭용 등의 별도의 헤더를 설치하여 그 수가 4열인 압연기도 있다.

3 사상 압연기

1) 사상 압연기 배열

사상 압연기 스탠드 수의 결정 요소로서는 압연 능력, 압연 품종, 온도 조건, 공정 실수율, 크롭 능력, 압연 속도, 표면 품질, 설비비 등이 있다.

과거에는 6 스탠드 압연기가 대부분이었으나 최근에는 생산 능력의 향상, 슬래브의 대형화에 대응하기 위해 7 스탠드 압연기가 주종을 이루고 있으며, 최종 스탠드의 압연 속도를 고속화하고 있다.

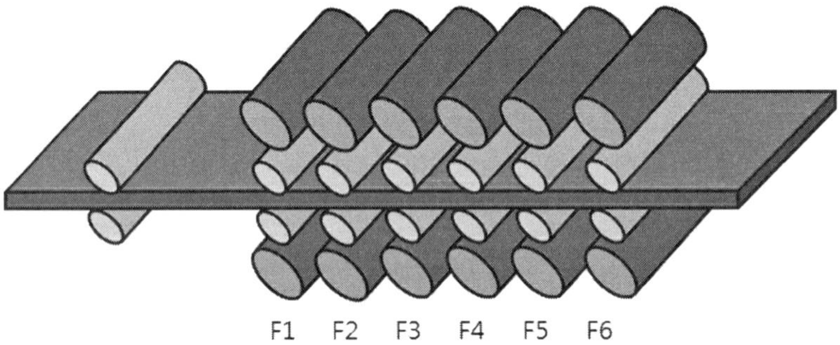

그림 2-24 ▎6스탠드 배열

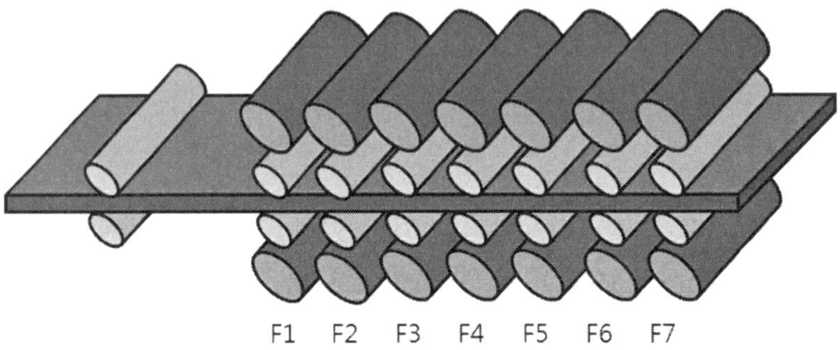

그림 2-25 ▎7스탠드 배열

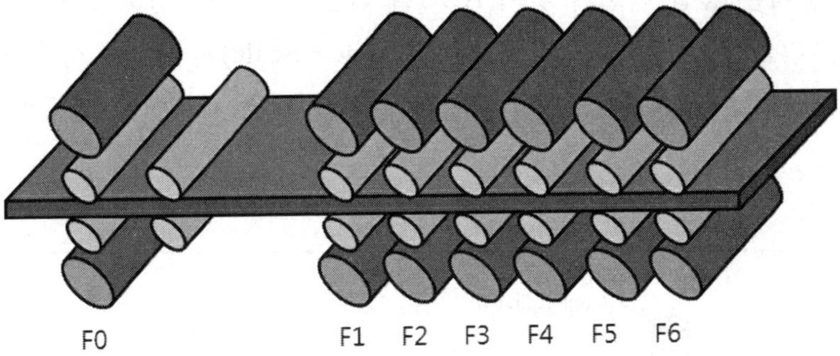

그림 2-25 | F0 + 6스탠드 배열

2) 구동 장치

구동 장치는 모터에서 작업롤에 토크(Torque)를 전달하는 것으로서 토크의 전달 순서는 다음과 같다.

모터 → 감속기 → 피니언 스탠드 → 스핀들 → 작업롤

사상 압연기 전단 스탠드에서는 감속비를 1 : 3~1 : 1.8 정도로 감속하며, 후단 스탠드에서는 모터와 롤이 직결하고 있다.

피니언 스탠드(Pinion Stand)는 감속기 또는 모터에서 공급되는 1축의 토크를 상하 각 롤로 분배하는 것으로 1조에 2개의 기어로 구성되어 있으며, 기어비는 1:1이다.

스핀들(Spindle)은 피니언 스탠드에서 분배된 2축의 토크를 각각 상하의 작업롤로 전달하는 역할을 한다.

3) 압하 장치(Screw Down)

스크루 다운은 두께의 압하량을 적정 압력으로 조절하면서 압연하는 설비로 2단 감속기 및 웜 기어를 거쳐 스크루를 상하 구동하여 롤 위치를 결정하게 된다. 2대의 모터가 마그네틱 클러치(Magnetic Clutch)로 연결되어 있어 레벨링(Leveling) 동작을 취할 때는 클러치가 분리되며 워크 사이드(Work Side) 단독 조정이 가능하도록 구성되어 있다.

압하 장치는 <그림 2-27>과 같이 평치차 및 웜치차 감속을 통해 제어하는 전동 압하 장치가 있고, 압하 스크루와 쵸크와의 사이에 또는 하부 쵸크와 하우징 하면과의 사이에 유압 실린더를 조립한 유압 압하 장치가 있다.

전동 압하 장치는 응답 속도가 늦어 AGC를 하는데는 제어 정도가 한계가 있어, 고정도의 위치 검출 장치인 헤그네 스케일(Hagne-Scale)과 유압 서보 밸브(Servo Valve)에 의해 고응답 속도로 작용하는 압하 장치를 주로 사용하여 판두께 정도를 향상시키고 있다.

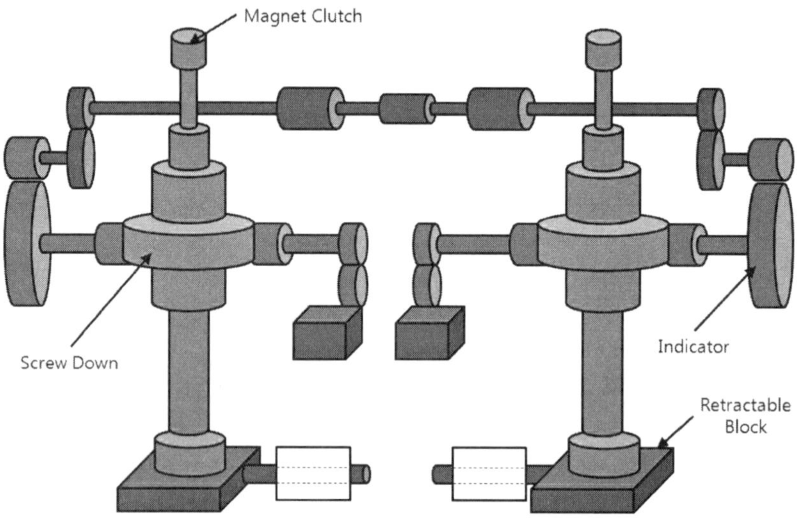

그림 2-27 | 스크루 다운의 구조

4) 사상 압연기 본체

사상 압연기에는 통상 4단 압연기가 사용되고 있지만 요즘은 롤 마모와 균일화에 의한 스케줄 프리(Schedule Free) 압연, 판 크라운 제어 능력 향상 등을 목적으로 4단 압연기에서 작업롤이 시프트(Shift)하는 워크 시프트 압연기(Work Shift Mill), 6단 압연기에서 작업롤과 중간롤이 시프트하는 6단 압연기가 실용화되고 있다.

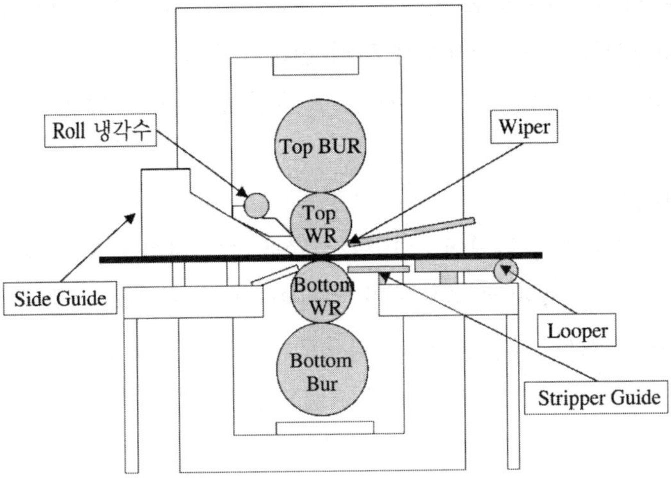

그림 2-28 ▌4단 사상 압연기의 구조

스탠드간 설비로는 스트리퍼 가이드(Stripper Guide), 루퍼(Looper), 사이드 가이드(Side Guide), 롤 냉각수 헤더, 와이퍼(Wiper) 등이 있으며 압연기 본체에는 롤 갭을 조정하는 스크루 다운 장치, 하우징 및 롤 구동 장치로 되어 있다.

가) 스트리퍼 가이드(Stripper Guide)

스트리퍼 가이드는 상하 작업롤 출측에 각각 배치된 유도관으로서 압연재가 롤에 감겨 붙지 않도록 하는 기능을 한다. 또 냉각수가 압연재에 떨어지지 않도록 와이퍼가 붙어 롤 표면에 밀착되도록 되어 있다.

나) 루퍼(Looper)

사상 압연기 스탠드와 스탠드 사이에서 압연재의 인장 및 장력 상태를 제어하며, 원만한 통판을 유지해 주고 전후 밸런스를 조정하는 장치로 각 스탠드 사이에서 감속기와 샤프트를 거쳐 모터에 의해 구동되면서 스트립 장력을 일정한 루프량으로 일정하게 유지한다.

이러한 루퍼의 역할을 정의하면 다음과 같다.

① 스탠드 사이에서 재료에 일정한 장력을 주어 각 스탠드간 압연 상태를 안정시키고, 제품 폭과 두께의 변동을 방지한다.

② 압연 과정에서 재료가 루퍼, 롤러 이외에는 접촉하지 않도록 함으로써 흠발생을 방지한다.

③ 루퍼의 응답성은 치수 정도 외에도 압연재가 순간적으로 발생하는 루프로 인해 겹물림이 발생하는 것을 방지하기 위해 신속한 응답 속도를 요구한다. 이 응답성에서 구동 방식은 공기식 → 전동식 → 유압식 순으로 발전하여 변하고 있다.

다) 사이드 가이드

각 사상 압연기 입측에 설치되어 스트립 선단을 압연기까지 유도하는 역할을 한다. 고온의 얇은 스트립을 양호하게 유도하기 위하여 상하, 좌우로 나팔형으로 벌어져 있는 가이드와 이것의 개도 설정을 하는 기구로 구성되어 있다.

일반적으로 스트립 두께가 두꺼운 사상 전단 스탠드에서는 좁게 설정하고, 두께가 얇아지게 되는 후단 스탠드로 갈수록 점점 넓게 설정하고 있다.

라) 와이퍼

와이퍼는 롤 냉각수나 이물질이 압연재에 떨어지는 것을 방지하고, 냉각수로 인한 압연재의 온도 저하를 방지하는 역할을 한다.

마) 롤 냉각 장치

롤 냉각수는 압연 중 작업롤에 직접 분사헤서 롤이 열팽창되는 것을 방지함으로써 열 크라운(heat Crown)을 안정시키고, 마모나 표면 거침을 막아 롤의 수명을 연장함과 동시에 재료 표면을 깨끗하게 한다.

따라서 냉각수는 통판 부분에서 롤에 균등히 분사되도록 하지 않으면 부분적으로 롤 표면 거침 및 마모가 불균일하게 되어 압연이 불안정하게 되는 것 뿐만 아니라 제품 표면 결함, 프로파일 부적정 등의 원인으로 되기 쉽다. 따라서 롤 냉각수 노즐의 막힘 검점, 마모 점검 등은 롤 냉각 장치의 관리 사항 중 중요한 요소이다.

롤 냉각 능력은 수량, 수압, 수온 외에 롤 냉각 헤더의 위치와 주수 면적에도 영향을 받는다.

압연기마다 냉각 방법은 다르지만 크게 나누면 다음과 같다.

① 저압($10kg_f/cm^2$ 전후) 대용량 노즐을 사용하여 단위 면적당 유량을 적게 하여 주수 면적을 크게하는 방식

② 고압($30kg_f/cm^2$) 노즐로 주수 면적을 적게하고, 단위 면적당 수량을 증가시켜 냉각하는 방식

③ 양자를 병용하는 방식으로 나눌 수 있다.

④ 그러나 최근에는 성에너지를 위해 저압, 소유량화하는 경향이 있다.

⑤ 일반적으로 냉각 장치는 각 스탠드의 상부 받침롤(BUR)에 1세트, 전후면 작업롤 상하에 8세트의 배관이 부착되어 있다. 배관에는 스프레이 노즐이 결합되어 있어 노즐을 통해 롤에 직접 분사하도록 되어 있다.

바) 열간 윤활유 설비

열간 윤활유는 압연 하중 감소, 압연 동력 감소, 롤 마모 감소 및 롤 표면 거침의 개선을 목적으로 사상 압연기에서 사용된다.

윤활유의 급유 방식으로는 워터 인젝션(Water Injection) 방식으로 받침롤에 직접 분사하는 방식이 가장 일반적으로 사용되고 있다.

4 런 아웃 테이블(ROT : Run Out Table)

최종 사상 압연기와 권취기를 연결하는 설비로 롤러 피치가 약 20~600mm 정도의 구동 롤러를 120~200M에 이르도록 설치하여 사상 압연기를 빠져 나온 스트립을 권취기까지 이송하는 역할을 하며, 핫 런 테이블(Hot Run Table) 위를 달려온 스트립은 권취기 전에 있는 사이드 가이드 및 핀치롤(Pinch 롤)에 의해서 권취기로 유도되어 맨드릴(Mandrel)에 감긴다.

이 부분에서 스트립 상하에 물을 뿌려 소정의 권취 온도를 얻을 때까지 냉각시킨다. 매우 얇게 압연된 스트립을 긴거리에 고속으로 반송하기 때문에 선단은 루프가 발생하기 쉽고, 도중에 주름상으로 스트립이 헌팅(Hunting)하기 쉽다.

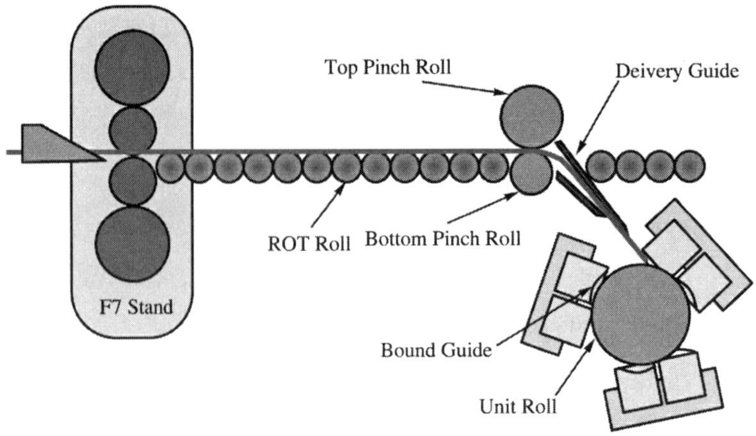

그림 2-29 ❙ ROT 및 권취기

5 런 아웃 테이블 냉각(라미나 플로우 : Liminar Flow)

열연 사상 압연에서 압연된 스트립의 기계적 성질을 양호하게 하기 위하여 적정 권취 온도까지 냉각시키는 장치이다.

사상 압연 후 최종 스탠드를 빠져 나온 스트립을 권취하기 전에 런 아웃 테이블 상에서 주행 중 스트립의 상, 하부에 일정한 냉각수를 뿌려 소정의 권취 온도를 확보함으로써 요구하는 기계적 성질을 얻게 된다.

냉각 방식으로는 냉각수를 노즐에서 분사시키는 스프레이 방식과 상부에서 저압수로 뿌리는 Laminar 방식으로 나눌 수 있다.

표 2-14 | 라미나 플로우 냉각 방식

	Multi-Orifice Laminar	Hair Pin Laminar
상부분사형	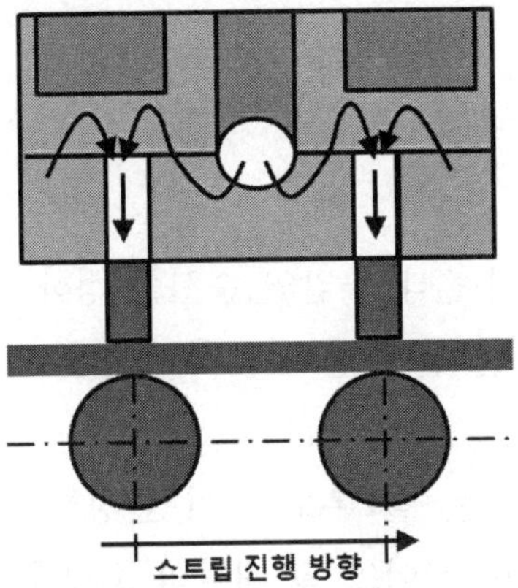	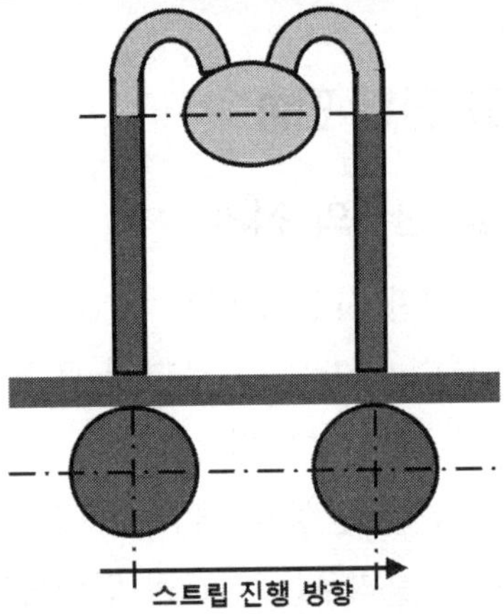
	Full-Con Spray Nozzle	Pipe Laminar
하부분사형	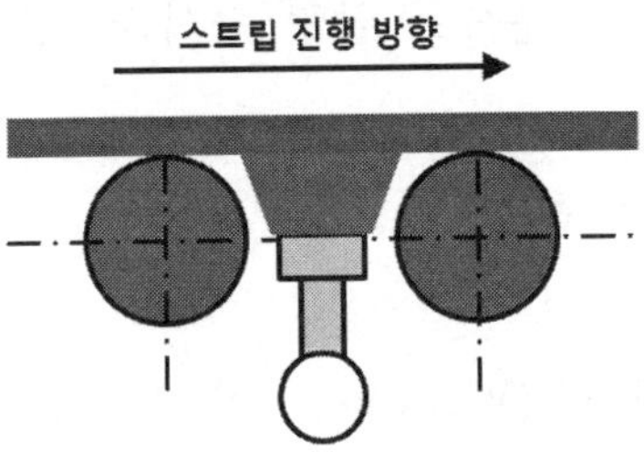	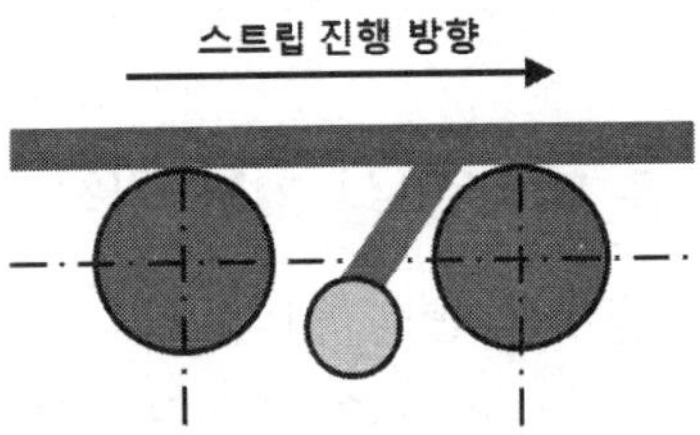

하부 냉각은 거의 스프레이 방식을 사용하고 있으나, 상부는 스프레이 방식에서 압연 속도의 상승 등 열전달 계수가 약 2배로 급속 냉각이 가능하고 테이블 길이가 짧아도 되는 라미나 플로우(Laminar Flow) 방식이 개발되어 대부분의 압연기가 이러한 방식을 채택하고 있다. 최근에는 종래의 라미나 냉각 대신 스트립 상, 하면으로부터 폭 방향으로 일정한 커튼 벽(Curtain Wall) 상의 수막 흐름을 형성시키는 수냉 커튼(Water Curtain Cooling) 등 냉각능을 향상시키기 위한 신설비들이 개발되어 실용화 되고 있다.

제3절 | 사상 압연 작업

1 롤 단위 편성

1) 롤 단위의 정의

롤 단위란 사상 압연기 작업 롤 교체시의 슬래브 압연 순서를 정하는 것으로서 실수율, 스트립 크라운, 프로파일 표면 흠 및 판 두께 정도 등에 영향을 미치는 것으로 여러 가지 제약이 있다.

롤 단위를 편성할 때 우선 롤 교체 직후는 롤 온도 등이 안정하지 못하기 때문에 조정재로 불리우는 비교적 압연하기 용이한 사이즈 및 재질의 소재를 몇 본 편성한다. 그 후에 광폭재가 편성되고 순서대로 중간폭, 최후에는 협폭으로 편성한다. 그리고 일반적으로 판두께는 두꺼운 것에서 얇은 것 순으로 압연 순서를 결정한다.

2) 롤 단위 편성 기본 원칙

가) 정수간 편성 원칙

① 정기 수리 후의 압연은 받침롤의 워밍업(Warming Up) 및 온도 확보 등을 고려하여 부하가 적은 후물재를 편성한다.

② 각 단위의 온도를 고려하여 전후 단위를 온도 확보상 규제한다. 정수전 및 노내재 단위는 노수리 보열 및 정수 직후의 압연 조건을 고려하여 후물 또는 추출 온도가 낮은 단위로 하며 냉연용 소재는 노내재의 투입을 금한다.

③ 롤 정비 능력 등을 고려하여 박판 단위는 연속적으로 3단위 이상 투입을 제한한다.

④ 받침롤(Back Up 롤) 마모에 의한 평탄도 불량을 고려하여 계획 휴지 또는 정수 직전에는 극박판(1.6mm t 미만) 및 광폭재는 투입하지 않는다.

나) 롤 단위내 편성 원칙

① 단위의 최초에는 롤의 열 크라운(Thermal Crown) 형성 및 레벨(Level) 확인을 위해 압연하기 쉬운 초기 조정재를 넣는다.

② 작업롤의 마모를 고려하여 광폭재로부터 협폭재로 편성한다.

③ 동일 치수 및 동일 강종은 모아서 동일 Lot로 편성한다.

④ 동일폭이 많을 경우 작업롤의 동일 부위 마모로 형상 불량 유발을일으킬 수 있으므로 이것을 고려하여 동일폭의 연속 압연은 제한한다.
⑤ 동일 치수에서 두께 공차 범위의 대소가 있다면 큰 쪽에서 작은 쪽으로 편성한다.
⑥ 동일 치수에서 강종이 서로 다르면 연한 것에서부터 경한 것으로 편성한다.(⑤, ⑥항이 겹치면 ⑥항을 우선으로 결정한다.)
⑦ 압연이 어려운 치수인 경우 종간 조정재를 편성한다.
⑧ 판표면 조도 엄격재 및 BP재는 작업롤 표면 거침을 고려하여 가능한 단위 전반에 편성한다.
⑨ 세트를 바꿀시에는 치수 정도의 확보를 위하여 두께, 폭 세트 바꿈량을 규제한다.

3) 롤 단위내 편성 기준

가) 롤 단위내 편성 개요

① 롤에 열 크라운이 형성되도록 조정재를 투입한다.
② 사상 압연 각 스탠드별 부하 배분 등 조업 조건을 고려하여 롤 단위내 주체 사이즈의 통판성, 코일 크라운, 형상 등이 양호하도록 편성한다.
③ 롤 단위 편성 내용은 다음 <그림 2-30>과 같이 편성한다.

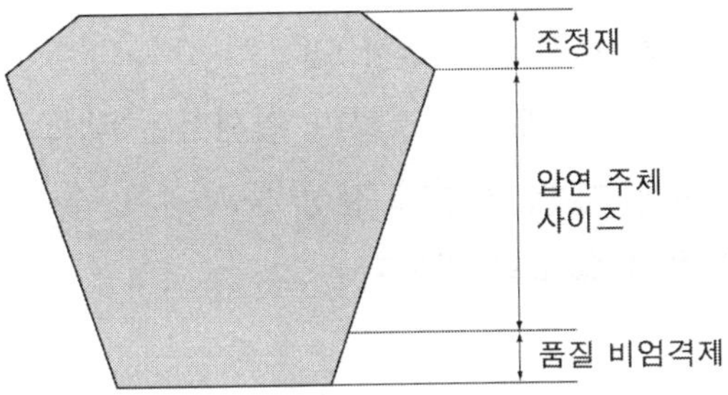

그림 2-30 | 롤 단위 편성 방법

나) 조정재 기준

① **조정재** : 단위의 최초에 다음과 같은 조정재를 투입하여 열 크라운이 형성되도록 한다.

- 강종 : TS 40kg_f/mm^2 이하 저탄소강
- 사이즈 : 두께 2.7~4.5, 폭 950~1150mm
- 본수 : 3~5본
- 기타 : 치수 및 온도 엄격 관리재는 제외

② **중간 조정재(폭 이행재)** : 최대 폭압연을 위해 중간 조정재를 투입하여야 하며 그 기준은 각 롤 단위 편성 기준에 따른다.

2 사상 압연 패스 스케줄(Pass Schedule)

사상 압연기는 텐덤 압연기(Tandum Mill)이고, 제품 품질에 크게 영향을 미치므로 다음 사항을 지키는 것이 중요하다.

① 정밀한 압하 세트로 정확한 두께를 확보한다.

② 용량 흐름(Mass Flow) 일정 법칙에 의한 각 스탠드별 압하량과 속도 밸런스 유지

③ 각 스탠드별 모터 부하의 적절한 분배

④ 사상 출측 온도(FDT)가 목표 온도 범위내로 할 것

⑤ 특정 롤의 표면 거침과 마모가 발생하지 않을 것

⑥ 통판성이 양호하고 판 형상이 우수할 것

이것들을 만족시키는 패스 스케줄을 정하기 위해서는 각 스탠드에서의 입측, 출측 두께, 압연 속도, 재료 변형 저항, 압연기 강성 등과 소비 동력, 압하력, 온도 강하량 등과의 관계를 확실히 하지 않으면 안된다.

3 사상 압연 속도

1) 스레딩 속도(Threading Speed)

판 선단이 사상 각 스탠드를 통과하여 런 아웃 테이블(ROT) 상에서 가속이 개시되기까지의 속도를 말한다. 이 속도는 사상 온도 확보를 전제로 통판성 등을 고려하여 결정하며 박판재의 경우에는 700mpm, 후물재의 경우에는 200mpm 정도이다.

2) 가속 단계

스레딩 속도(Threading Speed)로는 스트립의 미단부의 압연 소요 시간이 너무 길어 써멀 런 다운(Thermal Run Down)에 의해 사상 온도가 저하된다. 그러므로 판이 맨드릴(Mandrel)에 걸리는 시점부터 최대 속도까지 가속하는 단계를 통해 온도 저하의 보상 및 생산성 향상이 이루어진다.

3) 고속 압연 단계

가속 종료 후 런 아웃 테이블 냉각 능력, 압연기(Mill) 능력, 사상 온도 공차 등을 고려한 최대 속도로 압연하는 단계이다.

4) 사상 압연기 속도 조정 기구

용량 흐름(Mass Flow) 일정 법칙에서 각 롤의 속도의 비율은 일정 밸런스를 갖고 일제히 변화시키지 않으면 안된다. 이를 위해서 SSRH, MRH라 불려지는 콘트롤러(Controller)가 사용되고, 여기서 롤의 회전수를 변화시킨다.

5) 사상 압연 속도 패턴

사상 압연 속도 패턴은 <그림 2-31>과 같다.

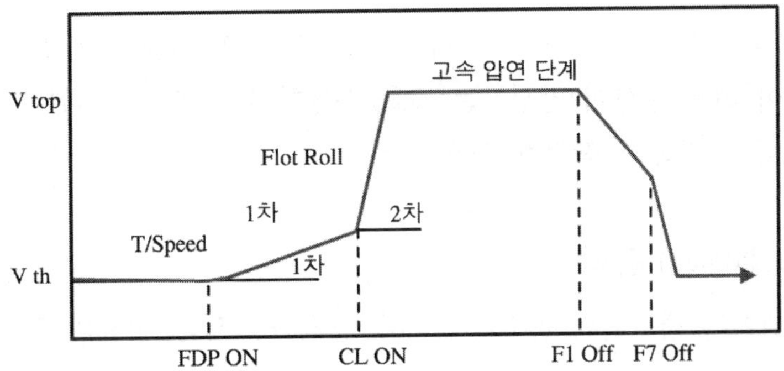

그림 2-31 | 사상 압연 속도 패턴

4 기타 작업

1) 사이드 가이드(Side Guide)

압연에서는 슬래브와 스트립의 센터링(Centering) 상태가 캠버(Camber), 웨지(Wedge), 통판성 등에 영향을 주므로 사이드 가이드 설정이 중요하다. 특히 사상 압연에서는 판 에지에 손상을 주지 않도록 하면서 가이드할 수 있는 갭(Gap) 조정이 필요하다. <그림 2-32>는 갭 및 랩의 조정을 나타내었다.

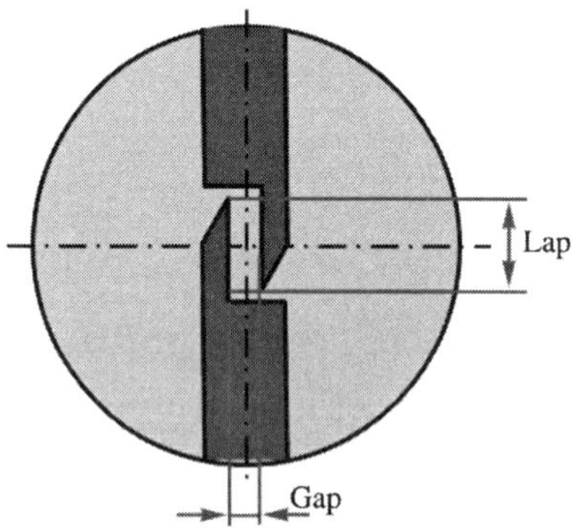

그림 2-32 | 갭 및 랩 조정

2) 레벨링(Leveling)

판의 편열, 롤의 원통도, 압연기 형식, 슬래브 웨지(Wedge), 롤 편마모 등에 의해 압연 중에 판이 휘는 현상이 발생하는 것을 수정하기 위해 롤 편측의 갭을 증감하지만 판의 웨지에 주의하여 작업할 필요가 있다.

3) 압연 피치(Pitch) 관리

압연 피치 관리는 생산성의 관점에서 매우 중요하고 라인 전체의 진행을 늘 파악하여 가열로 추출을 제어할 필요가 있다. 압연 라인에서는 패스 타임(Pass Time)과 아이들 타임(Idle Time)을 단축할 필요가 있지만 이것들의 편차가 있으면 추출 피치가 안정되지 못해 압연 속도의 기준화가 필요하고, 이를 위해 대부분 컴퓨터에 의해 제어한다.

4) 패스 라인(Pass Line)

패스 라인은 조압연 및 사상 압연 모두 통판성에 크게 영향을 미친다. 패스 라인이 높으면 판은 하향 경향으로 되고, 낮으면 반대로 된다. 이 조정을 위해 테이블 롤러(Table Roller)의 마모 관리와 롤 직경 변화에 따라 라이너(Liner) 조정을 행한다.

5) 크롭(Crop) 절단

판의 선단 및 후단은 지느러미 등이 생기기 쉽고, 온도 저하가 있어 그대로 압연을 하게 되면 미스롤(Miss Roll)과 롤 홈이 발생하기 쉽다. 따라서 사상 압연 전면에서 크롭 절단을 해야 한다. 이로 인해 실수율이 0.3～0.5% 저하되므로 최소 절단을 목표로 작업 관리가 필요하며, 일부 사이즈 또는 일부 강종에서는 절단 작업을 하지 않기도 한다.

제4절 | 품질 제어 설비

1 페어 크로스 압연기(Pair Cross Mill)

열연 사상 압연기에 설치되어 있고, 상하 작업롤 및 백업롤을 상호 크로스(Cross)시켜 소재를 압연하는 설비로서 품질상 요구되는 양호한 형상을 얻을 수 있는 장치로, 입측 크로스 헤드(Cross Head)와 출측 크로스 헤드로 받침롤 쵸크(Chock) 및 크로스 빔(Cross Beam)을 작동시켜 작업롤의 쵸크 여유공간(Clearance)을 1.3mm 정도 갖게 한다.

<그림 2-33>처럼 입측 및 출측의 크로스 헤드를 동시에 동작시키는 것에 의해 받침롤과 작업롤을 페어로 동작시키며 압연한다.

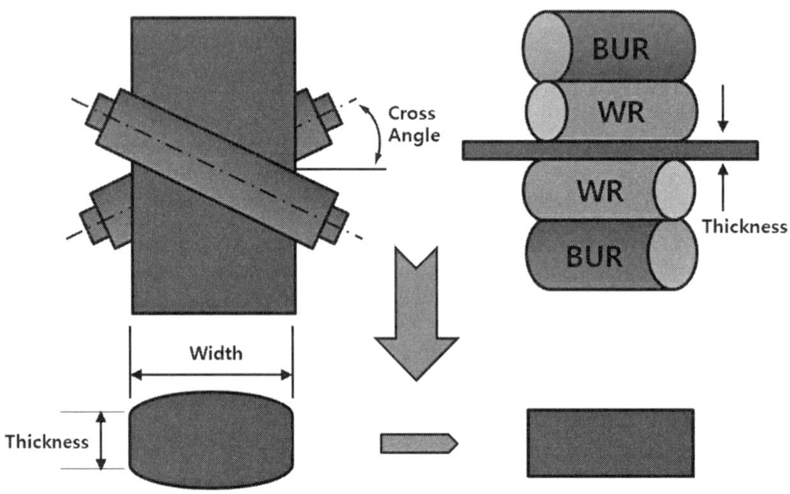

그림 2-33 | 페어 크로스 압연기의 구조

페어 크로스 밀(Pair Cross Mill)의 원리는 작업롤과 받침롤을 페어로 하여 상하부롤 축방향에 대하여 크로스 시키면 <그림 2-33>와 같이 상하부 작업롤의 갭(Gap) 분포가 포물선 형태가 된다. 이것은 작업롤에 + 크라운(Convex Crown)을 준 것과 동일한 효과를 나타낸다. 즉, 페어 크로스 양을 조정함으로써 판 크라운 및 형상을 제어하는 원리이다.

2 두께 제어(AGC : Automatic Gauge Control)

압연 중 스트립의 두께 변동을 스크루 다운 블록(Screw Down Block) 하단에 설치된 로드셀(Load Cell)에 의해 압연의 압력 변화를 검출하여 현재의 위치를 탐지한 후 F7 후면에 설치된 X-Ray가 판두께를 측정하여 이 신호를 기반으로 하여 압하 스크루(Screw)를 자동 제어하여 스트립의 두께를 목표 두께로 제어하는 장치이다.

1) AGC 시스템 관련 설비

① 스크루 다운(Screw Down) : AGC 유지 콘트롤과 병행하여 롤 갭(롤 Gap) 설정
② 상부 빔(Top Beam) : 압연 소재의 두께에 따라 유압으로 롤 갭을 설정하는 장치로 서보 유니트(Servo Unit), 인덕트싱크(Inductosyn), 플런저(Plunger), CYL 등으로 구성되어 있음
③ 하부 빔(Bottom Beam) : 빔 상부에 백업롤 및 SLED를 안착하는 지지대
④ 스크루 업(Screw Up) : 내부에 로드셀(Load Cell)이 내장되어 롤이 받는 힘을 검출하며 압연 패스라인(Pass Line)을 조정

2) AGC 시스템 동작 개략도

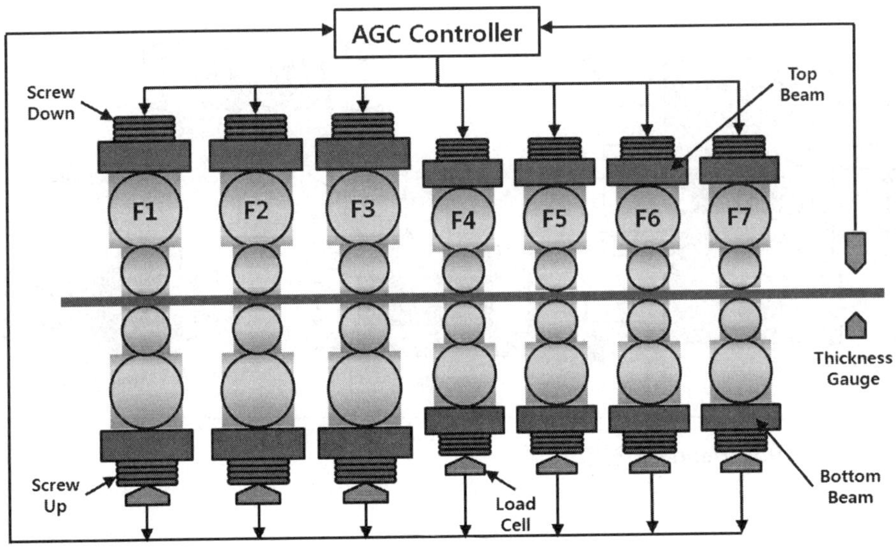

그림 2-34 ❙ AGC 동작 개념도

3 롤 벤더(Roll Bender)

1) 유압 밸런스 실린더(Balance Cylinder)

상부 받침롤, 상부 작업롤, 하부 받침롤에 설치된 오버헤드(Over Hed)식의 유압식 실린더(Cylinder)로서 이것은 하우징 윈도우(Housing Window) 내부에 설치된 블록(Block)내에 있다. 작업시는 실린더가 상승 위치에 있고 스크루 다운(Screw Down)의 작동에 따라 실린더의 위치가 함께 움직여진다. 롤 교환식 및 압연기(Mill)을 최초 구동시에는 하강 위치에 놓여져 있어야만 한다.

2) 롤 벤더(Roll Bender)

열연 압연기에서 유압 밸런스 실린더(Balance Cylinder)를 통하여 압연 중 발생되는 롤의 휨을 유압으로 상하 실린더를 통하여 휨 교정하는 장치로 워크 사이드(Work Side)/드라이브 사이드(Drive Side), 개별로 작동하는 압연 압력 P(Roll Force)에 대응하여 +벤더(Increase Bender)력을 적절히 설정함으로써 판형상을 개선할 수 있다. <그림 2-35>와 같이 벤더를 증가시키면 크라운(Crown)은 감소하고, 벤더를 감소시키면 크라운은 증가하게 된다.

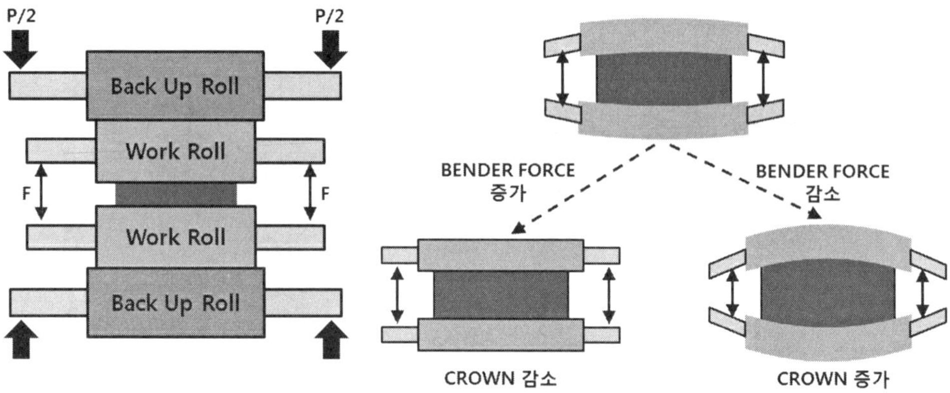

그림 2-35 | Roll Bending 방법

4 ORG(On-Line Roll Grinder)

1) ORG의 의미

압연시 롤은 마찰로 인하여 표면의 손상 및 롤 표면의 불균형적 마모로 압연에 영향을 줄 수 있다. 따라서 ORG(On-Line Roll Grinder)는 온라인(On-Line) 상태에서 적당한 표면이 나올 때까지 생산 설비 내에서 롤을 분해하지 않고 저속으로 연삭하는 장치이다.

롤 연삭 기능은 압연기내에 설치된 지석을 압력이 가해진 상태로 회전시키고 롤 방향으로 오실레이션(Oscillation) 구동하는 것에 의해 롤을 연삭한다.

연삭은 <그림 2-36>과 같이 컵 모양 지석의 회전축을 롤면 법선에 대하여 소정의 미소각도(α)로 경사시키고 롤축에 대하여 지석을 다시 오프셋(Offset)량 만큼 경사시켜 지석을 롤축 방향으로 오실레이션 한다.

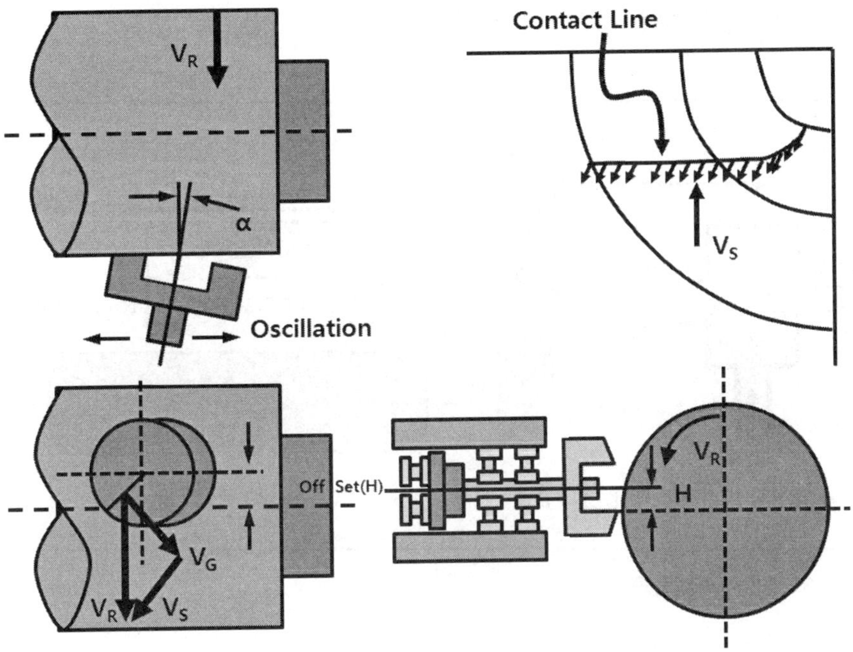

그림 2-36 | 오실레이팅 개략도

2) 연삭 방법

연삭 방법으로는 압연에 의해 발생하는 작업롤의 피로를 제거하기 위해 작업롤의 전면을 연삭하는 전면 연삭, 압연에 의해 발생하는 마모 단차 등을 제거하고 작업롤의 평활화를 위해 작업롤의 양 에지부만 연삭하는 단차 연삭, OPM(On-Line Profile Meter)에 의해 계측된 작업롤 프로파일 실적치에 의해 작업롤 양 에지부의 단차량 및 단차 위치를 목표 연삭량 및 위치로 구하여 연삭하는 피드백(Feed Back) 연삭 등이 있다.

3) OPM(On-Line Profile Meter) 시스템

작업롤 프로파일 계측 기능은 압연기내에 설치된 초음파 변위계에 의해 롤 표면 프로파일을 계측하는 것으로 OPM 개략도는 <그림 2-37>과 같다. 계측은 초음파 변위계 센서 헤드(Sensor Head)를 작업롤 표면에 접근시킨 후 센서와 작업간의 수주를 만들어 펄스(Pulse) 모양의 초음파를 발생시켜 비접촉으로 센서 헤드와 작업롤 표면의 거리를 구한다. 롤폭 방향으로 오실레이션시켜 롤 전장을 계측한다.

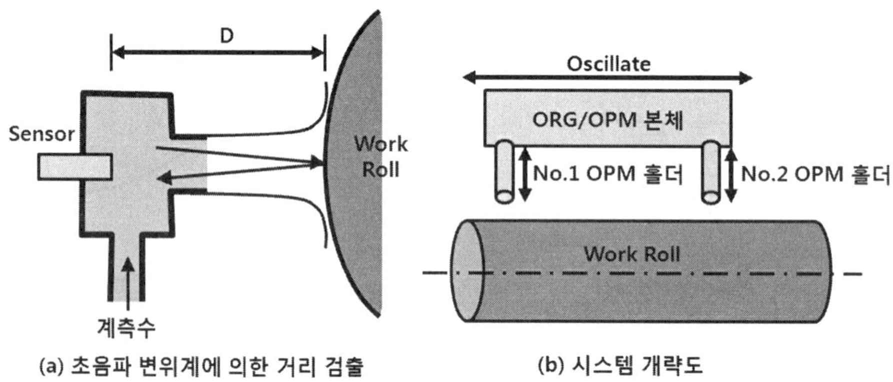

(a) 초음파 변위계에 의한 거리 검출 (b) 시스템 개략도

그림 2-37 | OPM 개략도

제5절 | 두께 제어 시스템

1 다듬질 설정(FSU : Finishing Set Up) 모델

1) 개요

BC로부터 전송받은 압연 소재 정보와 압연 수식을 사용하여 압하량, 스피드, 디스케일링(Descaling), 크롭 시어(Crop Shear), 사이드 가이드(Side Guide), 에지 히터(Edge Heater) 등의 초기 설정값을 결정한다.

2) FSU 구성

<그림 2-38>은 FSU의 구성도를 나타낸 것이다.

① Set Up : 압연 소재에 대한 초기 설정값을 예측 계산하는 기능

② 학습 : 모델 오차를 계산하여 Set Up에 피드백(Feed Back) 기능

③ Dynamic Set Up : 전단 스탠드 압연 실적으로 후단 스탠드를 제설정하는 기능

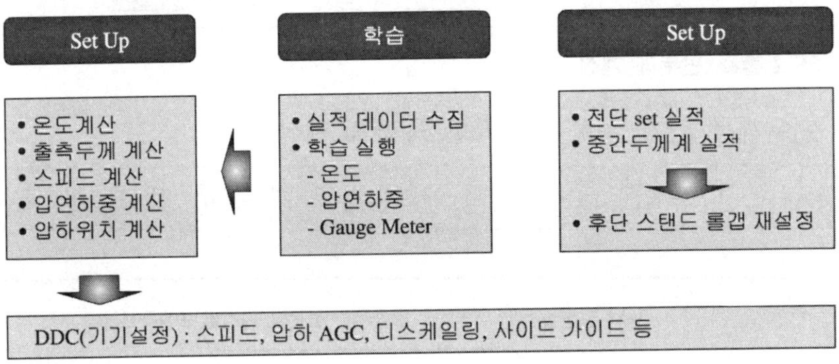

그림 2-38 | FSU 구성도

3) FSU 수식 계산

가) 온도 계산

① 공냉 구간(RDT ~ RT0) : 스테판-볼츠만(Stefan-Boltzman) 법칙에 근거 대류 전열과 복사 전열량

FT0 = f(RDT, RDT~FT0 반송시간, 바두께, 재료 열 방사율, 비열 등)

② 수냉 구간(FT0 ~ FDT) : 디스케일링, 스탠드간 스프레이, 롤과의 접촉에 의한 냉각 현상과 소성 변형시 공발열, 롤과의 마찰 발열이 공존하여 해석이 어려움

FDT = f(냉각수 온도, FT0, 열전달 계수, 코일 두께, 전송 속도)

나) 출측 판두께 계산

출측의 판두께는 <그림 2-39>와 같이 누적 소용 동력을 계산하고 각 스탠드 부하배분비를 결정하여 출측 두께를 계산한다.

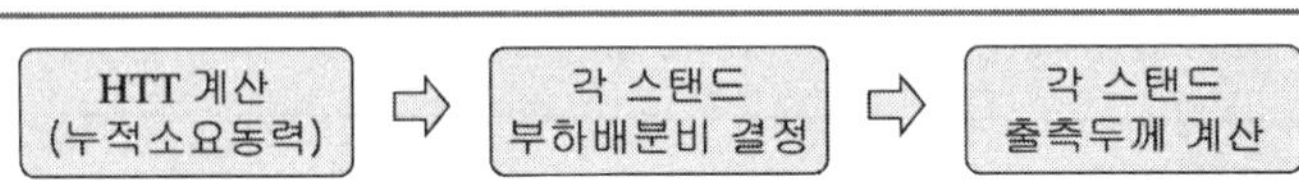

그림 2-39 **출측 판두께 계산**

① 목표 판두께를 얻기 위하여 필요한 동력을 계산

②

누적 소용 동력 = f (FM 입측 온도, 강종 계수, 바 및 코일의 두께)

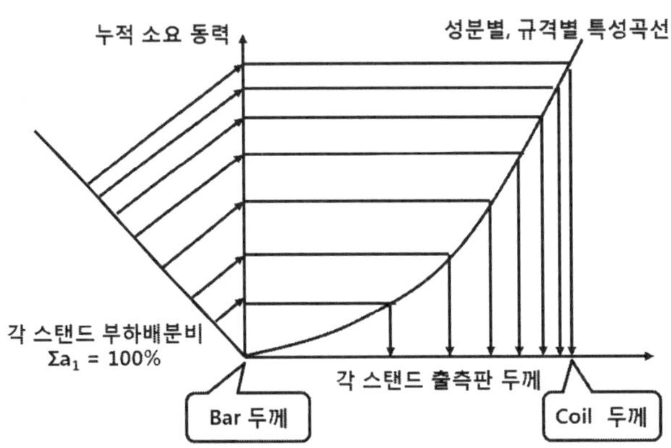

그림 2-40 **소용 동력과 출측 판두께**

③ 각 스탠드 부하 배분비 결정 : 테이블 및 운전자 입력값
④ 각 스탠드 출측 두께 계산 : 부하 배분비로부터 각 스탠드의 출측 판두께를 결정하기 위해서는 압연 동력 곡선을 이용하고 있다.

다) 압연 하중(Roll Force) 계산

압연하중 = 평균변형저항 × 투영접촉길이 × 판폭 × 압하력함수

그림 2-41 **용선의 예비 처리**

① 평균 변형 저항 : 압연시 단위 면적당 가해지는 힘11

변형 저항= f(온도, 변형률, 변형 속도, 성분, 조직, 마찰 계수)

② 투영 접촉 길이 : 롤과 스트립 접촉면의 압연 방향 투영 길이

투영 접촉 길이 = f(롤경, 입출측 판두께, 롤특성값, 예측 압연 하중)

③ 압하력 함수 : 압연시 필요한 압력과 계산된 변형 저항과의 관계식

라) 압하 위치 계산

Roll Gap = 출측두께 − Mill연신량 × Oil Film량 + GaugeMeter 학습량

그림 2-42 **용선의 예비 처리**

① Mill 연신량 : 압하시 압연기 탄성에 의해 변형되는 양
② Oil Film량 : 회전시 롤 쵸크 유막에 의해 변동되는 양
③ Gauge Meter 학습량 : 선행재 롤갭과 두께 계산값에 의해 학습된 항목으로 롤 마모, 열 크라운(Thermal Crown) 등의 요인이 포함되어 있다.

2 AGC에 의한 두께제어 이론

1) 압연 동력(Roll Force) AGC

가) 개요

잠김 해제(Lock On)시 출측판 두께를 기준으로 압연력의 변화와 압하 위치의 변화로부터 출측 판두께를 산출하여 두께 편차를 줄이도록 압하 위치를 제어한다.

나) 제어 흐름도

AGC는 <그림 2-41>과 같은 흐름으로 제어를 하게 된다.

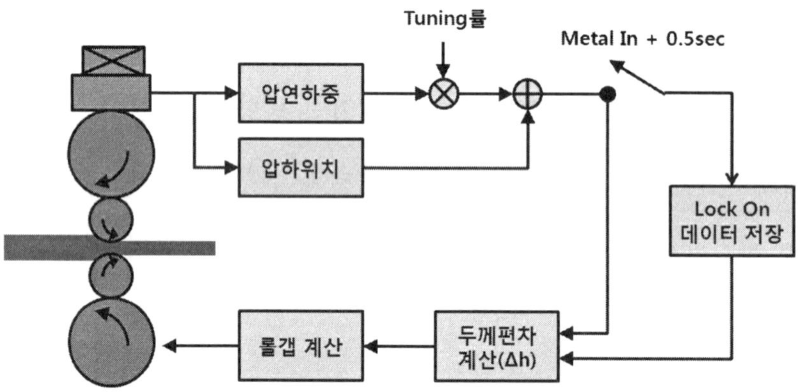

그림 2-41 ▌AGC 제어 흐름도

다) 제어 원리

① 두께 편차 계산

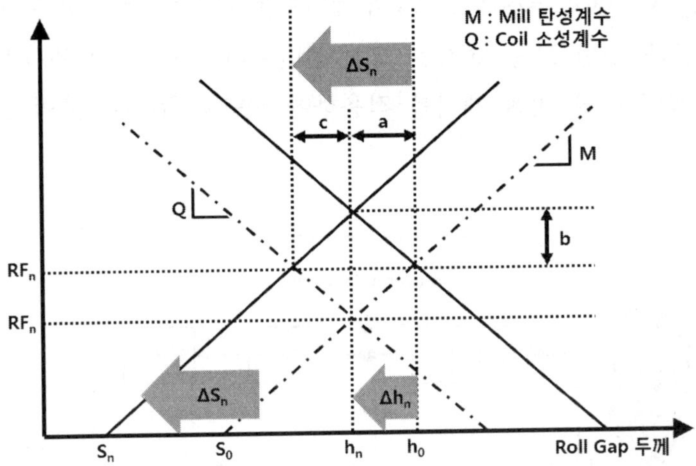

그림 2-42 ‖ 두께 편차 계산

여기서, h_0 S_0 RF_0 : Lock On시 출측판두께, 롤 Gap, 롤 Force

h_n S_n RF_n : 실적치 출측판두께, 롤 Gap, 롤 Force

$$h_0 = s_0 + \left(\frac{RF_0}{M}\right) \qquad h_n = s_n + \left(\frac{RF_n}{M}\right)$$

$$\Delta h_n = h_n - h_0$$

② Δh_n를 제어하기 위한 압하 수정량 ΔSn 계산

$a = \Delta h_n$: 제어해야 할 두께 편차

$b = a \times Q$: 두께 편차(a) 제어시 증가하는 롤 Force

$c = b/M = \Delta h_n \times QM$: RF증가(b)에 따른 Mill 탄성 변형 보정량

- 따라서 압하 수정량 $\Delta h_n = a + c$가 된다.
- 제어 지연 등을 고려한 Gain(GRF) 부여

$$\Delta S_n = \Delta h_n \times \left(1 + \frac{Q}{M}\right) \times G_{RF}$$

2) 선단 고속 AGC 및 모니터 AGC

가) 개요

모니터 AGC는 X-레이 두께계로부터 두께편차를 피드백 받아 적분 제어를 적용하여 두께를 제어한다. 선단 고속 AGC는 코일 선단부의 오프-게이지(Off-Gauge) 감소를 위해 응답성이 빠른 비례 제어를 적용하여 선단부 두께를 제어한다.

나) 제어 흐름도

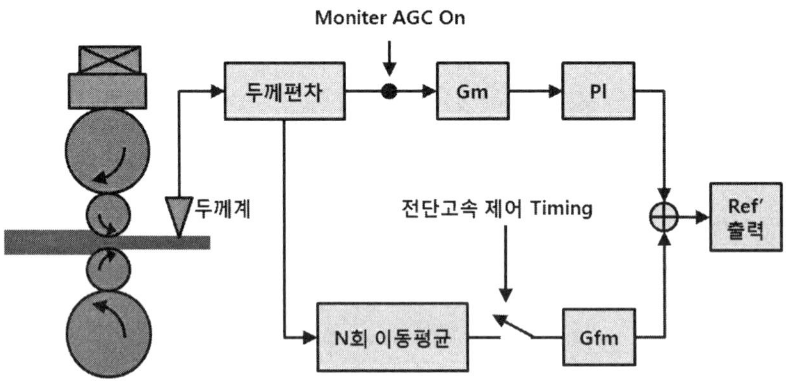

그림 2-43 ❙ 모니터 AGC의 고속제어 흐름도

다) 제어 원리

① 모니터 AGC : X-레이 두께계로부터 판두께 편차를 피드백 받아 두께계에서 각 스탠드까지의 주행 시간을 고려한 증가분(Gm)을 적용하여 비례적분 제어를 실시한다.

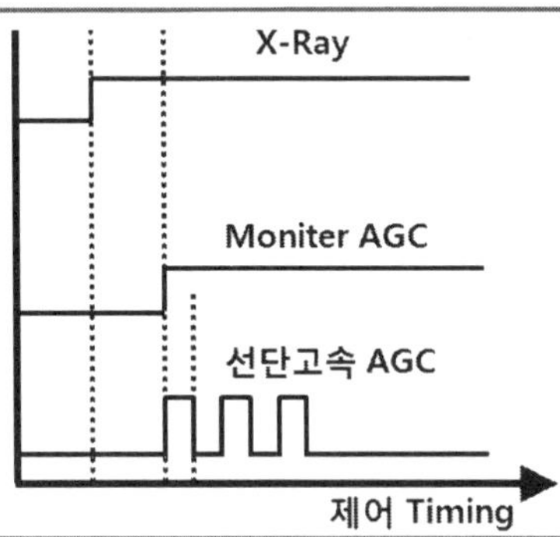

그림 2-44 ❙ 모니터 AGC 제어

② **선단 고속 AGC** : 코일 선단부의 오프-게이지를 신속히 제거하기 위한 것으로 강종, 사이즈, 스탠드별로 정하여진 제어량(Gfm) 및 제어 주기에 의해 판두께 제어를 실시한다.

3) 피드 포워드(Feed Forward) AGC

가) 개요

피드백 제어 방식(Roll Force AGC, 모니터 AGC 등)은 제어 지연에 의해 두께 제어 정도가 떨어지게 된다. 이와 같은 제어 지연을 보상하기 위한 피드 포워드(Feed Forward) 제어는 N-1 스탠드의 실적(압연 하중, 온도, 롤갭)을 이용하여 N 스탠드의 롤갭을 수정하는 방법과, 스탠드간의 두께계 실적을 이용하여 롤갭을 수정하는 방법이 있다.

나) 제어 흐름도

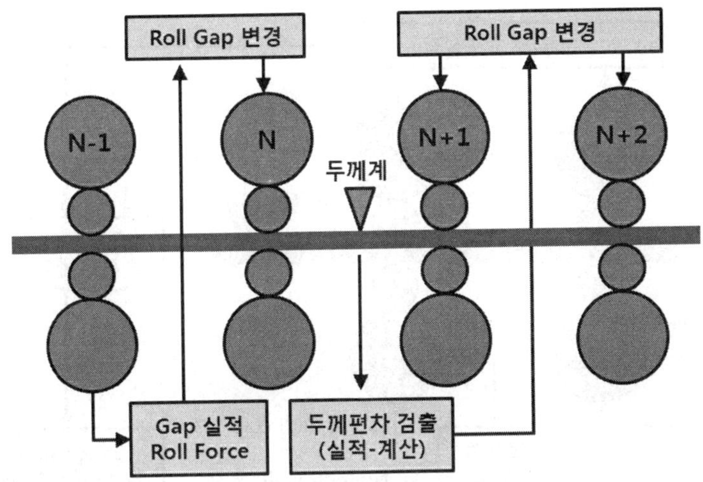

그림 2-45 | Feed Forward AGC 제어 흐름도

다) 원리

N-1 스탠드에서 계산된 출측 판두께 편차 Δh_{n-1} 및 출측 온도 편차 T_{n-1}가 N 스탠드에 도달하면 N 스탠드의 입측 판두께 편차 ΔH_n 및 입측 온도 편차 ΔT_n을 발생시켜 N 스탠드 압연 후 판두께 편차로 나타나게 된다. 이러한 판두께 편차와 시간 간격을 계산하여 롤갭을 제어한다.

스탠드간 두께계를 사용하는 경우에는 두께계에서 검출한 판두께 편차 Δh_n 와 온도 실적치 ΔT_n을 이용하여 N+1 스탠드의 롤갭을 제어한다.

4) 절대치 AGC

가) 개요

절대치 AGC는 각 스탠드마다 PLC에서 계산한 게이지 미터(Gauge Meter) 판두께와 목표 판두께의 차가 "0"이 되도록 제어하는 기능이다.

게이지 미터 판두께 계산 정도를 높이기 위하여 학습을 실시한다.

① X-Ray On 이전 : SCC에서 Bar to Bar 학습한 게이지 미터 에러를 사용한다.

② X-Ray On 이후 : 실제 판두께와 게이지 미터 판두께의 오차를 산출하여 PLC 내에서 전장에 걸쳐 게이지 미처 에러를 보정한다.

나) 제어 흐름도

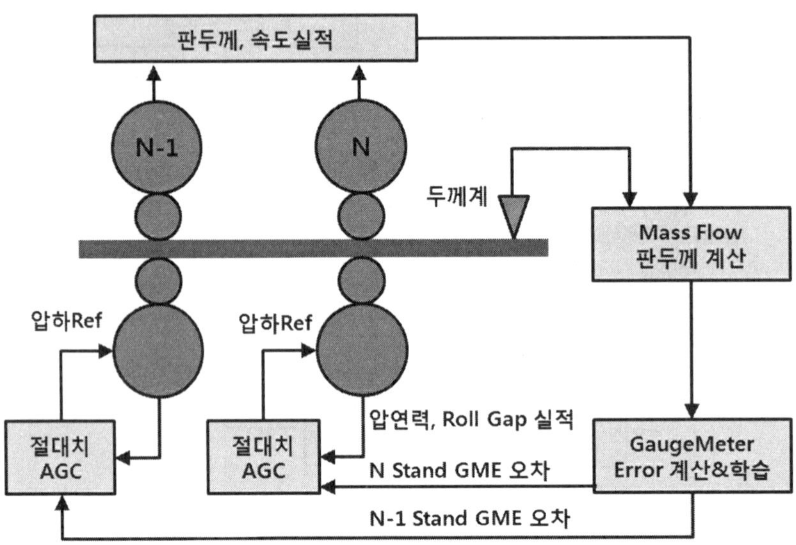

그림 2-46 | 절대치 AGC의 제어 흐름도

다) 제어 방법

① 게이지 미터 에러 학습 : 마지막 스탠드에 재료가 들어갈 때 각 스탠드 게이지 미터 판두께 및 출측 온도를 Shift Count한다.

$$\text{게이지 미터 판두께}(h_{GMn}) = S_n + \frac{RF_{실적} - RF_{영조}}{M_n}$$

X−Ray 두께계 On + 0.5초 후에 X−Ray 실적 및 Mass Flow 관계식을 사용하여 각 스탠드의 실제 두께를 구한 다음 게이지 미터 에러 학습치를 결정한다.

② 두께 제어량 계산

$$\Delta h_n = S_n + \frac{RF_{실적} - RF_{영조}}{M_n} - GME_n - \text{각 Stand 출측목표두께}$$

5) Target Change

가) 개요

1.0mm 미만의 초극박재 생산을 위하여 코일 선단부는 1mm 이상으로 안정되게 통판시킨 후 판내에서 목표 두께를 변경하고, 미단 Out 시에는 다시 1.0mm 이상으로 목표 두께를 변경하여 미단 통판성을 확보하는 제어 방법이다.

나) 제어방법

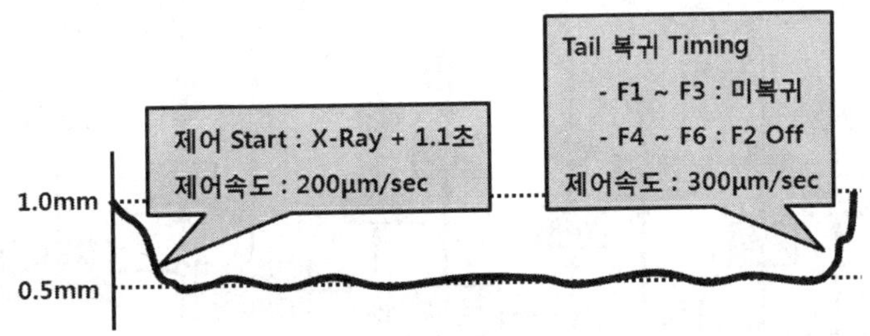

그림 2−47 Ⅰ Target Change 제어 방법

제6절 | 루퍼(Looper) 제어 시스템

1 루퍼 제어시스템의 개요

루퍼(Looper)는 압연기간 Mass-Balance의 불일치로 인한 요인을 보상하여 통판성 향상 및 조업 안정성을 도모하기 위하여 도입되었다. 이러한 고유의 기능을 수행하기 위하여 소재 트랙킹(Tracking) 기능, 루퍼 상승 제어 기능, 소프트 터치(soft Touch) 제어 기능, 소재 장력 제어 기능, 루퍼 각도 제어 기능, 루퍼 각도와 소재 장력간 비간섭 제어 기능, 노윕(No-whip) 제어 등의 기능을 수행한다.

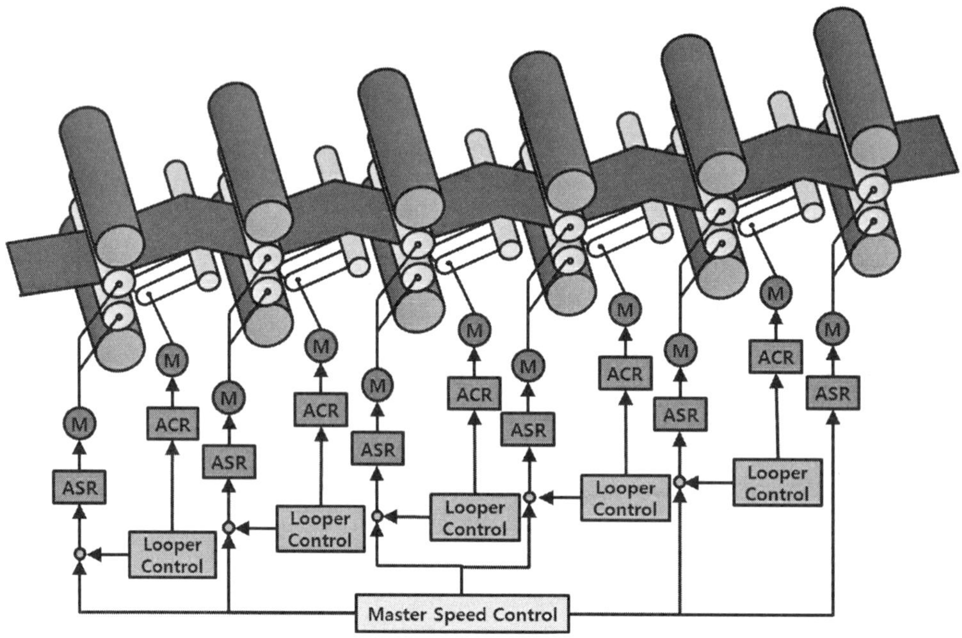

그림 2-48 | 루퍼 제어 시스템 흐름도

1) 소재 트랙킹(Tracking) 기능

트랙킹(Tracking) 기능이란 압연 라인에 설치된 센서들과 롤러의 속도 등을 이용하여 현재 열연판의 위치를 추척하는 기능이다. 이 기능을 이용하여 다른 일련의 제어 기능들을 수행하도록 하는 시작과 끝을 제어하는 시퀀스(Sequence) 제어 기능을 할 수 있다.

2) 루퍼 상승 제어 기능

루퍼 초기 상승 제어는 전단 압연기에 소재가 치입되어진 후, 초기 위치에 정지해 있는 루퍼를 기동하기 위해서 큰 값의 기동 토크를 입력하여 루퍼 자체의 관성을 이기고 동작할 수 있도록 돕는 기능이다.

3) 소프트 터치(Soft Touch) 제어 기능

소프트 터치 제어는 루퍼 상승 초기에 소재에 부가되는 충격력을 완화시키기 위하여 소재와 루퍼 롤과의 접촉 구간근방에서 루퍼 속도를 조절하는 방법이다.

4) 소재 장력 제어 기능

소재 장력 제어 기능은 루퍼가 동작 위치에서 동작 중에 루퍼 모터에 작용하는 토크로부터 장력값을 구하거나, 루퍼를 축에 부착되어 있는 로드셀을 이용하여 소재에 작용하고 있는 장력을 검출하여, 피드백에 사용하므로써 일정한 장력값을 유지하도록 제어하는 기능이다.

5) 루퍼 각도 제어 기능

루퍼 각도 제어 기능은 루퍼를 축에 부착되어 있는 PLG로부터 회전정도를 나타내는 카운트 값을 Input으로 받아들여 각도로 환산한 후, 이 값을 이용하여 루퍼 각도 제어를 수행한다.

6) 비간섭 제어 기능

비간섭 제어 기능(Non-Interactive Control)은 소재 장력과 루퍼 각도의 변수간 상호 간섭이 존재(MMO 시스템)하기 때문에, 어느 하나의 변수만을 제어해서는 원하는 값 및 성능을 기대하기 어렵다. 따라서 이러한 변수간 상호 간섭의 영향을 최소화하기 위하여 비간섭 제어를 수행한다.

7) 노윕(No-Whip) 제어

노윕(No-Whip) 제어 기능은 소재가 후단 압연기 Metal Off 직전에 루퍼의 높이와 장력의 참조값을 감소시키므로서 열연판이 압연기를 빠져 나갈 때, 소재가 원활하게 통판되도록 하는 기능이다.

2 루퍼 제어 설계 개요

1) 장력 제어 효과

① 압연 공정의 안정, 제품의 질 향상

② 스탠드간의 미끄러짐 방지, 에지 웨이브(Edge Wave), 센터 버클(Center Buckle) 감소

③ Mass Flow의 유지로 두께 제어의 비간섭화

④ 폭변형 방지

⑤ 온도 변화에 의한 변형 방지

2) 루퍼 각도 제어

① 과도한 판재의 입력량 보완, 공정의 안정화

② 스탠드간의 장력 결정

③ 판재의 길이 결정

3) 제어 목적

장력과 루퍼 각도를 일정한 양으로 조절함

제7절 | 형상 제어 시스템

1 판 크라운 제어

판 두께가 두꺼운 전단 스탠드에서는 형상 변화가 둔감한 평탄도 불감대 영역이 넓어 판 크라운 변화에 따른 평탄도의 변화가 작아 판 크라운 제어가 용이하다. 그러나 후단에서 판 크라운 제어시 평탄도가 크게 악화되어 페어 크로스(Pair Cross) 각도 사용에 제한이 된다. 따라서 전단 스탠드에서는 판 크라운 제어, 후단 스탠드에서는 평탄도 중심의 제어를 하는 것이 바람직하다.

<그림 2-49>는 각 스탠드별 평탄도의 불감대(Dead Band)를 나타낸다. 판 크라운비의 차(δ)는 입출측 판두께에 대한 크라운의 변하량이다. 전후 스탠드 판 크라운비의 차이가 클수록 양파 또는 중파가 발생하게 된다. 따라서 각 스탠드의 판두께에 비례하여 크라운을 제어해야 하며, 전단에서 형상 불감대 영역이 넓으므로 가능한 페어 크로스 각도를 크게 하고 판두께 변화가 작은 후단에서는 벤더(Bender)를 사용하여 크라운을 유지한다.

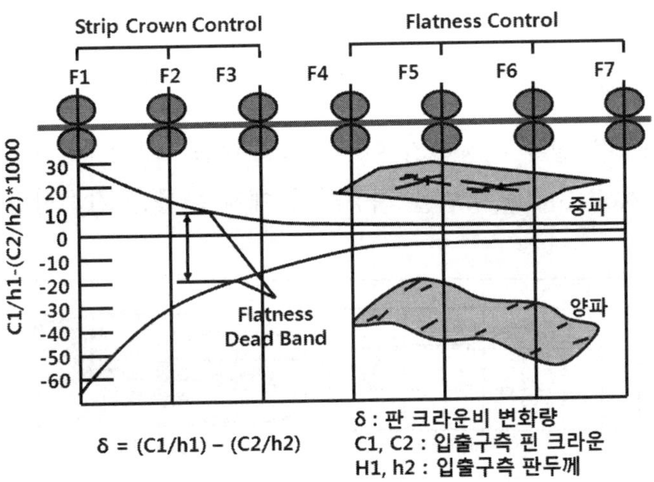

그림 2-49 | 스탠드별 평탄도 불감대

열간압연에서 판 크라운은 전사율과 깊은 관계가 있으며 출측판 크라운은 롤 형상(마모, 열변형, 초기 롤 크라운 등)과 입측 판 크라운에 크게 의존한다. 전사율이란 롤 형상이 판 크라운에 미치는 정도를 나타내고 유전 계수란 입측 판 크라운의 크기가 출측 크라운에 미치는 영향을 의미하므로 전사율과 유전 계수를 합하면 1이 된다.

박판, 광폭재 압연 시는 판 크라운 유전 계수가 크게 되어 제어가 쉽지 않다. 냉연에서 판 크라운은 상당 부분 유전되므로 냉연의 크라운을 제어하기 위해서는 열연 크라운의 크기가 중요하다.

2 에지 드롭(Edge Drop) 제어 방법

에지 드롭(Edge Drop)은 판 크라운과 형상 불량 메카니즘과는 달리 발생하며 판의 단부에서의 국부적인 변형에 기인하는 것이다. 판 중앙부에서는 압연 압력에 의해 롤이 편평 변형되지만 단부에서는 소재의 폭퍼짐에 의해 압연 압력이 급격하게 감소함으로 롤 편평 변형도 감소하여 에지 드롭이 발생하게 된다. 따라서 에지 드롭을 저감하기 위해서는 롤 편형 변형을 감소시켜야 하는데 다음과 같은 방법들이 있다.

① 롤 소경화
② 롤 경도 향상
③ 압연 하중의 감소

하지만 위의 사항은 실제 적용하기 어려우므로 다음 <그림 2-50>과 같이 테이퍼 롤 시프트(Taper Roll Shift) 방법을 사용하여 에지 드롭을 감소시킨다.

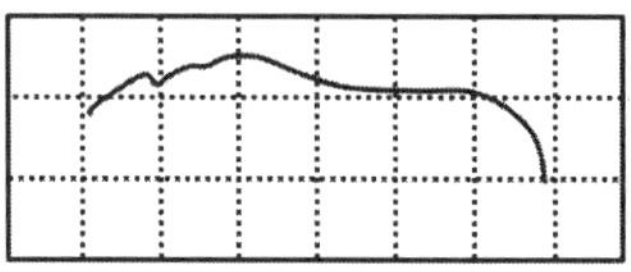

(a) Edge Drop

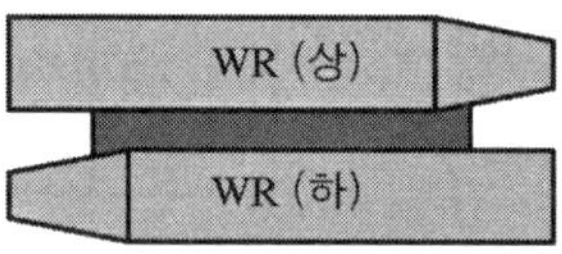

(b) Taper Roll

그림 2-49 ❙ 테이퍼 롤 시프트 방법

3 롤 벤더를 이용한 다이나믹 피드백 제어

벤더를 이용한 피드백 방법에는 다음과 같은 방법들이 있다.

표 2-15 ▍롤 벤더를 이용한 피드백 제어

제어방법	제 어 내 용
크라운 피드백	• 최종 스탠드 출측 프로필미터 이용(4 또는 8초 추가) • 출측 판 크라운을 목표치에 근접하도록 F4~F6 제어
평탄도 피드백	• 출측의 형상 미터로부터 0.1초의 주기로 수신한 판형상 실측치를 이용 • 최종 스탠드(F6 또는 F7) 벤더력 수정 제어
롤포스 보상	• FSU 셋업(Set-Up) 계산치와 실적 롤포스의 차이를 벤더력으로 보상 제어

판 크라운/평탄도 다이나믹 제어 및 롤포스 보상 제어는 DDC에서 실시하고 형상 제어 모델에서는 제어 게인을 계산하여 DDC로 전송한다.

OPS 화면에는 비간섭(Non Interaction Mode)가 있으며 이것을 사용하면 벤더 기능을 이용하여 크라운과 평탄도 제어시 서로 비간섭 제어한다.

4 작업롤 시프트(Work Roll Shift)를 이용한 마모 분산

최근의 압연 라인에서는 F4~F7 스탠드에는 작업롤 시프트(WR Shift) 기능이 있으며 대략 300mm의 이동이 가능하다. ORG가 본래의 기능을 다하지 못하였을 때 고정된 위치에서 판의 단부와 닿는 롤 국부 마모를 감소하기 위한 목적으로 도입하였다.

압연 단위의 특성에 따라 시프트 패턴을 가지고 작업을 하였으나 현재는 HSS 재질의 롤을 사용하여 마모 등의 문제를 해결하기 위해 압연 단위 시작 시 위치 “0”에서 지그재그로 이동하고 전단위 300mm 스토크 사용과 20mm씩 이동하도록 프로그램을 변경하여 조정하고 있다.

5 ORG를 이용한 압연 기술

ORG의 운전은 SCC, Preset 2가지 방법이 있으며 연산 조건 입력에 의해 연삭 지령을 내리게 된다. 연삭 패턴은 전면 연삭, 단차 연삭이 있다.

1) 전면 연삭

전면 연삭은 <그림 2−51>과 같은 방법으로 연삭을 하여 롤 프로필 개선과 통판 롤 에지부의 국부 마모를 제거하는데 사용하는 방법이다.

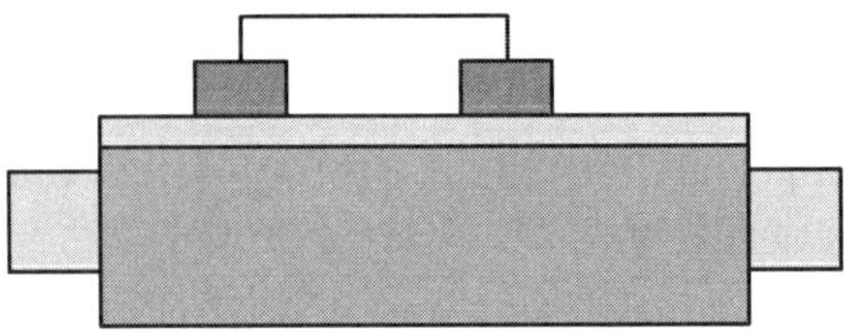

그림 2−51 | **전면 연삭 ORG**

2) 단차 연삭

단차 연삭은 <그림 2−52>와 같이 통판부와 비통판부와의 단차 마모를 제거하여 초기롤에 근사화시키는 방법이다.

실제의 압연에서는 전면과 단차 연삭을 모델 계산치에 따라 병행하여 연삭을 실시한다. 연삭 특성을 결정짓는 요소로서는 작업롤 중심에서 ORG 지석 중심을 45mm 벗어나게 설정하여 연삭 효율을 극대화 시키는 Off−Set, 연삭 시간, 압부 압력, 롤 주속, 지석 회전수와 지석 사양 등이 있다.

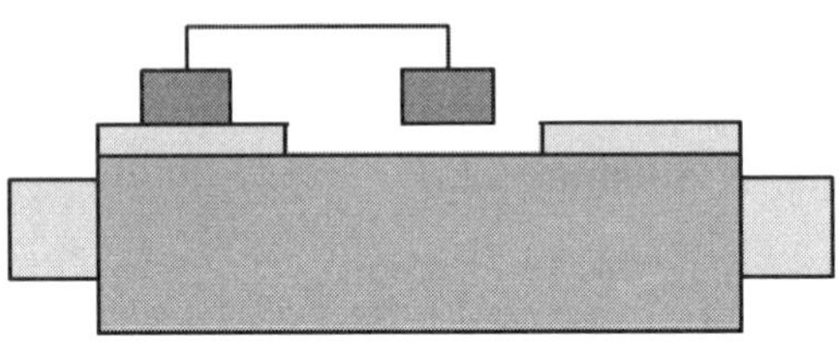

그림 2−52 | **단차 연삭 ORG**

연삭을 실시한 결과 평가의 3대 요소로는 연삭 능력(1분간 롤을 연삭한 량), 연삭비(연삭된 롤의 체적과 지석의 마모 체적의 비율), 표면 조도(롤 표면의 거칠기) 등이 있다.

실제로 롤과 지석 표면을 확인하면 ORG에 의해 발생하는 문제점들의 대부분을 확인 가능하다. 따라서 매일 1회 정도 연삭 후 롤 표면, 프로필 및 지석의 상태를 확인할 필요가 있다.

3) 연삭 지석의 이상

ORG 사용시 발생하는 지석에 발생하는 문제점은 <표 2-16>과 같다.

표 2-16 ▎지석에 발생하는 문제점

문제점	지석 표면에 나타나는 현상 및 제어
표면 평탄도 불량	• 연삭 중 지석이 작업롤을 두들기는 듯한 연삭 • 지석 표면의 면압이 증감으로 불균일 마모 • 방진 고무 확인, 평탄도는 다이얼게이지로 측정 가능
지석 눈박힘	• 지석 표면이 거울처럼 반사하고 매끄러움 • 자생되지 않아 연삭능이 급격히 저하 • 유압연 노즐 등을 점검하여 분사량을 제어
지석 표면 탄흔적	• 지석 표면에 금속 융착(불빛을 비추면 금색) • 접촉 압력이 강하기 때문에 발생 • 연삭 상태에 따라 접촉 압력을 변경
지석의 파손	• 강한 외압, 충격 또는 규격 외의 지석을 부착 • 파손의 크기에 따라 교체 여부 결정 • 롤 표면의 연삭 상태를 조사하여 접촉시 충격 확인

4) 롤에 발생하는 이상

롤에 나타난 이상으로부터 ORG의 부적합을 알 수가 있다. 본래는 롤에 이상이 나타나기 전에 ORG 부적합을 수정하는 것이 바람직하지만 비교적 가벼운 경우는 알기가 쉽지 않다. 롤에 발생하는 마크에 관해서는 다음 <그림 2-53>과 같은 형태가 있다.

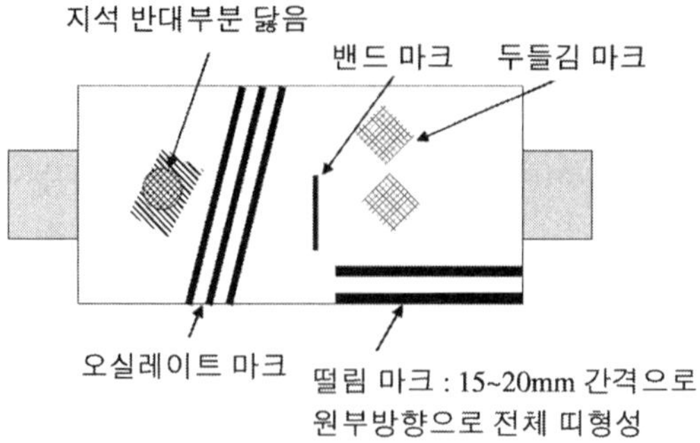

그림 2-53 | 롤에 발생하는 OGR 결함의 형태

<그림 2-54>는 압연 후 롤정비에서 측정한 마모 프로필을 나타낸 것이다. D.S 측은 정상적인 연삭이 실시되었으나 W.S에서는 지석 눈막힘에 따른 연삭능 저하로 좌우 편차가 발생한 이상 마모를 나타내었다.

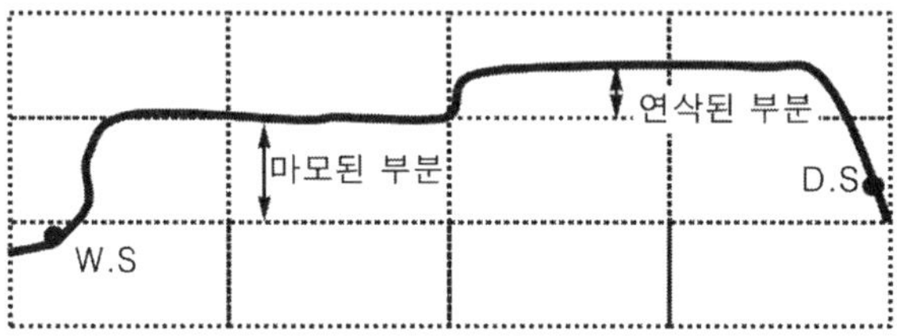

그림 2-54 | 롤 정비 후의 마모 프로필

다음 <표 2-17>는 롤정비에서 주기적인 롤마모 측정 후 이상 발생을 다듬질, 설비 관리반에 알려 지석 교환 등의 긴급히 조치를 취해야 하는 사례를 나타낸 것이다.

표 2-17 ❙ ORG 작업후 발생하는 결함

문제점	롤 표면에 나타나는 현상
오실레이트 마크	• 롤주속과 OSC' 속도가 서로 맞지 않을 때 발생 • OSC' 속도패턴이 고속/저속으로 롤주속에 따라 조정
두들김 마크 (타다키 마크)	• 지석면의 평탄도가 나쁠 때 지석 진동에 의해 발생 • 접촉 압력을 낮춰 지석의 평탄도를 작게 유지
떨림 마크 (채털링 마크)	• 압부력 및 지석 회전수를 롤 주속에 맞춰 조정 • 2열연 전단에서는 롤 주속이 느려 발생하지 않음
밴드 마크	• 지석의 후퇴 속도가 느릴 때 발생 • 접촉 압력(PH) 및 PR 또는 밴런스 타이머 값을 확인
지석의 반대편 접촉 마크	• 접촉 압력이 크기 때문에 발생 • 방진 고무 확인, 열화되었으면 교체
비구동 연삭 마크	• 지석이 유압에 의해 회전하지 않고 롤에 의해 회전 • 회전용 밸브 또는 호스의 과열 등의 이상
정위치 연삭마크	• OSC'가 정지한 채 ORG 연삭할 때 발생 • 롤에 선명하게 나타나며 길이가 지석폭과 일치
연삭 마크	• 연삭 마크의 각도를 확인하면 OFF-set의 정상여부 판단

5) 지석의 구분

지석은 연삭시 절삭날 역할을 하는 지립, 이를 유지하는 결합제, 깍은 이물질을 배출하는 기공의 3요소로 이루어져 있다. 연삭 지석의 종류는 지립의 종류, 지립의 크기인 입도, 결합도, 강도로 구분한다. 알파벳 A~Z 타입의 의미는 결합도를 나타내고 A로 갈수록 연하고 Z로 갈수록 경함을 의미한다. 지석을 표시하는 숫자는 입도를 나타내며 숫자가 클수록 미립자이다.

제8절 | 권취 냉각 제어

1 냉각 제어의 개요

열연 권취 온도 제어는 열연 공정의 다듬질 온도인 FDT(Finishing Delivery Tempoerature)를 읽어서 CT(Coiling Temperature)를 원하는 목표 온도에 맞추도록 적절한 제어 작용을 하는 시스템이다.

강의 인장 강도(TS), 항복 강도(YS) 및 연신율(EL) 등과 같은 기계적 특성을 결정하는데 큰 영향을 미치므로 권취부의 최종 온도인 CT를 원하는 목표 온도에 최대한 근접 시킬 수 있도록 냉각량을 적절히 조절해 주어야 한다.

2 재료의 열전도

재료의 열전도는 햇빛과 같이 열이 직접 전달되는 복사(Radiation), 열이 물체를 통하여 이동하는 전도(Conduction), 기체나 액체에서 물질이 열을 가지고 이동하는 대류(Convection)로 나누어진다.

냉각 제어에서는 복사와 전도는 대류에 비하여 적은 영향을 미치므로 무시하고 대류에 의한 열전도만을 고려한다.

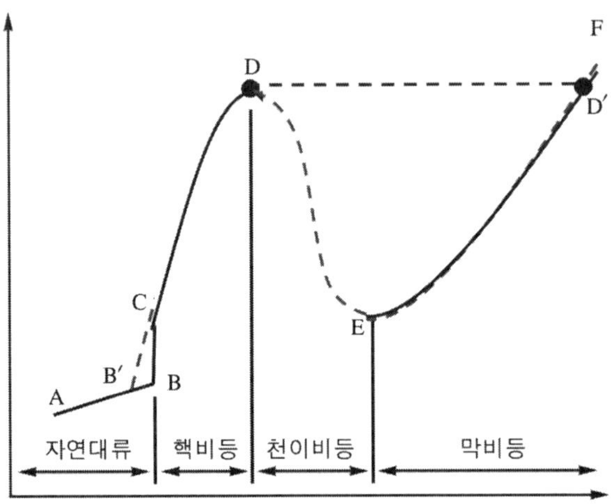

그림 2-55 | 열전도의 단계

1) 자연 대류

자연 대류는 액상과 접촉하는 증기가 불충분하여 포화 온도에서 비등을 일으키지 못한다.

2) 핵 비등(Nuclear Boiling)

핵 형성 위치에서 유리된 기포가 형성되어 표면에서부터 분리된다. 이 영역에서는 대부분의 열교환이 표면에서부터 표면 근처까지 운동하는 액체로의 직접 열교환을 통하여 일어나며 표면에서 위로 올라가는 기포에 의해 일어나는 것은 아니다. 작은 값의 온도 차이에 의해 큰 열전달율을 대류 열전달 계수에서 얻을 수 있다.

3) 천이 비등(Transition Boiling)

불안정막 비등 또는 부분막 비등 이라고 한다. 기포의 형성이 급격히 일어나서 증기막 또는 증기포가 표면에서 형성되기 시작한다.

4) 막 비등(Film Boiling)

표면은 증기포에 의하여 완전히 둘러싸이며, 표면과 액체 사이의 열전달은 증기를 통한 전도에 의해 일어난다.

3 ROT(Run Out Table) 냉각

1) 냉각 특징

ROT 냉각은 고속으로 주행하는 스트립을 한정된 공간과 시간내에 냉각하여야 하며, 냉각 종료 온도도 다른 공정에 비해 엄격한 범위에서 제어되어야 한다. 최근에는 고속압연 작업 등에 의해 높은 냉각능이 기대되고 있으며, 아울러 불균일 냉각에 의해 발생되는 잔류 응력 등의 문제로 인해 설비 고성화도 이루어지고 있는 추세이다.

냉각 장치 및 방식으로는 상부 라미나(Laminar) 냉각, 하부는 스프레이 냉각 방식을 채택하고 있는 경향이다.

2) 냉각 능력

ROT 냉각 능력은 평균 열전달율(kcal/mm^2 · hr · ℃)로 표시된다. 상하 스프레이 방식은 700~800 정도이며, 라이니 방식은 1,200~1,500인데 최근에는 2,000을 넘는 경우도 있다.

라미나 방식에 의한 냉각은 수직의 낙하 운동 에너지로 증기막을 부숴버리고 냉각수와 스트립 표면이 잘 접촉하여 높은 열전달율을 얻도록 하는 것이다.

3) 제어 구성

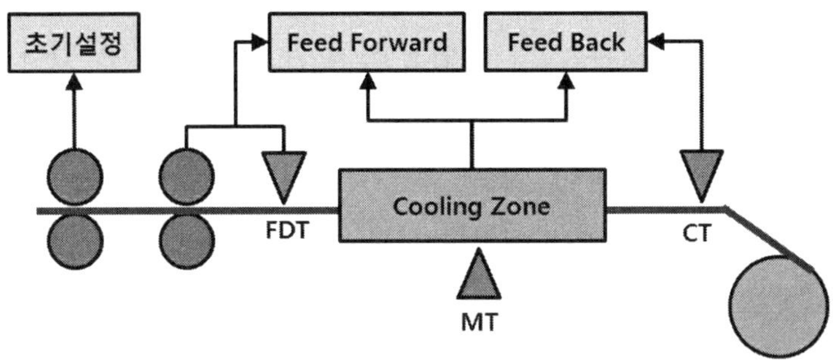

그림 2-56 ▌ 권취 냉각 제어 개략도

표 2-18 ▌ 냉각 제어 기능

구분	제어기능명	기 능 설 명
Preset	초기설정	F3-On 시점에 기동되며 CT 명령 정보와 실적 정보를 토대로 각종 제어 정보를 작성하고 밸브 패턴 초기치 결정
Dynamic	Feed Forward 및 Feed Back	코일 일정 길이 마다 제어 포인트의 실적 데이터를 수집, FDT 온도, 속도, 목표 CT 등으로부터 예측하고, 냉각량 변화에 대응한 밸브 패턴을 코일내에 설정하고 실적 CT로부터 피드백 제어를 행한다.
기타	학습 및 데이터 수집	코일 길이 방향에 대한 실측 데이터를 가지고 FDT~CT간 온도 변화를 계산하여 모델 학습량을 수정 및 실적 데이터를 수집

4 신경 회로망을 이용한 온도 제어

1) 개요

사람이 가지고 있는 자연 지능을 인공적으로 구현해보고자 하는 학문으로 인간의 두뇌와 행동 방식을 모델링하여 기존의 방식으로는 제대로 수행하지 못한 여러 가지 문제들을 해결하는 기법으로써 최근에 널리 사용되고 있다.

신경 회로망은 입출력 데이터를 바탕으로 그 내부를 학습을 통해 조직화 하는데, 연상 기억과 같이 주어진 데이터를 내부에 기억시키는 것과, 주어진 입력을 출력으로 매핑(Mapping)하는 시스템을 근사화하는 것으로 크게 나눌 수 있다.

신경 회로망을 통한 함수의 근사화 문제는 기본적인 신경망의 비선형 뉴런과 가중치(Weight)를 바탕으로 적절한 매핑을 구하는 것이다.

2) 신경 회로망의 구성

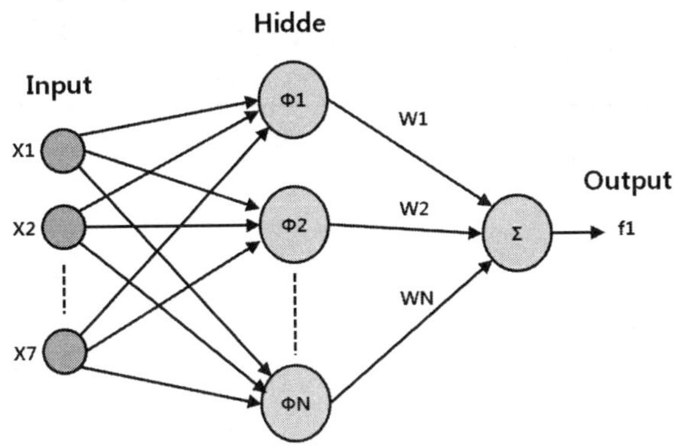

그림 2-57 | 신경 회로망 구성도

3) 신경 회로망 학습

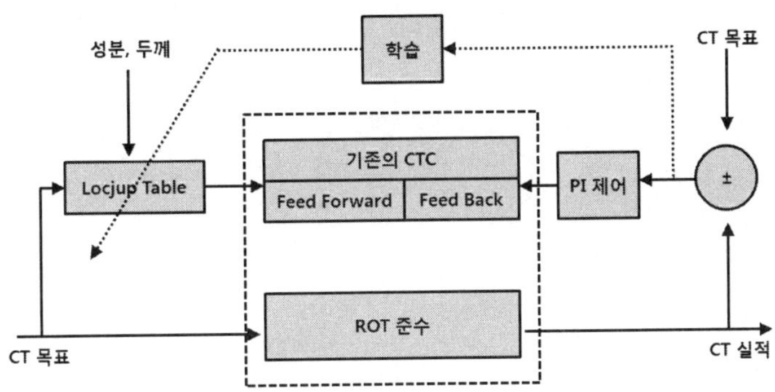

그림 2-58 | 신경 회로망 학습 흐름도

4) 기존 모델과 신경 회로망의 비교

표 2-19 ❙ 기존 모델과 신경 회로망과의 비교

항목	설정 및 제어 모델	신경 회로망
범용성	회귀 분석에 의한 설정 범위의 한계	입력 변수에 따른 학습, 추론 가능
오차 범위	일정 오차 포함	학습시 오차의 조정 가능
이론적 배경	- 조건별 이론적 요인 추론 - 계산기 부하로 On-Line 조업 곤란	- 다른 영향 인자 고려 가능 - 학습시 입력 변수의 선정 곤란 시 이상학습 발생 - 학습 결과 사용으로 계산기 부하 없음
학습 방식	프로세스용의 에러 학습	On-Line 학습시 시간 과다에 의한 학습 곤란

열연 정정 공정

제1절 | 열연 정정 일반

1 개요

1) 정정 공정의 기능

열연 스트립 공정에서 압연된 핫 코일(Hot Coil)을 냉각장으로 분기시켜 냉각을 시킨 후에 제품 검사를 하면서 다음 공정이나 수요가 요구에 맞는 칫수, 형상, 표면 성상, 중량으로 조정하면서 코일을 관리, 운반, 결속, 포장, 제품 표시, 출하 관리 등을 포함하는 공정을 일반적으로 정정 공정이라고 한다. 그리고 핫 코일 운반은 컨베이어(또는 워킹 빔) 시스템에 의해 각 라인으로 분기가 이루어지고 분기되는 코일은 CLTS(Crane Local Tracking System)에 의해 위치를 추적 관리하게 된다. CLTS는 크레인(Crane)에 의해 수입, 보급, 정리, 입고, 출하까지의 물류 진행에 대한 정보를 호스트 컴퓨터에서 효율적으로 관리하는 시스템이다.

2) 정정 공정 라인의 기능

주요한 정정 공정의 각 라인의 기능은 다음가 같다.

① 스킨 패스 라인(Skin Pass line) : 경미한 냉간 압연에 의해 평탄도, 표면 성상 및 기계적 성질을 개선한다.

② 디바이딩 라인(Dividing Line) : 수요자의 요구 단중으로 코일을 분할하거나 스트립 양 에지를 연속 트리밍(Trimming)하는 설비이다. 최근에는 스킨 패스 기능을 포함한 설비로 구성되어 있다.

③ 파이널 라인(Final Line) : 압연에서 권취된 상태 그대로 냉각시킨 코일을 수작업 또는 자동 포장 설비에 의해 포장한다.

④ 시어 라인(Shear Line) : 소정의 폭, 길이의 시트(sheet)로 절단하고 품질을 판정, 선별한다.

⑤ 슬릿터 라인(Slitter Line) : 광폭의 코일을 폭 방향으로 분할하여 협폭의 대강을 만든다.

⑥ 산세 라인(Pickling Line) : 염산 또는 황산을 사용하여 코일 표면의 스케일을 제거한다.

3) 정정 공정도

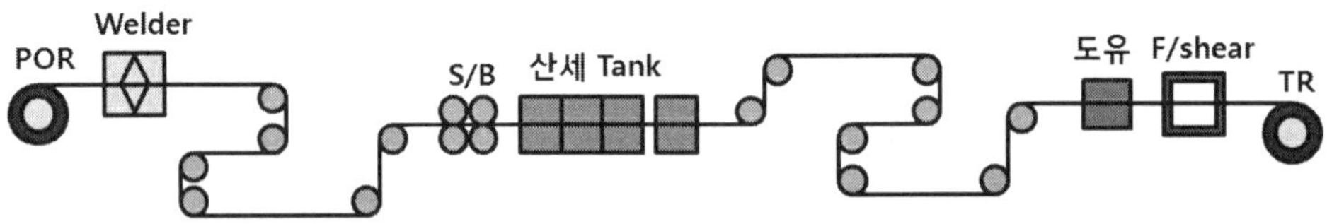

그림 2-59 | 열연 정정 공정도

4) 코일 냉각 야드(Coil Yard)

열연 라인으로부터 컨베이어에 의해 이송된 핫 코일은 500℃ 전후의 온도이며, 자연 냉각시킬 경우 상온까지는 2~4일 정도 걸린다. 정정 소재인 핫 코일의 표면 온도가 정정 작업시 곱쇠 발생 및 롤의 열 크라운(Thermal Crown)에 영향을 미쳐 평탄도 불량의 인자로 작용하기 때문에 충분한 냉각이 필요하다. 냉각 방식에는 자연 공냉과 팬을 이용한 강제 공냉이 있으며, 최근에는 냉연재의 제조 공기를 단축하기 위해 냉연재에 한해서 물에 의한 강제 냉각 방식을 채택하고 있다.

2 산세(Pickling Line)

1) 개요

산세 라인을 통과하는 코일은 산세 후 출하되는 산세 코일(PO Coil)을 제외하면 거의 대부분 냉연용 코일이며, 냉연 또는 열연 공정에 포함된다.

2) 열연 코일 표면의 산화철(Scale) 제거

열연 코일은 사상 온도 800~900℃에서 열간 압연되기 때문에 그 표면에 다량의 스케일이 생성된다. 이 스케일은 소재 기지(Matrix)와 성질이 다르므로 강판의 용도, 행선에 따라서 제거할 필요가 있다.

즉 스케일은 경도가 높지만 늘어나지 않기 때문에 성형 가공을 하면 스케일은 박리되지만, 때로는 기지에 결함으로 남기도 하여 표면 성상을 악화시킬 수 있다. 스케일의 조성은 기지 위에 FeO, Fe_3O_4, Fe_2O_3 등으로 3가지 층으로 되어 있다.

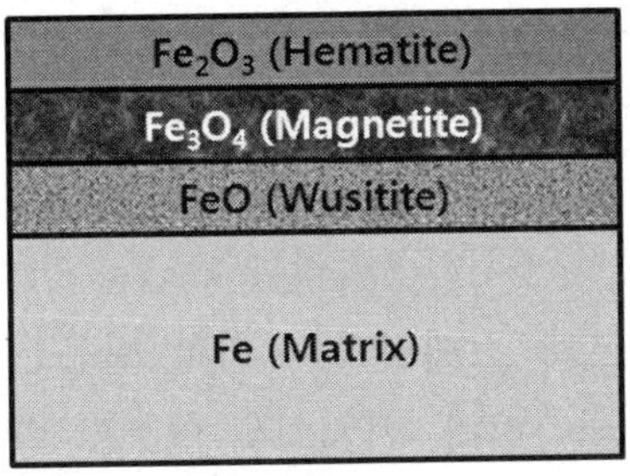

그림 2-60 ▍스케일 조성

3) 황산 산세

황산과 스케일의 상층 Fe_2O_3, Fe_3O_4와의 화학 반응은 지극히 늦으므로 FeO와의 반응으로 산세가 진행된다. 또 스케일 조성의 상층부는 높은 경도를 가지고 있어 잘 부스러지므로 상층 2층에 미리 기계적인 반복 가공을 주어 균열을 일으키는 예비 처리(스케일 박리 : Scale Breaking)가 필요하다. 그리하여 균열부에 침투된 황산이 FeO 및 기지와 반응한다. 기지와 반응으로 발생한 수소 가스의 압력으로 스케일은 기계적으로 박리된다. 따라서 FeO 층의 비율이 중요한 인자가 된다. FeO 층의 비율을 결정하는 열연의 사상 온도, 권취 온도는 산세 시간을 좌우한다. 또 스케일 박리의 정도도 산세 시간에 영향을 주며 황산에 의한 스케일 제거 과정을 <그림 2-61>에 나타내었다.

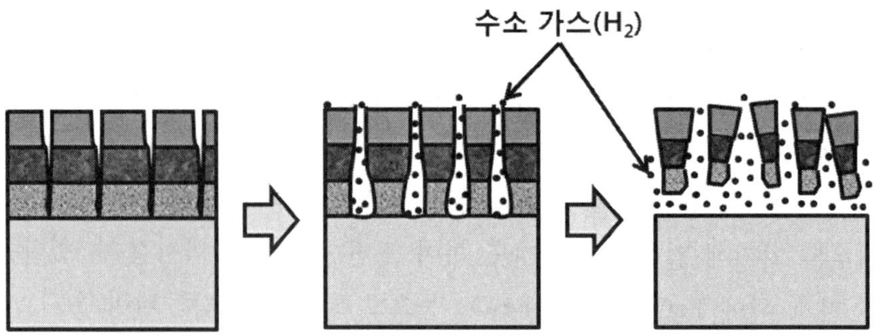

그림 2-61 ▌스케일 제거 과정

4) 염산 산세

염산의 경우는 황산과 다르게 스케일과의 화학 반응은 극히 빠르고 상층 Fe_2O_3, Fe_3O_4, FeO와의 순차적으로 반응한다. 기지와는 역으로 반응이 늦어지고 표면 형태는 대단히 양호하다. 또 산세 속도가 빨라 라인 속도는 황산에 비하여 약 2배 정도 빠르다. 이처럼 산세 성능이 좋고 표면의 사상이 깨끗하여 품질적으로 우수하다. 황산 산세에 대하여 염산 산세의 채용이 늦게 되었지만 최근의 산세 라인의 대부분은 염산 산세를 채용하고 있다.

제2절 | 조질 압연(Skin Pass) 설비

1 조질 압연의 목적

조질 압연은 열간 압연된 코일 그대로는 곱쇠(Coil Break)가 발생될 위험이 있고, 평탄도도 좋지 않기 때문에 핫 스킨 패스(Hot Skin Pass) 공정에서 적당한 압하력을 가해 연신율 0.1~4.0% 정도의 가벼운 냉간 압연을 행하는데 다음과 같은 목적을 가지고 있다.

① 형상 교정 : 폭 방향으로 편평(Flat)한 형상으로 교정한다.
② 판의 기계적 성질을 개선(항복점 연신 제거를 위한 일정량의 연신율 부여)하여 표면 성상을 개선시켜 품질을 향상시킨다.
③ 표면에 조도를 부여한다.

2 조질 압연의 기능

1) 평탄도의 교정

강판은 일반적으로 평탄함이 요구된다. 그러나 핫 스트립(Hot Strip)에서 열연된 코일은 충분히 평탄하지 않은 경우가 있다. 때문에 핫 코일을 상온까지 냉각 후 스킨 패스 압연기(Skin Pass Mill)로 압하율 1% 전후의 경압하를 걸어 스트립을 일정 형태로 연신시키면 소정의 평탄도를 얻을 수 있다.

2) 기계적 성질의 개선

열간 압연된 코일을 되감기하면 스트레쳐-스트레인(Stretcher-Strain) 또는 루더스 밴드(Luders Band)라고 하는 주름상의 표면 결함이 발생한다. 이 원인은 재료의 항복점 연신에 기인하는 것인데 스킨 패스시 0.1~4.0%의 연신율을 가하면 제거할 수 있다.

<그림 2-62>에 스킨 패스에 의한 응력-연신 곡선과 스킨 패스 압하율이 기계적 성질에 미치는 영향을 나타낸 것이다. 이 그림에서 알 수 있듯이 스킨 패스 전의 상태에서는 항복점 연신이 심하지만 스킨 패스후는 제거된다. 또 스킨 패스 압하율을

0.1～4.0%의 범위 내에서 증가시키면 압하율에 따라 다음과 같이 기계적 성질이 변화한다.

① **항복점 연신** : 압하율 1.0% 부근에서 급격히 저하하여 3.0%에서는 거의 없어진다.
② **항복점** : 1.0% 부근에서 저하하여 그 후 점점 증가한다.
③ **인장 강도** : 조금씩 증가한다.
④ **연신** : 완만하게 감소한다.

일반적으로 연신율 증가에 따라 항복점 연신은 감소하지만 인장 강도는 증가하고 연신은 저하하며 연성 자체는 열화되기 때문에 적절한 연신율 관리가 필요하다.

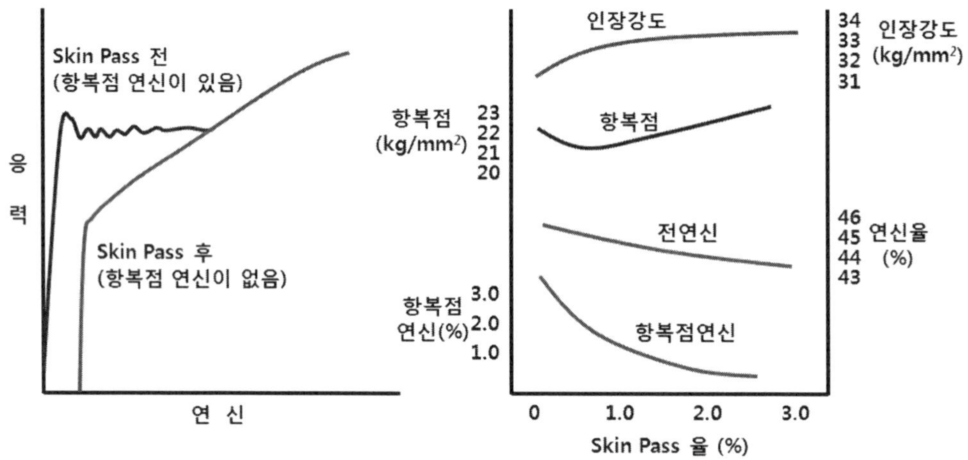

그림 2-62 ❙ Skin Pass에 의한 기계적 성질 변화

3) 표면 성상의 개선

열연 코일의 표면 정도는 열간 압연의 사상 압연기 롤 상황에 의해 변화하지만 보통 10μm 전후이다. 최근에 수요가의 요구가 엄격하여 미관을 중시하는 요도에는 스킨 패스를 하여 표면 조도를 개선하고 있다. 도 산세 소재에 대하여 연성의 열화가 허용되는 범위에서 얼마간의 연신율을 주는 것에 의해 스트립 표면 스케일에 균열을 주어 산세시의 탈 스케일성을 도모하게 하는 경우도 많다.

4) 기타

가) 코일 중량 조정

수요자의 설비 능력 제한으로 대단중의 코일을 납품할 수 없는 경우는 수요자의 요구 단중으로 분할할 수 있다.

나) 코일 내경, 외경, 권취 형상의 교정

요구된 코일의 내경, 외경은 수요자의 코일 장치 설비에 따라 변화한다. 따라서 이것에 맞게끔 내경, 외경의 수정이 필요하게 된다. 이 작업 방법은 내경의 경우 Reel 직경의 조정으로 처리하고, 외경은 분할 작업으로 실시한다. 또 앞공정에서 발생한 텔레스코프(Telescope), 접물림, 느슨 코일(Loose), 접귀, 쨰귀 등의 권취 형태 불량 코일 중에 교정이 가능한 코일은 스킨 패스에서 불량 부분을 제거하기도 한다.

다) 칫수, 표면, 형상 검사

두께는 라인 출측에서 마이크로미터나 X-Ray 두께계로 측정하고, 폭은 Convex Rule이나 전광식 폭계 등에 의해 규정 허용 공차 내에 들어 있는가를 코일마다 검사한다. 표면 형상에 대해서는 육안 검사에 의한 경우가 많은데 최근 자동 결함 검출계 형상계 등이 도입되어 사용하고 있다.

3 설비의 구성

스킨 패스 압연기(Skin Pass Mill)의 일반적인 설비 배치는 코일 삽입 설비, 코일을 다시 풀어주는 페이 오프 릴(Pay Off Reel), 압연기 본체, 코일의 Top 및 Tail부를 절단하는 크롭 시어(Crop Shear), 코일을 권취하는 텐션 릴(Tension Reel), 그리고 권취 코일의 인출 설비 등으로 구성되어 있다.

<그림 2-63>은 스킨 패스 라인의 레이아웃을 나타낸 것이다.

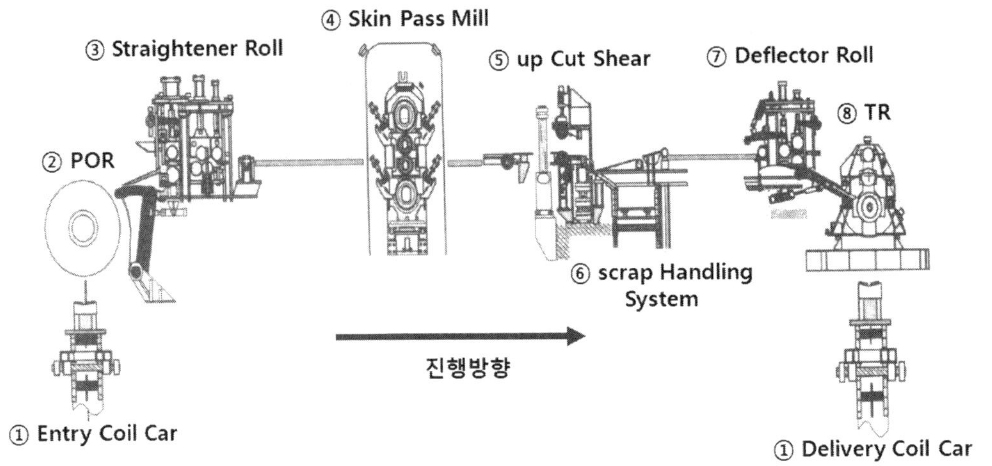

그림 2-63 | Skin Pass 라인의 레이아웃

1) 코일 삽입 설비

코일을 페이 오프 릴(Pay Off Reel)에 삽입하기 위한 설비로는 코일 컨베이어(Coil Conveyor)와 코일 카(Coil Car) 등의 설비가 있다.

2) 페이 오프 릴(Pay Off Reel)

페이 오프 릴은 코일을 되풀어 보내주는 설비이다.

코일을 풀때 발생하는 곱쇠(Coil Break)를 방지하기 위해 맨드릴(Mandrel) 상부에 통상 PR(Pressure 롤)을 설치한다.

3) 스트레이너 롤(Straightener Roll)

스트레이너 롤은 2개의 하부롤(Bottom Roll)과 1개의 상부롤(Top Roll)로 구성되어 있고, 페이 오프 릴에서 되풀려진 스트립의 스레딩(Threading)을 용이하게 하기 위해 Top, End 부를 거의 평편(Flat)하게 하는 목적으로 사용한다.

4) 스킨 패스 압연기(Skin Pass Mill) 본체

스킨 패스 압연기에는 상하 작업롤(Work Roll)로 구성된 2중식(2 High Mill), 또는 작업롤(Work Roll)과 받침롤(Back Up Roll)이 상하 각 2본씩 구성되어 있는 4중식(4 High Mill)이 있다.

5) 시어(Up Cut Shear)

시어는 코일의 분할 및 선단 및 미단의 불건부를 절단하는데 사용한다.

6) 스크랩 핸들링 시스템(Scrap Handling System)

시어에서 잘라진 선단 및 미단부의 절단설을 스크랩 버켓(Scrap Bucket)까지 운반하는 롤러 테이블 형태의 컨베이어이다.

7) 디플렉터 롤(Deflector Roll)

디플렉터 롤은 상부롤과 하부롤로 구성되어 있으며 모터로 상부롤을 구동하여 스트립 선단부를 텐션 릴(Tension Roll)에 안내하며 통판시에는 롤을 상승시키고, 하부롤은 모터에 의해 구동을 하지 않고 스트립의 방향만 하향으로 해주는 역할만 한다.

8) 텐션 릴(Tension Reel)

형상 교정을 완료한 코일은 소정의 장력으로 텐션 릴에 권취된다.

9) 출측 코일 인출 설비

라인 출측의 코일 인출 설비로는 코일 카와 코일 컨베이어 설비가 설치되어 있으며 컨베이어 상에서 평량, 결속, 제품 표시 작업을 한다.

4 스킨 패스 압연기(Skin Pass Mill)의 형식과 특징

스킨 패스 압연기의 형식과 특징은 <표 2-20>과 같다.

표 2-20 ▌Skin Pass Mill의 특징

형식		특징
압연기 형식	2 High	설비비는 싸지만 롤 크라운을 여러 종류로 사용해야 하므로 작업성이 나쁘고 롤 상비수가 많이 필요하다.
	4 High	설비비는 고가이지만 롤 벤딩에 의한 롤 크라운을 조정할 수 있기 때문에 작업성이 좋고 교정 능력도 크다.
압하 방식	전동식	압하 제어 기구는 간단하지만 응답성이 낮고 유지 비용이 많이 든다.
	유압식	압하 제어 기구는 복잡하지만 응답성이 좋고 고장도 적다.

제3절 | 평탄도(형상) 교정 작업

1 평탄도 기초

정정에서 사용되고 있는 작업롤은 압하력에 의해 변형을 일으키므로 압하력에 비례한 변형량을 보상해 주기 위해 새로운 롤에는 항상 초기 크라운(Initial Crown)을 부여하는데 2단 롤은 (+) 크라운을, 4단 롤은 평 또는 (−) 크라운을 부여한다.

열연 정정의 조질 압연기는 대부분 유압식으로 압하력을 제어하는 유압 실린더(Mill Push Up Cylinder)는 압연기, 롤, 하우징 양측 하부에 각각 단독으로 설치되어 있다.

유압 실린더는 <그림 2−64>와 같이 하부 작업롤(4단 압연기의 경우 하부 백업롤 상부에 위치)의 하단 양측에 설치되어 압하력을 걸어 압연시 하부 작업롤 양단(롤 교환대차와 함께 하부 작업롤 쵸크를 밀어서 함)을 밀어올려 압연하는 형식이다.

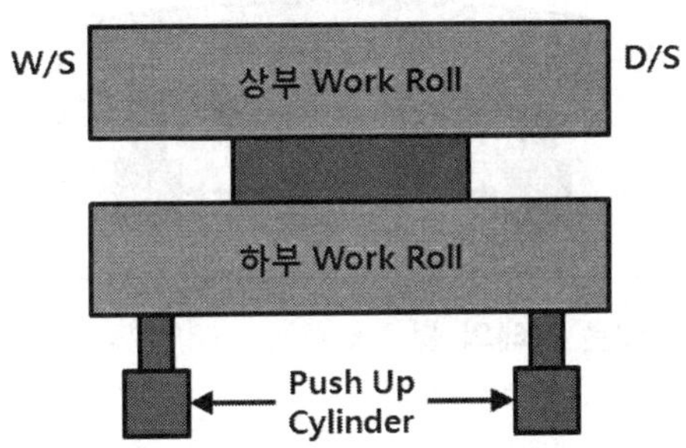

그림 2−64 | 압연기 설치 구조

여기서 유압 실린더에 압하를 걸어 롤을 상승시키면 하부 롤은 롤 사이의 스트립에 닿을 때까지는 평행을 이루겠지만 점점 압하가 커지면 당연히 <그림 2−65>와 같이 롤은 벤딩(Bending)하게 된다. 이때 벤딩량은 압하력에 비례하게 된다. 그래서 롤에 압력을 가할 때 롤이 벤딩되는 양만큼 롤 연마시 미리 (+) 크라운을 주어 압력을 주었을 때 롤갭이 느 정도 같아지도록 한 것이다.

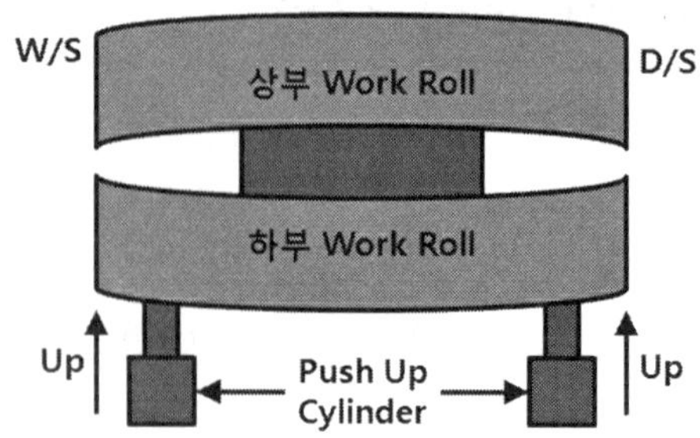

그림 2-65 ❙ 압하시 롤의 휨 발생도

<그림 2-66>은 롤 연마시 미리 (+) 크라운을 부여한 롤로 아직 스트립에 압하가 걸리지 않은 상태의 그림이다.

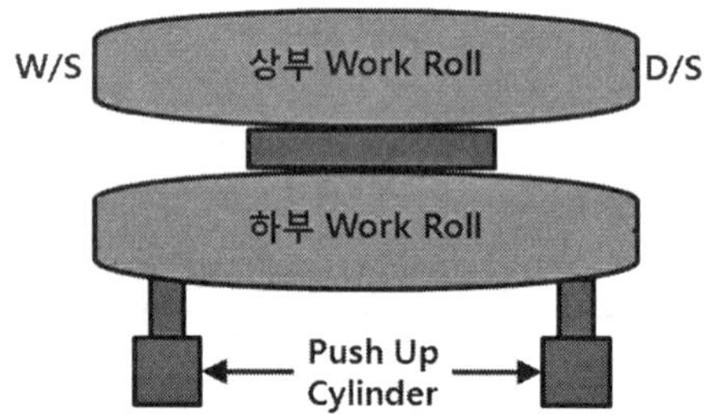

그림 2-66 ❙ 압하를 주지 않은 상태의 롤

이때는 크라운이 들어간 만큼 롤갭이 양쪽보다 가운데가 좁은 상태이지만 압하가 걸리기 시작하면 롤은 점점 벤딩되어 어느 정도의 압이 되면 롤갭이 같게 되어 <그림 2-67>과 같은 상태가 된다.

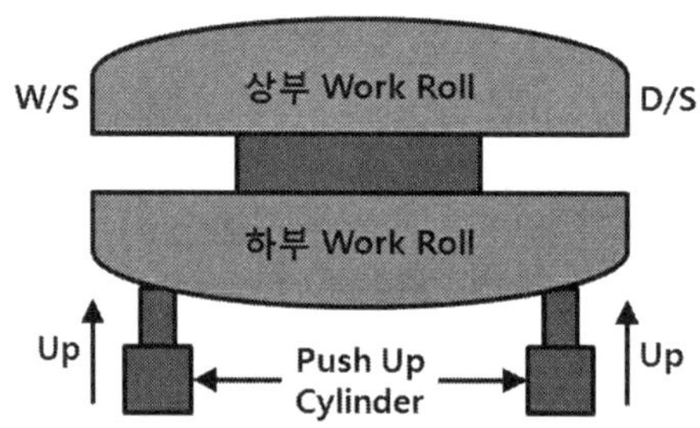

그림 2-67 ❙ 압하가 걸려 롤갭이 같아진 상태

<그림 2－68(a)>은 압력을 낮추었을 때의 현상으로 벤딩량이 적기 때문에 롤갭이 적은 가운데 부분이 양쪽보다 많이 압연되어 중파가 발생된다. 롤갭이 좁은 부분이 넓은 부분보다 더 많이 눌리기 때문이다. <그림 2－68(b)>는 롤 벤딩량을 적정하게 유지한 상태가 되어 양호한 평탄도를 얻을 수 있다. 또한 <그림 2－68(c)>와는 반대로 양쪽 롤갭이 적게 되어 자연히 스트립 양쪽이 힘이 더 받아 양파가 발생된다.

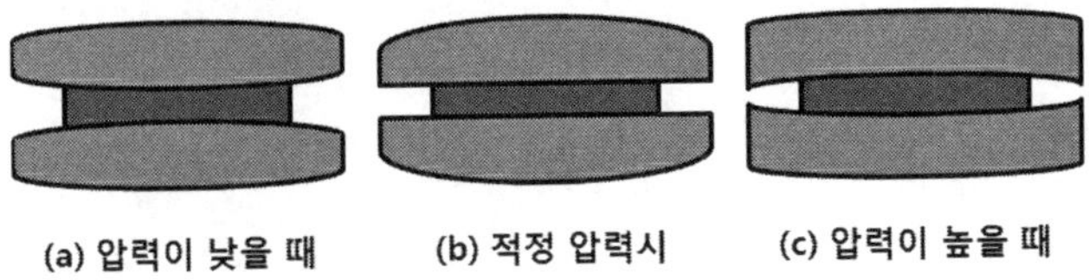

그림 2－68 | 압하력과 롤의 관계

4단 롤에서 (－) 크라운을 부여하는 이유로는 4단 롤은 받침롤과 롤 벤더가 있기 때문이다.

<그림 2－69>는 4단 롤의 구조도로서 그림과 같이 유압 실린더(Push Up Cylinder)가 하부 받침롤 양쪽에 설치되어 있어 압력을 가할 시 작업롤은 직접 실린더에 의해 힘이 전달되는 것이 아니라 받침롤에 의해 전달되므로 직접 실린더에 의해 전달될 때보다 벤딩량은 상대적으로 적다고 본다.

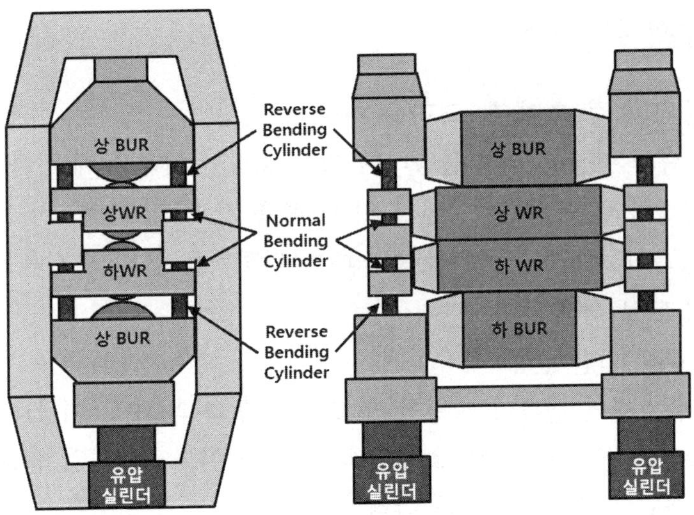

그림 2－69 | 4단 롤의 구조도

2 평탄도 교정 수단 및 영향 인자

1) 통판 중의 코일 형상 교정 수단

① 압연기(Mill) 롤 압하력 조정법

② 압연기 입층, 출측의 장력 조정법

③ 초기 롤 크라운의 선택법

④ 압연기 롤 가열법

⑤ 압연기 롤 벤딩 장치 사용법

2) 판형상에 영향을 주는 요인

① 압연기 롤의 초기 롤 크라운

② 압연기 롤의 표면 마모

③ 압연기 압하력 또는 W/S와 D/S의 압하력 편차

④ 압연기 입측, 출측 장력

⑤ 압연기 출측 통판 롤러의 편마모

⑥ CPC 센터링 정도

⑦ 통판 소재의 크기, 재질, 형상 및 온도

3 평탄도 교정 향상 방안

① 압연기 롤의 적정 초기 롤 크라운 사용

② 압연기 입측의 형상이 극히 불량하여 형상 교정이 어려울 때(압하력이 상승하면 꼬임이 발생하려 할 때)는 압연기 입측, 출측 장력을 가능한 한 크게 설정한다.

③ 압연기 입측의 형상이 극히 불량할 때는 압하력을 올려 연신율을 크게 한다.

④ 냉각 불량 코일 작업 금지

㉮ 소재 냉각 기간 준수

㉯ 보급된 소재의 냉각이 불량한 코일은 반송 처리(50℃ 이상)

㉰ 냉각된 소재의 복사 전열을 방지하기 위해 야드 정리 및 충분한 야드 확보

㉱ 냉각 코일 팬의 정상 가동 관리

⑤ 무리한 폭 역전 금지

㉮ 동일 폭 관리는 폭편차 ±10mm로 동일폭 편성

㉯ 탄소강, 초극박강 및 평탄도 엄격재는 동일 폭내 소 Lot로 편성

⑥ 롤 교환 주기 준수

⑦ 압연기 출측 형상 관찰 강화

㉮ 형상 교정 상태를 확인하기 위해 필히 라인을 정지하고 장력 Off 상태에서 압연기 출측 형상 확인

㉯ 형상 교정 상태가 의심스러우면 재작업 실시, 재작업 코일 투입시 롤 단위 기준 편성 작업이 곤란하면 보류 후 롤 교체하여 새 롤 단위에 편성 작업

㉰ 평탄도 관리 엄격재는 가능한 한 통판 초기 저속 통판으로 압연기 출측 형상을 관찰한 후 정상 통판 속도 유지

Chapter 06

최신열간압연공학

권취 공정

제1절 | 권취 설비

1 개요

권취기(Coiler)는 최종 사상 압연기를 통과한 스트립을 코일 모양으로 감는 설비이다. 권취는 권취하는 제품 대상재에 따라 다음의 3가지 종류로 분류할 수 있다.

- 박판용
- 일반 사이즈용
- 극후 고장력강용

실제로 설치되는 권취기는 투자 효과를 고려하여 여러 가지 연구 끝에 겸용 권취기로서 사용하는 예가 많다. 박판재는 스트립 선단부의 핫 런 테이블(Hot Run Table) 주행성을 고려한 스레딩(Threading) 속도에 제약이 있다. 따라서 박판재로서 스레딩 시간을 단축시켜 능률(Ton/Hr) 증대 및 사상 온도 확보를 위하여 사상 압연기 최종 스탠드에서 40～70m 정도에 위치한 근접 권취기도 있다.

일반적으로 라미나 플로우(Laminar Flow) 설비의 냉각 능력을 감안하여 최종 사상 스탠드에서 125～160m 정도 위치에 설치된다. 그러나 사상－권취간의 거리는 멀어도 박판재용의 기능을 달성하기 위해서 런 아웃 테이블 롤러(Run Out Table Roller)의 피치를 290～375mm 정도까지 줄여서 박판재의 핫 런(Hot Run) 주행성을 개선을 도모하고, 박판 일반 크기의 권취기를 겸용으로 가지고 있는 압연기도 있다.

12.7～25.4mm의 극후 고장력 강판용으로는 사용하기 위해서 강력한 핀치롤(Pinch Roll), 유니트롤(Unit Roll), 강력한 메드릴 동력(Mandrel Torque)을 갖춘 권취기가 필요하다. 이 강력한 권취기도 극후판 뿐만 아니라 일반재로 권취가 가능하고 맨드릴

감속기의 감속비 절환, 멘드릴을 구동하는 2대의 모터에서 1대의 모터로 절환 등을 갖추고 있는 압연기도 있다.

2 설비

권취기는 충격력 등으로 대단히 가혹한 조건하에서 사용되고 고장 발생률도 높은 경향이 있다. 그러므로 설비의 정도가 권취 형상에 커다란 영향을 미치기 때문에 다음의 특성을 갖추고 있어야 한다.

- 강한 강성
- 반복되는 충격력에 견디는 고강도
- 설비 보전이 용이한 기구
- 고장 발생 확률이 낮은 기구

권취기를 구성하는 주요 장치는 <그림 2-70>과 같다.

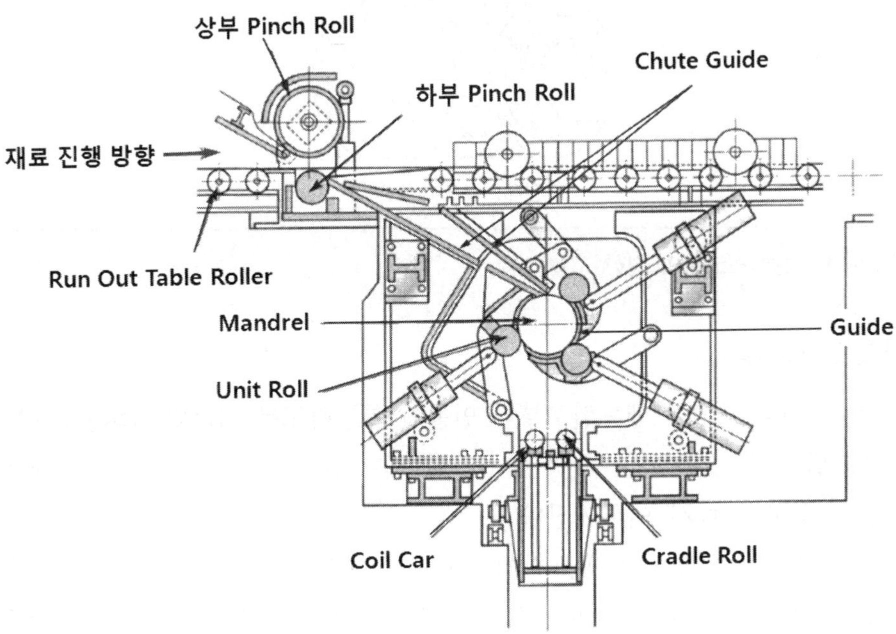

그림 2-70 ▮ 권취기의 구조

권취기 직전에는 사이드 가이드(Side Guide), 핀치롤(Pinch Roll)이 있어 스트립을 권취기로 유도하는 역할을 한다. 사이드 가이드는 스트립을 폭 방향 중심으로 맞추어 텔레스코프(Telescope)가 없는 코일을 만들기 위하여 필요한 것이다.

텔레스코프는 <그림 2-71>의 (b)와 같이 코일의 에지(Edge)가 맞지 않는 것으로 특히, 내부가 돌출되어 밖으로 권치된 형태로서 사행형과 사발형 등도 있다. 텔레스코프의 발생 원인은 스트립의 캠버(Camber)에 의한 것과, 맨드릴(Mandrel)과 유니트롤(Unit Roll)의 평행도 불량 등 설비의 문제라 할 수 있다. 텔레스코프를 발생을 방지하려면, 사상 스탠드의 레벨링(Levelling) 불량을 없애 스트립의 휨을 없도록 하며, 권취기 설비를 수시로 점검하여 정비해야 한다.

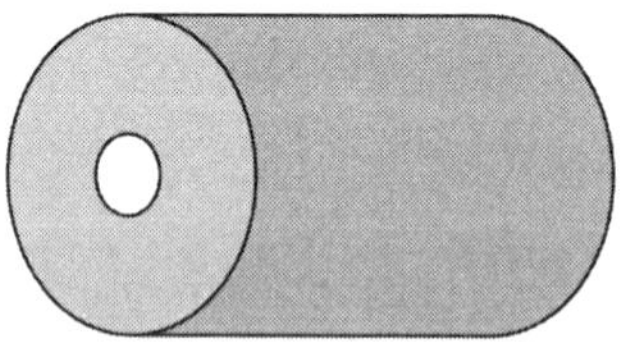

(a) 정상적으로 권취된 코일

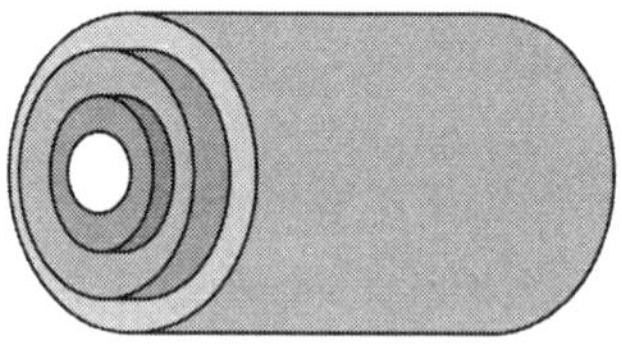

(b) 텔레스코프 발생 코일

그림 2-71 ❙ **텔레스코프의 형상**

1) 맨드릴(Mandrel)

맨드릴은 권취된 코일을 맨드릴로부터 인출이 가능하도록 시그먼트(Segment)가 이동하여 맨드릴 경을 변화시킬 수 있는 구조로 되어 있다. 이 맨드릴 경의 확대 및 축소 동작은 유압에 의해서 이루어진다.

최근 코일 단중 증대에 의해 맨드릴에 걸리는 하중이 커지기 때문에 센터에 대응하는 맨드릴 축의 직각도 등의 설비 정도를 유지할 목적으로서 맨드릴에 선단 지지 기구(Out Board)를 설치하는 경우가 일반적이다. 맨드릴 구동은 감속기를 통한 모터에 의해 이루어진다.

2) 유니트롤(Unit Roll)

유니트롤은 기구적으로 슬라이드(Slid)식과 스윙(Swing)식이 있으며, 슬라이드식은 구조가 간단하여 정비 및 보수가 간단한 장점이 있으며, 스윙식은 각각의 유니트롤을 독립적으로 설치, 제어할 수 있는 장점이 있다.

유니트롤은 맨드릴이 사이드 가이드와 함께 스트립 선단을 맨드릴의 원주에 유도함과 동시에 스트립을 맨드릴에 눌러서 스트립과 맨드릴 간에 마찰력을 발생시키는 역할을 한다. 또한 유니트롤은 권취 완료 직전에 코일을 눌러줌으로써 스트립의 미단부가 권취기내에서 주위의 설비에 부딪치는 일이 발생하지 않도록 하여 정속 운전을 유도한다.

유니트롤과 맨드릴 간의 갭이 판 두께에 비하여 너무 크면 맨드릴과 코일 간에 충분한 마찰력이 생기지 않고 슬립이 발생하여 권취 불량 코일이 발생하게 되고, 너무 작으면 스트립 선단이 원활하게 맨드릴 주위에 진입하지 못하고 미스롤(Miss Roll)에 의한 선단 겹침 현상이 발생한다. 유니트롤을 누르는 압력은 공압 실린더로 이루어지지만 최근 유압 실린더 방식도 채용되고 있다.

3) 핀치롤(Pinch Roll)

핀치롤은 기구적으로 <그림 2-72>의 (a) 레버(Lever)식과 (b) 하우징(Housing)식이 있으며 과거에는 레버식이 일반적이었으나, 최근에는 상하 롤의 갭 레벨링 정도 향상, 극후 고장력강 권취시의 강력한 후방 장력(Back Tension) 확보 등을 목적으로서 하우징식이 많이 사용하고 있다.

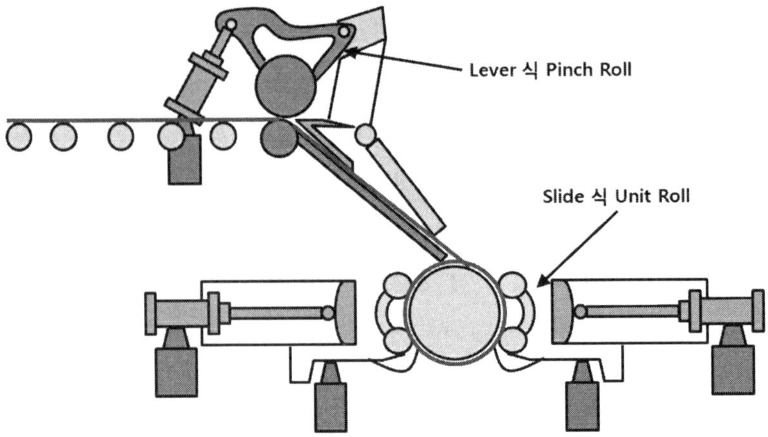

(a) 레버식 핀치롤 및 슬라이드식 유니트롤의 구조

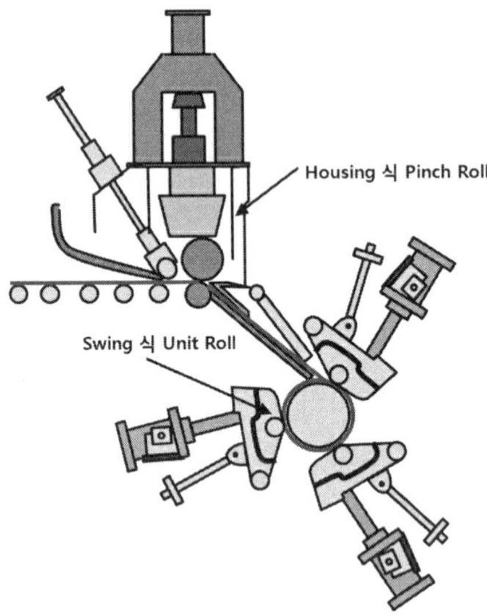

(b) 하우징식 핀치롤 및 스윙식 유니트롤의 구조

그림 2-72 ❙ 핀치롤의 형식

핀치롤은 스트립 선단을 오버 가이드의 방향으로 유도 및 스트립의 미단이 사상 압연기 최종 스탠드를 빠져나온 후에 후방 장력(Back Tension)을 부여하는 역할을 하며, 핀치롤 갭의 조정에 의해 권취 형상을 확보할 수도 있다.

핀치롤은 상하 1대의 롤로 구성되어 있으며, 하부 롤에 비하여 상부롤의 경이 크고, 상하롤 간에 10~20° 정도의 오프셋(Off Set) 각도 θ를 주게 되고, 이로 인해 핫 런 테이블을 주행해 온 스트립 선단을 쉽게 하향시킬 수 있다. 상향 핀치롤 간의 갭 초기 설정은 통상 판 두께의 80~90% 정도로 설정한다. <그림 2-73>은 핀치롤의 오프셋 각도를 나타낸 것이다.

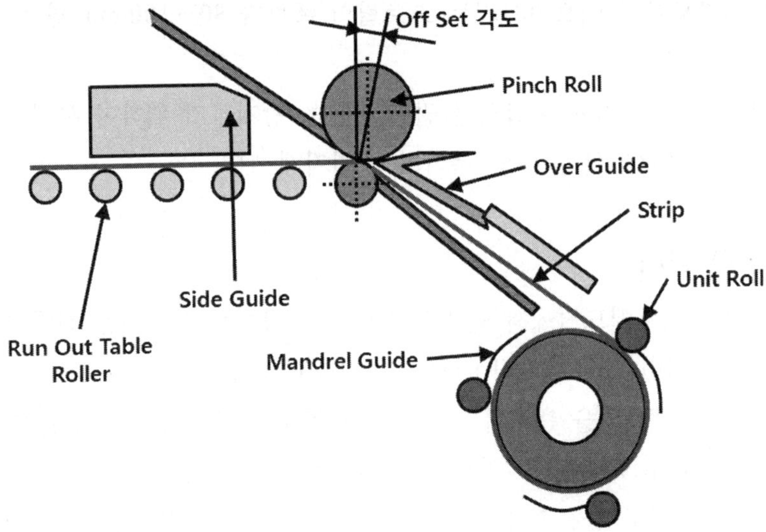

그림 2-73 ❙ 핀치롤의 오프셋 각도

핀치롤의 압력은 공압 실린더로서 이루어지기 때문에 스트립이 핀치롤에 물리고 나면 상하 핀치롤의 갭은 스트립 판 두께와 같게 된다.

핀치롤에 의해 유지되는 후방 장력양은 핀치롤 압력 및 상하 핀치롤을 구동시키는 각각의 모터 용량에 의해 결정된다. 압력이 약하면 스트립 상하 핀치롤 간에 생기는 최대 마찰력이 적게 되고, 맨드릴 출력 설정에 대응한 후방 장력이 얻어지지 않아 핀치롤과 스트립 간에 슬립이 발생하여 미단부 겹침 및 파단의 원인이 된다. 반대로 너무 강하면 스트립이 횡 방향으로 밀려서 텔레스코프(Telescope) 발생 원인이 된다. 또한 맨드릴과 핀치롤의 평행도, 상하 핀치롤 간의 평행도는 권취 형상에 커다란 영향을 미쳐 코일 내·외권부의 텔레스코프를 발생시킨다.

이 때문에 핀치롤은 스트립 선단이 물릴 때의 충격과 장력을 받을 수 있는 기계적 구조 및 강도가 요구된다.

4) 사이드 가이드(Side Guide)

사이드 가이드는 사상 압연기에서 주행해온 스트립의 최선단부를 권취기에 원활히 유도시키며, 권취중의 스트립이 폭방향으로 밀리는 것을 방지하는 역할을 한다. 일반적으로 스트립의 선단부는 압연기 라인 중심에 대하여 조우 쪽으로 다소 치우치기 때문에 스트립 선단부가 들어오기까지는 스트립의 폭보다 80~100mm 넓게 설정할 필요가 있다.

스트립의 선단이 권취기에 취입되면 권취 불량을 방지하기 위하여 사이드 가이드는 공압 실린더 등에 의해 설정된 판 폭까지 좁혀지게 된다.

5) 코일 인출 장치

권취 완료된 코일은 맨드릴에서 인출되어 다음 공정으로 연결되는 컨베이어로 이송된다. 권취가 완료되면 코일카(Coil Car)의 지지롤(Cradle Roll)을 상승시켜 코일을 지지하고 그 후에 맨드릴 경을 축소시켜 코일카에 의해 코일을 밖으로 인출한다. 다음에 코일은 회전 장치(Up Ender)에 의하여 컨베이어에 옮겨진다. <그림 2-74>는 Up Ender로서 코일을 전도시켜 컨베이어 위에 놓이게 되는 것을 나타낸 것이다.

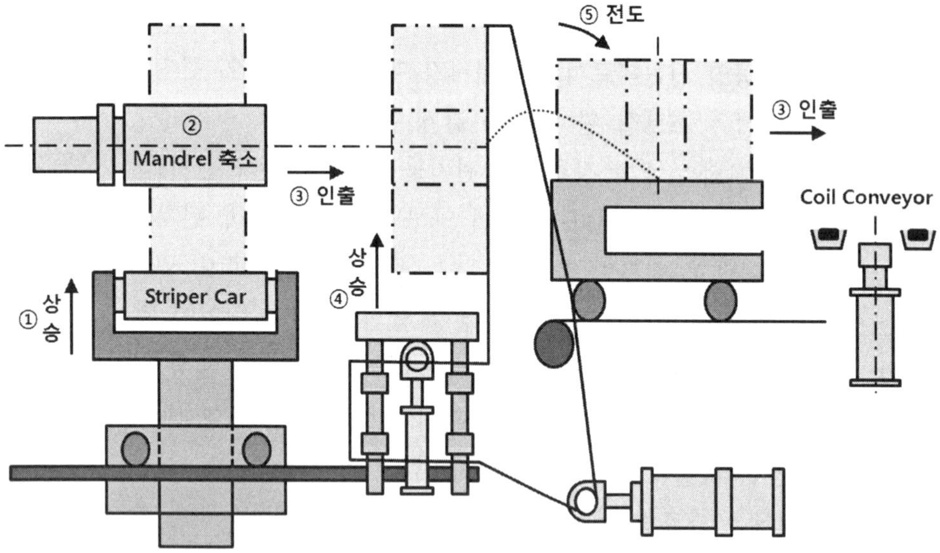

그림 2-74 Ⅰ 코일 인출장치의 구조

그러나 스트립 두께가 1.2mm, 1.6mm 등의 박판재의 경우는 Up Ender에서 컨베이어 위에 적재될 때 코일 내·외권 텔레스코프 부분이 겹쳐지고 이 부분을 다음 공정에서 제거하게 되므로 인해 실수율이 저하되기 때문에 박판재를 주체로 한 압연기에서는 Down Ender 상태로 컨베이어 위에 적재하는 경우도 있다.

3 권취 작업

1) 속도 제어

각 설비의 초기 속도 설정은 사상 압연기 최종 스탠드 속도 설정에 의하여 이루어진다. 런 아웃 테이블(Run Out Table) 속도는 스트립을 잡아 당겨 주행시켜야 하기 때문에 압연 속도보다 10~25% 빠른 속도로 설정된다.

핀치롤은 스트립의 느슨함을 방지하기 위하여 압연 속도보다 5~20% 빠른 속도로 설정된다. 맨드릴은 소정의 권치 동력을 코일에 전달해 권취 상태가 이루어지도록 압연 속도보다 10~35% 빠른 속도로 설정된다. 유니트롤은 스트립 권취시에 브레이크처럼 작용되지 않도록 압연 속도보다 15~40% 빠른 속도로 설정된다.

또한 스트립의 권취가 시작되면 런 아웃 테이블 및 핀치롤 속도는 스트립 속도에 동기되어 가속 압연에 따라 변화될 수 있도록 제어되며, 맨드릴 속도는 설정 장력을 유지하도록 제어되고 유니트롤은 코일과 접촉하여 있는 동안은 스트립 속도와 동기화되도록 제어한다.

2) 맨드릴 장력 제어

일반적으로 스트립 선단이 맨드릴에 감겨진 후 일정한 장력을 기준으로 해서 권취된다. 이때 일정한 장력 상태를 유지하기 위해서는 코일 경에 따라서 권취 동력(장력 동력, 굽힘 동력, 가속 동력)을 증대시킬 필요성이 있다.

일정 장력 제어는 다음과 같은 방식으로 이루어진다.

- W : Motoe 회전각속도(rad/s)
- N : Motor 회전수(rpm)
- T : 권취장력(kg cdot f)
- V : 권취속도(m/min)
- τ : Motor Torque(Nm)
- D : Coil 직경(mm)
- r : 감속비

Motor 출력 P_u(kw)은

$$P_u = W\tau \times 10^{-3} = \frac{2\pi N}{60} \times \frac{9.8DTr}{2} \times 10^{-3} = \frac{\pi DNrT}{6,120}(\mathrm{kw}) \quad (1)$$

한편 $V = \pi DNr$ 이므로 식 (1) 및 효율 η을 고려하면

$$P_u = \frac{TV}{6,120\eta}(\mathrm{kw}) \quad (2)$$

또한 Motor의 역기전력 CEMF는 $KC\phi N$이므로 전기자 전류를 I(A)라 하면

$$P_u = \mathrm{CEMF} \times I = KC\phi \text{ OWNS}(\mathrm{kw}) \quad (3)$$

ϕ : 계자속(wb)

따라서 식 (2), (3)에 의해 장력 T(kg_f)

$$T = K_F \times \frac{\phi}{D} \times I \quad (4)$$

$K_F = \frac{6,120KC\eta}{\pi r}$ (정수)로 표시된다.

식 (4)에서 장력 T를 일정하게 유지하기 위하여 일반적으로 다음의 두 가지 제어 방식이 채용되고 있다.

① 전기자 전류 I를 일정하게 유지하고 코일 직경 D의 증가에 따라 계자속 ϕ를 증가시켜 간다.

② 전기자 전류 I를 D / ϕ에 비례하도록 한다.

방식 ①은 코일 지름 D에 따라 계자속 ϕ가 제한되는 것에 비하여, 방식 ②는 제한받지 않으므로 제어 가능 범위에서 계자속 ϕ를 크게 할 수 있기 때문에 모터 동력을 유효하게 이용할 수 있다. <그림 2-75>는 제어의 예를 나타낸 것이다.

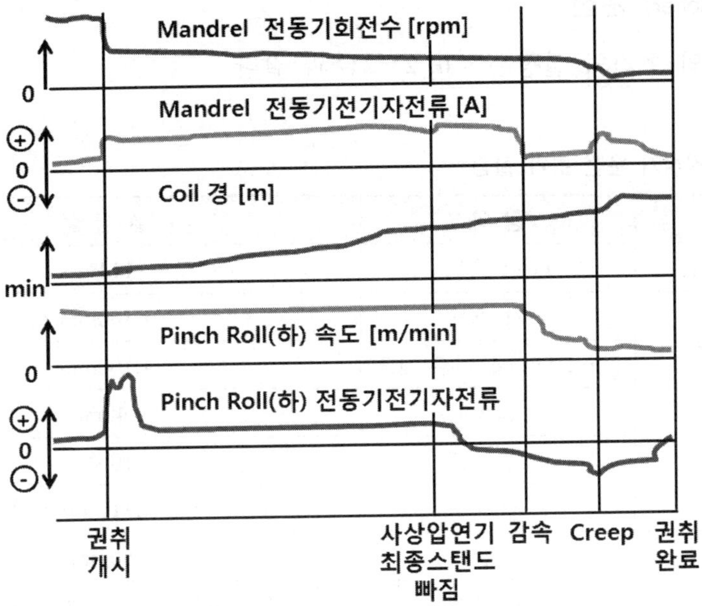

그림 2-75 ❙ 맨드렐 장력 제어

이 사이에 가감속에 대해서는 관성력의 영향이 장력에 미치지 않도록 관성 보상 제어를 한다.

3) 코일 단차부 회피 제어(QOC : Quick Open Control)

스트립 권취시에는 그 선단부가 2바퀴 이후의 층과 맨드릴 사이에 끼이기 때문에 <그림 2-75>에서 보는 바와 같이 코일 선단부가 있는 코일 표면에 단차가 형성된다. 이 단차부에서는 코일 1회째에 유니트롤과 코일 간에 크게 충격력이 발생되어 스트립 선단부의 각이 그 위에 중첩되고 스트립 이면에 수바퀴까지 탑마크(Top Mark)가 생긴다. 이를 해결하기 위해 단차 회피 제어를 채용하여 사용 중에 있다.

QOC(Quick Open Control) 제어는 스트립 선단을 추적(Tracking)해서 스트립 선단이 각 유니트롤에 접근하면 유니트롤 유압 서보(Servo) 기기를 구동하여 소정의 점프(Junp) 양만큼 유니트롤을 개방하고 선단이 통과하면 다시 설정 압력으로 눌러주는 동작을 결정된 횟수만큼 반복 실시한다.

4) 권취기(Coiler) 운전

권취기 운전의 초기의 설정은 <표 2-21>과 같다.

표 2-21 ▌권취기 운전 초기 설정

설 비	항 목	설 정 값
Hot Run Table	Lead 속도	114%
Side Guide	초기 개도	1,100mm
	Short Stroke 이후 개도	1,100mm
Pinch Roll	Gap	1.40mm
	Lead 속도	106%
	압력	선단 23T, 미단 4T
Unit Roll	Gap	2.0mm
	Lead 속도	#1 :120%, #2 : 125%, #3 : 130%
	압력	#1 : 5T, #2 : 7T, #3 : 9T
	개도 Timing	#1 : 3.0초, #2 : 4.0초, #3 : 3.0초
Mandrel	Lead 속도	115%
	Unit Tension	$1.8kg_f/mm^2$

또한 각 설정 항목에 대하여 유의할 점은 <표 2-22>와 같다.

표 2-22 | 코일러 설정 항목과 유의점

설 비	항 목	유 의 점
Side Guide	개도	• 캠버(Camber), 플라이(Flying)에 의한 걸림 방지 • 스트립의 횡 방향 진동 방지 • 지나친 Close에 의한 스트립 에지부 손상 방지
	Short Stroke Timing	• 갭 과대에 의한 텔레스코프 방지 • 조급 실시에 의한 스트립 걸림 방지
Pinch Roll	Gap	• 갭 과대에 의한 슬립 방지 • 스트립의 한쪽 쏠림 방지를 위한 좌우 갭 밸런스
	속도	• 속도 과소에 의한 느슨한 스트립의 진입 방지
Unit Roll	Gap	• 양호한 권취성 확보 • Top, End 마크 감소
	속도	• 스트립 선단의 원할한 유도 • 맨드릴 출력을 감소시키지 않게 설정
	압력	• 양호한 압력(누르는 힘) 확보 • Top, End 마크 감소
	개도 Timing	• 조급 실시에 의한 권취 불량 방지 • 오픈 지연에 의한 Top, End 마크 방지
Mand rel	속도	• 양호한 권취성 확보를 위한 적정한 Lead 속도 • 과도한 Lead 속도에 의한 판두께 및 폭 네킹(Necking) 방지
	Tension	• 장력 부족에 의한 느슨한 권취, 텔레스코프 등의 권취 향상 불량 방지 • 스트립의 미단이 압연기를 빠져 나온 후 과대한 설정에 의해 발생되는 핀치롤 슬립 방지

4 권취 품질

1) 권취 형상

권취 공정에 있어서의 주요한 품질 사항은 권취 형상이다. 코일은 여러 방법으로 취급하여 이송되기 때문에 텔레스코프가 발생되어 있으면 에지부가 손상되어 실수율이 저하됨으로 양호한 형상을 갖도록 해야 한다.

권취기 요인에 의한 주요 권취 불량과 대책을 <표 2-23>에 나타내었다.

표 2-23 ▌권취 형상 불량 원인과 대책

항목	원인	대책
내권 Telescope	• 스트립 선단의 캠버(Camber) • 사이드 가이드 정도 불량 • 사이드 가이드 개도 설정 불량 • Short Stroke Timing 불량 • 상하 핀치롤, 유니트롤, 맨드릴의 평행도 불량 • 맨드릴 진동	• 압연 제품 냉각 시 캠버링(Cambering) 방지 • 각 기기의 평행도 관리 • 맨드릴 진동량 관리 • 좌우 갭차 관리
외권 Telescope	• 스트립 미단부의 캡버 • 사이드 가이드 개도 설정 불량 • 상하 핀치롤, 유니트롤, 맨드릴의 평행도 불량 • 후방 장력 과대 • 스트립의 미단이 최종 압연기를 빠져나오기 전후에 있어서 속도차 과대	• 압연 제품 냉각 과정에서 캠버링 방지 • 각 기기 평행도 관리 • 좌우 갭차 관리 • 권취 장력 설정 적정화(Taper Tension 등 실시) • 급격한 속도 변화 시정
Edge 이상	• 사이드 가이드 개도 설정 불량 • 권취 개시 불량 • 권취 장력 부족	• 사이드 가이드 설정 적정화 • 권취성 향상을 위한 설비 정비 • 권취성 향상을 위한 설정치 적정화
주발형 Telescope	• 권취성 불량 • 권취 장력 과대	• 맨드릴 시그먼트부의 팽창 축소 기구 등의 정비 • 권취성 향상을 위한 설정치의 적정화 • 장력 과대에 의한 권취시의 슬립 방지
느슨한 권취	• 권취성 불량 • 권취 장력 설정 불량 • 하부 장력 부족	• 맨드릴 시그먼트부의 팽창 축소 기구 등의 정비 • 권취성 향상을 위한 설정치의 적정화 • 장력 과대에 의한 권취시의 슬립 방지 • 장력 설정 적정화 • 핀치롤 갭 적정화

2) 표면 품질

권취 형상은 이외에도 판폭 넥킹(Necking), 탑마크(Top Mark), 에지(Edge) 손상, 이물질 압입 등의 품질 이상이 있으며 이에 대한 대책을 <표 2-24>에 나타내었다.

표 2-24 ❙ 표면 품질 불량의 원인과 대책

항목	원인	대책
Top End Mark	• Unit Roll 압력 과대 • Unit Roll 갭 과소 • Unit Roll Opening Timing 지연	• Unit Roll 각종 설정의 적정화 • Unit Roll 위치 제어
Mandrel Segment mark	• Unit Roll 압력 과대 • Unit Roll 갭 과소 • Unit Roll Opening Timing 지연 • Segment 확대시 진원도 불량 • Segment 모서리부의 가공 불량	• Unit Roll 각종 설정의 적정화 • Mandrel Segment Wedge부 수정 정비 • Segment 형상관리
롤 흠	• Slip에 의한 소착 발생 • 이물 취입	• 슬립을 방지하기 위한 설정치 적정화 • 라인 청소 • 사이드 가이드의 지나친 닫힘 방지 • 이물제거 스프레이 설치 • 롤 재질 개선
마찰 흠	• 느슨한 권취에 의한 각 권간의 마찰	• 느슨한 권치 방지 대책
귀 흠	• 사이드 가이도와의 강압 접촉	• 사이드 가이드의 센터링 • 캠버 방지 • 사이드 가이드 라이너 관리
이물 취입 흠	• 사이드 가이드 강압 접축에 의한 스트립 에지부의 떨어져 나감 • 설비로부터의 녹이 떨어짐	• 사이드 가이드의 센터링 • 캠버의 방지 • 사이드 가이드 라이너 관리 • 라인 청소 • 사이드 가이드의 지나친 닫힘 방지 • 이물제거 스프레이 설치
판폭, 두께의 넥킹	• Mandrel Lead율 설정치 과대	• Mandrel Lead율 설정치 적정화
코일 변형 (짱구)	• 느슨한 권취 • 권취 온도 지나치게 높음	• Mandrel Segment부의 팽창 축소 기구 등의 정비 • 권취성 향상을 위한 설정치의 적정화 • 장력 과대에 의한 권취시의 슬립 방지 • 품질 설계의 재검토

Chapter 07

압연 롤

제1절 | 개 요

열연 공장에서 사용되는 롤은 종류도 많고 요구되는 특성도 다양하지만 어떤 스탠드에 어떤 재질의 롤을 사용할 것인가의 선택은 각 스탠드의 열적 및 기계적 부하 상태, 제품 및 품질에 미치는 영향도, 1회당 사용 시간 등을 고려하여 결정해야 한다.

일반적으로는 재품의 표면 품질과 치수, 형상에 직접 영향을 미치는 사상 압연 스탠드에는 내마모성이 우수한 주철계 롤을 사용하고, 비교적 장시간 사용하고 열피로 특성이 중요한 조압연 스탠드에는 주강계 또는 단강을 주로 사용하고 있다.

주조롤에서 탄소가 1.4% 이하인 경우는 주강롤이라고 하고, 탄소가 2.4% 이상인 경우를 주철롤이라고 한다.

제2절 | 설비별 롤 특성

대부분 열연 공장에서 직접 압연에 사용되고 있는 롤은 에저롤(Edger Roll), 조압연 후단롤, 사상압연 전후단롤, 받침롤 등이며, 이들이 받는 손상과 이에 따른 재질에 요구되는 특성은 다음과 같다.

1 에저롤(Edger Roll, VSB)

에저롤은 고온에서 장시간 사용되므로 내열피로, 내열충격성과 내산화 부식성이 요구된다. 롤 재질로는 애드마이트(Admite) 구상 흑연 주철과 주강롤이 현재까지 많이 사용되고 있지만 최근에는 열피로 강도가 높고 내산화 부식성이 우수한 Hi−Cr 단강 및 육성 롤을 사용하고 있는 추세이다. 그러나 슬래브와 롤이 부착되는 스티킹(Sticking)이 중시되는 경우에는 흑연 주철이나 흑연 주강 등이 사용될 수 있다.

2 조압연 전단롤

조압연 전단은 주로 2단 압연기이고 슬래브 온도가 높고 압하량이 크므로 롤은 우선적으로 굽힘 강도와 비틀림 강도 등 강인성이 우수해야 하고, 다음으로 내열피로, 내열충격성, 내슬립성 및 내마모성이 좋아야 한다.

롤 재질로는 저탄소합금 주강과 저탄소계 애드마이트가 주로 사용되고 있는데, 최근에는 내열피로성에 대한 요구가 높아 단강롤을 주로 사용하고 있다.

3 조압연 후단롤

조압연 후단은 4단 압연기이므로 롤의 강도는 전단에 비해 큰 문제가 되지 않지만, 압연판의 온도가 높고, 압하량이 많고 장시간 사용하므로 내열피로성(내거침성), 내마모성 및 내슬립성 등이 요구된다.

롤 재질로는 주로 저탄소계 및 고탄소계 애드미트 주강이 사용되고 있으나 최근에는 내거침성과 내마모성에 대한 요구가 높아 내거침성과 내마모성이 애드마이트에 비해 2배 이상 우수한 Hi−Cr 주강으로 변화되고 있다.

4 사상 압연 전단롤

사상 압연 전단은 조압연 후단롤과 거의 유사한 손상을 받지만 사상 압연롤의 표면 거침 및 마모 손상이 제품의 표면 품질 및 치수, 형상에 직접 영향을 미치므로 롤 재질은 내마모성뿐만 아니라 내열피로성(내거침성)이 특히 요구된다.

롤 재질로는 Hi-Cr 주철이 현재까지 보편적으로 사용되고 있다. 최근에 들어 박판 압연량이 증가하고, 고강도강이 증가하며, 고온 압연재(극저탄소강) 증가 등으로 압연 조건이 가혹해지고 표면 품질 및 치수, 형상에 대한 요구가 엄격해짐에 따라 Hi-Cr 주철보다 강도가 높고, 내마모성 및 내거침성이 우수한 고속도강계의 주강롤(HSS 롤)이 사용하고 있다.

그리고 스테인리스 압연시에는 통판 에지부에 발생하는 스티킹(Sticking) 현상을 방지하기 위해 흑연 정출형 Hi-Cr 롤을 사용하는 경우도 있다.

5 사상 압연 후단롤

사상 압연 후단으로 갈수록 마모 및 표면 거침이 제품의 치수, 형상과 표면 품질에 직접 영향을 미치게 되므로, 후단롤은 열연로 중에서 가장 내마모성이 요구된다. 사상 압연 후단으로 갈수록 압연판 접힘에 의한 국부적인 열충격으로 균열 및 스폴링(Spalling)이 자주 발생하므로 내사고성도 요구된다. 이와 더불어 후단으로 갈수록 압연판과 롤 사이의 슬립율이 증가되어 롤과 압연판이 부착되는 스티킹(Sticking)도 발생될 수 있으므로 스티킹에 대한 저항성도 요구된다.

롤 재질로는 Ni-Grain 주철이 오랫동안 널리 사용되고 있으며, 이 재질은 탄화물의 양이 많아 롤 경도가 높고 표면이 미려하며, 흑연을 포함하고 있어 열전달이 빠르고 흑연이 균열성장의 완충 역할을 해주므로 열충격에 의해 발생되는 균열의 크기도 작다. 또한 흑연이 윤활 역할을 해서 마찰력도 감소되어 스티킹에 대한 저항성도 크다. 그러나 내마모성이 낮은 단점이 있어 이를 보완하기 위하여 내마모성이 우수한 Hi-Cr 주철에 흑연을 정출시킨 흑연 정출 Hi-Cr 주철롤이 개발되어 사용되고 있다. 최근에는 사상 압연 후단롤과 마찬가지로 보다 더 내마모성을 향상시키기 위해 HSS 롤이 적용 중인데, Ni-Grain 주철에 비해 내마모성이 훨씬 우수하고, 스티킹에 대한 저항성도 높은 것으로 알려져 있지만 판 접힘 발생시 균열이 깊고, 균열 진전도 빨라 내사고성에는 문제가 있어 이를 해결해야 한다.

6 받침롤(Back Up Roll)

4단 압연기에는 작업롤을 지지하기 위해 받침롤이 사용된다. 받침롤은 작업롤과 접촉에 의한 전동 피로(Contack Fatigue)로 스폴링(Spalling) 손상을 받으므로 내스폴링성이 요구되고 또한 내마모성이 요구된다. 따라서 고경도 및 고인성 롤이 요구되지만 과다한 경도 증가는 작업롤의 마모를 증대시켜 조기 거침을 일으킬 수 있으므로 받침롤의 선택은 작업롤과 함께 고려되어야 한다. 현재 받침롤로 많이 사용되는 것은 단강 및 단강 슬리브 롤(Sleeve Roll)이 주로 사용되고 있다.

열연 공장에서 주로 사용되고 있는 롤 재질의 요구 특성과 사용 재질을 <표 2-25>에 나타내었다.

표 2-25 ｜ 열연 공정에서 사용되는 롤의 재질 및 요구 특성

롤 사용위치	주 요구 특성	사용 재질
Edger	• 내열피로성 • 열충격성 • 내산화부식성	• 구상흑연주철 롤 • 애드마이트 롤 • Hi-Cr 단강 롤 • 육성 롤
조압연 전단(R1)	• 강인성 • 내열피로성 • 열충격성 • 내슬립성	• 저탄소 애드마이트 롤 • 단강 롤
조압연 후단(R2～R4)	• 내열피로성 • 내마모성 • 내슬립성	• 고탄소 애드마이트 롤 • Hi-Cr 주강 롤
사상 전단(F1～F3)	• 내열피로성 • 내마모성	• Hi-Cr 주철 롤 • HSS 롤
사상 후단(F4～F7)	• 내마모성 • 내사고성 • 내스티킹성	• Ni-Cr 주철 롤 • HSS 롤
Back Up 롤	• 내마모성 • 내스폴링성	• 단강 롤 • 단강 복합 롤

제3절 | 사상 롤의 특징

1 Hi-Cr 주철롤

Hi-Cr 주철롤은 사상 압연 전단에 주로 사용되고 있는데, Hi-Cr 롤의 제조시 중요하게 관리해야 할 점을 살펴보면 다음과 같다.

① 열피로에 의해 발생되는 표면 거침(Scale Banding)을 감소시키기 위해 편석을 방지하고 결정립을 미세화시켜야 한다.
② 매마모성을 향상시키기 위해 경도를 높여야 한다.
③ 내슬립성을 증가시키기 위해 마찰 계수를 높여야 하며, 이를 위해 탄소 함량을 낮추어야 한다.
④ 셀(Shell)과 코어(Core)를 완전하게 접합시켜야 한다.
⑤ 셀(Shell)층의 Cr이 코어(Core)로 혼입되는 것을 최대로 억제하여 코어의 강도를 높여야 한다.
⑥ 열처리를 통해 잔류 오스테나이트를 3%이하로 낮추고, 표면 압축 잔류 응력을 $26kg_f/mm^2$ 이하로 관리해야 한다.

Hi-Cr 롤의 열처리 방법은 주로 A3 변태점 이상의 고온으로 가열 유지하여 오스테나이트화 시킴과 동시에 오스테나이트 중에 과포화된 C, Cr을 2차 탄화물로 석출시켜 오스테나이트 중의 C, Cr 농도를 낮춤에 의해 담금질 및 템퍼링을 쉽게하는 불안정화 열처리이다. 불안정화 열처리의 최적 온도 구간은 950~1,050℃로 알려져 있다. 열처리 후의 미세조직은 템퍼 마르텐사이트와 M7C3형 공정 탄화물로 구성된다. M7C3형 탄화물은 다른 탄화물에 비해 경도가 높아 Hi-Cr 롤의 내마모성을 향상시키는데 크게 기여한다.

Hi-Cr 롤의 기계적 성질 및 물리적 성질은 대체로 모든 성질이 양호하지만 열전도도가 낮고, 압축 잔류 응력이 크기 때문에 압연 초기에 과다한 열응력이 주어지면 롤 파단이 발생할 수 있으므로 압연 초기에는 롤이 서서히 가열될 수 있도록 주의가 필요하다.

코어 재질로는 일반 주철 중에서는 가장 강도 및 인성이 우수한 것으로 알려져 있는 구상 흑연 주철(Ductile Cast iron)이 주로 사용되고 있다. 코어의 미세 조직은 구상 흑연과 펄라이트로 구성된다.

2 Ni-Grain 주철롤

사상 압연 후단 작업롤로서는 주로 Ni-Grain 롤이 많이 사용되고 있는데, Ni-Grain 제조시 중요한 점은 다음과 같다.

① 내마모성을 증가시키기 위해 경도를 높여야 한다.
② 이상 압연(판 접힘)시 급속 가열, 냉각에 의해 발생되는 균열 깊이를 최소화하여야 한다.

Ni-Grain 롤에서의 마모는 압연 중에 깨진 탄화물에 의해 기지에 존재하는 흑연을 기점으로 발생하므로 흑연이 없는 재질을 사용할 경우에는 판물림이나 판접힘 등 이상 압연 발생시 급속 가열, 냉각에 의해 균열이 발생하기 쉽다. 또한 내마모성 관점에서 Ni-Grain 주철 대신 Hi-Cr 주철을 사용한다면 내마모성은 좋지만 박판재 압연시 스티킹 발생이 쉬우며, 이상 압연 발생시 균열의 깊이가 증가하는 경향이 있다.

이와 같이 사상 후단 롤에서의 흑연은 이상 압연에 의한 균열 발생시 홀(Hole)의 역할을 해서 균열 성장을 지연시켜줄 뿐만 아니라 윤활 역할도 한다. 롤에 존재하는 흑연량은 공장의 작업 조건에 따라 달라지게 되는데, 이상 압연이 많이 발생하는 공장에서는 흑연량이 다소 많은 편이 좋고, 내마모성이 중시되는 공장에서는 흑연량이 적은 편이 좋다. 그리고 어느 경우든 흑연은 미세하게 분포하는 것이 좋다. Ni-Grain 롤이 Hi-Cr 롤에 비해 내마모성이 떨어지는 점을 보완하기 위해 내마모성이 우수한 Hi-Cr 주철에 흑연을 정출시킨 흑연 정출 Hi-Cr 주철롤이 개발되어 사용되고 있다.

Ni-Grain 주철롤의 열처리는 주조시 발생되는 잔류응력 제거와 조직의 안정화를 위하여 행하며, 온도는 400~600℃ 구간에서 템퍼링 처리를 한다. 열처리 후의 미세조직은 흑연과 시멘타이트와 마르텐사이트 및 베이나이트의 복합조직으로 이루어진다.

Ni-Grain의 기계적 성질 및 물리적 성질은 경도가 높은데 비해 열팽창계수가 작고 열전도율이 높아 내사고성이 다른 롤에 비해 일반적으로 적다.

코어 재질로는 구상 흑연 주철이 주로 사용되고 있다.

3 HSS 롤(High Speed Steel Roll)

1) HSS 롤의 특성

최근의 열간 압연 추세가 스케줄-프리(Schedule-Free) 압연, 생산성 향상, 박판재 증가, 고온 압연재 증가, 고강도성 증가 및 고품질 요구 등 압연 조건이 점차 가혹해짐에 따라 고경도 및 고인성을 가진 롤이 요구되고 있다. 이러한 추세에 따라 최근 HSS(High Speed Steel) 롤이 개발되어 사용 중에 있다. HSS 롤은 경도가 아주 높은 MC 탄화물을 미세하게 분산 분포시키고, 기지를 마르텐사이트화 함으로써 인성을 떨어뜨리지 않으면서 고경도를 얻고자 하였다. HSS 롤의 열처리 방법은 Hi-Cr 롤과 유사하다.

HSS 롤의 기계적 성질 및 물리적 성질은 강도 및 경도가 다른 롤에 비해 우수하다. 그러나 압축 잔류 응력이 크기 때문에 압연 초기에 과다한 열응력이 주어지면 롤 파단이 발생할 수 있으므로 압연 초기에는 롤이 서서히 가열될 수 있도록 주의가 필요하다.

열팽창 계수를 비교해보면 Hi-Cr 롤과는 유사하고, Ni-Grain 롤보다는 크다. 이는 HSS 롤을 사상 압연 전단에 사용할 때는 초기 롤 크라운(Initial Roll Crown)을 수정하지 않아도 되지만, 사상 압연 후단에 사용할 경우에는 초기 크라운을 조정하거나 롤 냉각 패턴을 수정하지 않으면 열연 판재의 치수 및 형상에 영향을 줄 뿐만 아니라 압연 사고도 발생할 수 있다.

열전도율은 HSS롤이 다른 재질에 비해 커서 내열피로성은 우수할 것으로 여겨진다. 코어의 재질로는 HSS 롤의 제조법에 따라 다르지만 CPC법의 경우에는 단강을 사용하므로 코어의 기계적 성질 뿐만 아니라 물리적 성질도 다른 제조법에 비해 좋다.

현재까지의 HSS 롤의 사용에 관한 자료에 의하면 HSS 롤의 내마모성은 Hi-Cr 롤에 비해 3배 이상, Ni-Grain 롤에 비해 5배 이상이며, 내거침성은 Hi-Cr 롤보다는 다소 우수하고, Ni-Grain 롤에 비해서는 2~3배 우수한 것으로 알려져 있다. 그러나 압연 하중이 증가되고, 박판 등 고부하 조건에서 롤 거침은 경미한데도 제품에 스케일 흠이 발생되는 문제점이 알려져 있다.

2) HSS 롤 제조 방법

열연 공장의 사상 압연 전후단용으로 최근에 사용 중인 HSS 롤의 제조 방법은 주로 CPC법(Contineous Pouring Process for Cladding), 단조법, 원심주조법

(Centrifugal Casting) 등이 있다.

CPC 법은 <그림 2-76>에 나타낸 바와 같이 수직으로 서 있는 코어(Core)재와 수냉 주형과의 사이에 외층(Shell)재의 용탕을 주입하여 코어재와 용착과 더불어 응고시키면서 서서히 아래로 코어재를 당기면서 외층을 입히는 방법이다.

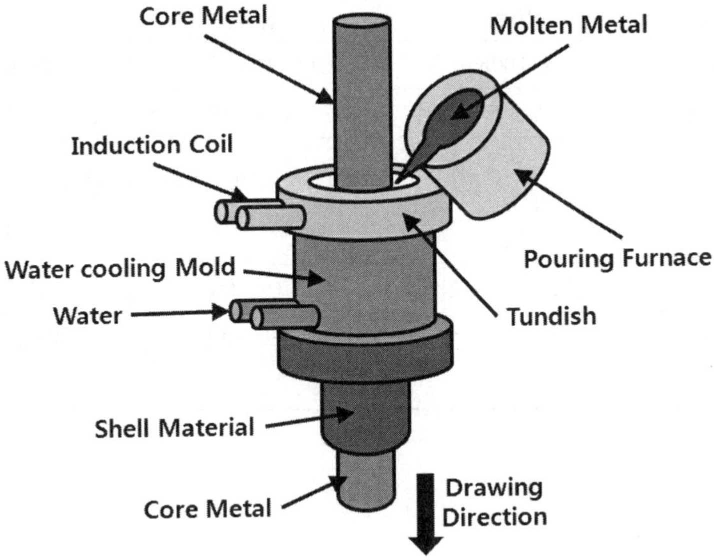

그림 2-76 | CPC 제조법

단조법은 외층재로 하나의 잉곳(Ingot)을 만든 후 이를 단조하여 제조하는 방법이고, 원심주조법은 외층재 용탕을 원심주조기에 주입하여 우선 적절한 두께의 외층을 만들고, 곧바로 내층(Core)재를 주입하여 외층과 내층의 성분이 다른 롤을 주조하는 방법이다.

각 방법으로 제조된 롤의 특성을 비교하면 <표 2-26>와 같다.

표 2-26 ‖ HSS 롤의 제조방법에 따른 특성 비교

		CPC법	단조법	원심 주조법
외층재	응고 속도	조절가능, 빠른 냉각	느림	조절어려움
	결정 립도	미세함(50~150μm)	조대함(150~300μm)	조대함(150~300μm)
	편석 정도	약함	심함	보통
	두께	max 100mm	CPC보다 작음	CPC보다 작음
	내마모성	Ni-Cr보다 5배 우수	Ni-Cr보다 5배 우수	Ni-Cr보다 3~4배 우수
	내균열성	판접힘시 균열 깊이는 세가지 방법 중 중간 정도	판접힘시 균일 깊이는 가장 작음	판접힘시 균열 깊이는 가장 깊음
코어	재질	단조 Cr-Mo강	단조 Cr-Mo강	구상 흑연 주철
	성질	고강도, 고인성	고강도, 저인성	저강도, 저인성
Cost		중	고	저

제4절 | 롤 관리 및 정비 작업

1 롤 관리

1) 롤 관리 일반

열연 롤은 압연 특성에 가장 적합한 재질을 선정하는 것도 중요하지만, 롤을 최적으로 사용하는 기술도 동시에 확보해야만 롤 원단위 향상 및 표면 품질이 우수한 제품을 얻을 수 있다. 롤 사용 기술로는 롤 냉각 기술, 유압연 기술, 롤 연삭 기술, 롤 표면 검사 기술 등을 들 수 있으며 이들을 정리하면 다음과 같다.

① 롤 냉각은 롤 표면 거침의 방지를 위해 가장 중요하며, 최근에는 박판 및 고온 압연재의 증가에 의해 롤 냉각의 필요성이 더욱 부각되고 있다. 롤 냉각 기술은 적정 냉각수량 및 수압 설정, 냉각 개시점의 롤 바이트(Bite) 부근으로의 이동 및 냉각 면적 확대 방안, 적정 헤더(Header) 및 노즐(Nozzle) 선정 및 배치 등을 들 수 있다. 특히 HSS 롤과 같이 열팽창 계수가 큰 경우에는 안정된 열 크라운(Thermal Crown)을 얻기 위해 롤 가운데 부위와 에지 부위의 적정 노즐 배치가 필요하다.

② 유압연은 롤 마모 및 표면 거침 방지를 위해 중요하다. 유압연 기술로는 내열 및 부착성이 좋은 압연유 및 유량 선정, 급유 방법 및 장치, 압연유 분사 제어 등을 들 수 있다.

③ 연삭 기술로는 최적 연삭량 설정, 연삭재 개발, 온라인 연삭 기술(ORG) 개발 등을 들 수 있는데, HSS 롤 개발과 관련하여 새로운 연삭재 개발이 필요하고, 로 표면거침을 줄이고, 스케줄 프리(Schedule Free) 압연을 위해 온라인 연삭 기술의 개발이 필요하다.

④ 롤 표면 결함 검출은 제품의 표면 품질 향상 및 롤 사고 감소를 위해 중요하다. 특히 HSS 롤과 같이 고경도 롤의 경우 미소한 균열이 잔류해도 균열 진전 속도가 빨라 스폴링 사고를 초래할 수 있으므로 사고를 방지하기 위해서 롤 표면 결함 검출이 아주 중요하다고 할 수 있다. 롤 표면 결함 검출법으로는 침투 탐상법(PT), 와류 탐상법(ECT), 초음파 탐상법(UST) 등이 있는데, HSS 롤과 같이 균열이 작고, 기지와 탄화물의 경도차가 큰 경우에는 침투 탐상법이나 와류 탐상법으로는 어렵고 표면 초음파 탐상법이 적용되고 있다.

2) 롤의 피로 특성

가) 작업롤(WR : Work Roll) 피로 특성

싸이클 스트레스(Cyclic Stress) 하에서의 누적 피로는 마이너(Miner)의 선형 누적 손상설에 따르면 다음과 같다.

$$F = \frac{n1}{N1} + \frac{n2}{N2} + \frac{n3}{N3} + \cdots + \frac{ni}{Ni} + \cdots + \frac{nk}{Nk} = \sum_{i}^{k} \frac{ni}{Ni}$$

$$F = \sum_{n=i}^{k} \frac{ni}{Ni}$$

- Ni : 정해진 응력에서 파괴가 일어나기까지의 싸이클 수
- ni : 주어진 응력에서의 실제 싸이클 수

롤 접촉면에서의 파괴에 가장 큰 영향을 미치는 응력은 표면 직하에서 생기는 전단응력 τ_{45}로서 약 0.3Pmax(접촉 압력)이다. 통상적으로 파괴는 0.7 ≤ F ≤ 2.2 범위에서 일어난다. FM 작업롤의 경우 위의 식을 이용해 직접 계산을 하면 통상 F가 0.1이하로서 피로에 의한 스폴링(Spalling) 발생 가능성은 거의 없다.

연마량이 적을 경우 단위간에도 피로가 누적되긴 하나 피로도가 가장 높은 F4, 5 스탠드의 경우 마모량 + 연마량을 0.8mm 정도로 가정하고 계산하면 피로도 F는 0.01에서 0.04의 범위이다. 롤 재질에 따라 달라질 수 있으나 큰 변화는 없다.

나) 받침롤(BUR : Back Up Roll) 피로 특성

받침롤의 스폴링은 주로 기계적인 피로, 슬립 / 판물림시의 충격에 의해 발생한 크랙의 진전, 롤 재질 불량 세가지가 주요 원인이며 작업롤과는 달리 장기간 사용하는 받침롤의 특성상 기계적인 피로의 누적에 의한 스폴링이 가장 흔하다.

피로가 주요 원인일 경우 사상 압연 후단에서 주로 스폴링이 발생하는 것으로 보고되고 있고, 실제로 표면 피로층의 두께를 측정해보면 사상 압연 후단의 피로가 심한 것을 확인할 수 있다.

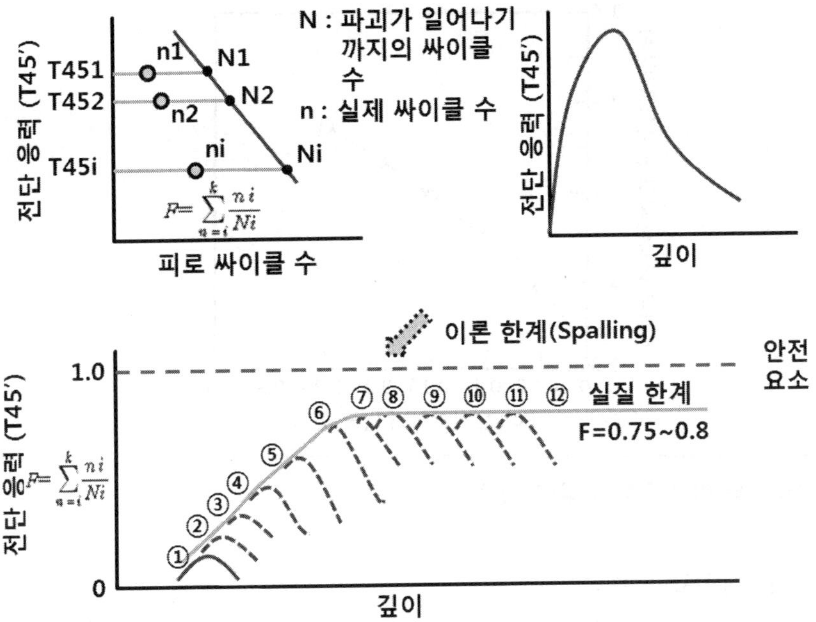

그림 2-77 ▌롤의 피로 누적

받침롤의 피로는 압연 하중으로부터 계산한 작업롤과 받침롤간의 접촉 응력과 실적 회전수를 통해 계산 및 추정이 가능하나, 추가로 고려할 사항은 작업롤 및 받침롤의 마모에 의한 응력 집중(Stress Concentration)이다.

작업롤과 달리 피로에 의한 받침롤 스폴링이 롤 단부에 주로 발생하는 이유는 이 때문이다. 따라서 계산만으로 피로에 의한 스폴링이 일어나지 않도록 교체 주기를 정하는 것은 어렵고, 피로층의 실측을 통한 적정 연마량과 교체 주기의 설정이 필요하다. 연마량이나 교체 주기가 적정하지 않을 경우 <그림 2-77>과 같이 피로가 누적되는 현상이 발생한다.

작업롤과 받침롤의 마모량 증가시 단부의 응력집중 정도가 증가하고 마모량이 300 ㎛일 경우 <그림 2-78>과 같이 단부의 응력은 30% 정도 증가한다.

압연 후 연마량이 부족할 경우 피로는 누적되고 결국 파괴에 이르게 된다. 따라서 교체 주기도 중요하지만 적정량을 연마하는 것도 중요하다. 적정 연마량을 결정할 수 있으면 교체 주기도 연장 가능하다.

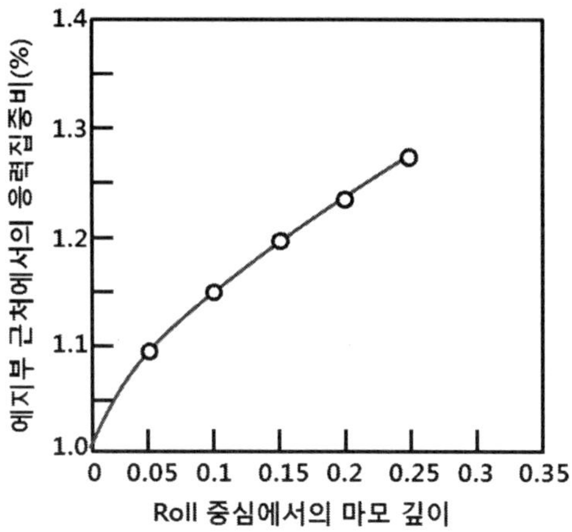

그림 2-78 ▌롤 마모 깊이와 응력 집중

3) 롤 사고 원인과 대책

열연 롤의 사고는 크게 롤 베렐(Barrel)부 사고와 넥(Neck)부 사고로 분류할 수 있는데, 주로 발생하는 롤 베렐부 사고는 베렐부 절손과 스폴링으로 구분되는데, 각각의 사고 원인은 다음과 같다.

가) 롤 베렐부 절손

롤 베렐부 절손이 발생할 때 균열의 발생 기점을 살펴보면 주로 코어 쪽에서 나타난다. 크랙이 코어쪽에서 발생할 수 있도록 코어 쪽에 인장 응력이 가해지도록 해주는 요인은 롤 제조시 발생하는 잔류 응력과 열간 압연시 가해지는 열응력이라고 할 수 있다. 이와 더불어 롤 재질의 주조 결함이나 인성 저하도 사고에 기여하게 되는데, 이들의 원인은 열응력 및 잔류 응력의 과대, 코어부 인성 부족, 주조 결함 크기 증가 등이다. 이러한 절손 사고의 대책으로는 압연 측면에서는 열응력을 감소시키는 것이고, 재질 측면에서는 우수한 재질을 만드는 것이라고 할 수 있다.

코어에 걸리는 열응력의 크기는 압연 매수, 초기 롤 온도, 냉각수 온도, 피치 비(압연시간/피치)에 따라 크게 변하게 되는데, 초기 롤 온도를 조금 높이고(특히 겨울철), 냉각수 온도를 낮추고, 10~20매까지 피치를 길게 하는 것이 대책이 될 수 있다.

롤 재질 측면에서는 잔류응력 감소, 코어재의 파괴 인성 및 강도 향상, 내부 결함 저감, 열전도도 증가, 영율(Young's Modulud) 감소 등을 들 수 있다.

나) 스폴링(Spalling)

스폴링은 표면 및 내부에 발생한 균열이 주로 받침롤과의 접촉 전동 피로에 의해 진전되어 롤 표면의 일부가 떨어져 나간 것을 말한다. 일반적으로 표면 균열의 진전은 주로 압연 방향에 반대로 진전하고, 표면의 작은 균열이 내부에서 부채 모양으로 크게 성장하게 된다.

균열은 그 발생 위치에 따라 발생 원인이 달라질 수 있는데, 균열 발생 위치가 표면인 경우에는 주로 압연 이상(예를 들면 판접힘, 이물 취입 등에 의한 국부 강압)이 원인이 될 수 있다. 재질적인 요인으로는 표면 부근에 존재하는 주조 결함이 원인이 될 수 있다. 발생 위치가 내부인 경우에는 주로 주조 결함(경계부 접합 불량, 비금속 개재물 존재)이 원인이 될 수 있다. 스폴링은 절손과는 달리 여러 번의 롤 교체 및 연마후에 발생하는 경우가 많기 때문에 최초로 균열이 발생된 위치 및 원인을 정확히 밝히는 것은 어렵다. 실제 스폴링 사고 발생시 약 50% 이상이 원인 불명인 것으로 알려져 있다. 스폴링을 방지하기 위해서는 내균열성이 높은 롤 재질 개발이 필요하고, 압연 이상이 발생시에는 빨리 사고 롤을 꺼내어 균열의 크기를 검출한 후 제거하는 것이 중요하다.

2 롤 정비 작업

롤 작업장 내에서의 작업은 압연에서 사용하고 난 롤 표면의 연삭, 선삭, 쵸크의 분해, 세척, 조립 정비, 축수 및 부속품의 점검, 교체 정비 등이 있으며 압연 작업의 기본이 되는 롤의 정비를 실시하는 곳으로 언제나 정하여진 기준에 따라서 정확하고 치밀한 작업이 필요하다. 최근 처리량도 증가하여 능률 향상, 성력화가 필요하게 되어 연삭에서는 자동연삭, 쵸크 부착식 연삭이 진행되고 또한 쵸크 착탈장치(Chock Extractor)나 베어링 세척 장치도 도입되고 있다.

1) 롤의 선삭 및 연삭

열연 공장의 롤은 그 사용 개소에 따라 사용 기간이 길고 짧음은 있지만 항상 고온에 접하게 됨으로 롤 표면 거침, 열 크랙, 밴드상 표면 거침, 마모 또는 피로 층 등은 제품 품질에 악영향을 미친다. 따라서 일정 기간 사용하면 롤 표층을 연삭 혹은 선삭을 실시하여 제거해 줄 필요가 있다.

열연 공장의 롤 작업장에서는 대형 선반 1대와 롤 가이드를 5~10대 설치하고 있는 것이 일반적이다. 최근에는 롤에 쵸크(베어링 하우징)를 부착한 채로 선삭 또는 연삭이 가능한 쵸크 부착 그라인더, 쵸크 부착 선반도 사용되고 있으며 그라인더에 미니 컴퓨터를 채용한 자동 그라인더를 설치하여 사용하고 있다.

가) 지석의 구조와 연삭 작용

지석의 구조는 <그림 2-79>와 같이 프레이즈(Fraise)의 커터(Cutter)와 같이 롤을 깎으면서 움직이는 연삭재와 그 커터의 홀더로서 무수히 작은 연삭재를 결합시키는 결합제로 되어 있고, 연삭재와 결합제 간에는 커터 간의 공간으로서 깎인 층을 배출하는 것을 가능하게도 하고, 연삭 발열을 억제하는 기공도 존재한다. 주강계 롤 연삭에는 WA(Al2O3 질), 주철계 롤 연삭에는 GC(SiC 질) 지석이 통상 사용된다.

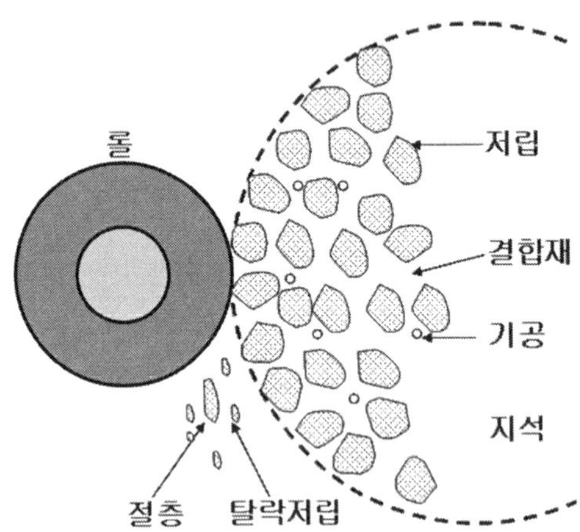

그림 2-79 | 지석의 구성과 연삭기구

나) 선삭 및 연삭량

조압연기의 작업롤은 조압연 단계에서 롤 표면이 제품 품질에 미치는 영향이 작기 때문에 롤 표면 거칠기보다는 크랙 진행에 의한 롤의 일부분이 떨어져나가는 것이 문제이며, 이것을 방지할 목적으로 압연량 및 선삭, 연삭량을 결정한다.

작업롤 교체에서부터 다음 교체까지의 압연 톤수는 조압연 전단 작업롤(2Hi)에서 60,000~150,000Ton/회, 조압연 후단 작업롤(4Hi)에서는 7,000~50,000Ton/회 이다. 선삭 및 연삭량은 조압연 전단 롤에서2.0~5.0mm/1회, 조압연 후단 롤에서 0.5~

2.0mm/회 정도이고 초기 크라운은 통상 부여하지 않는다.

사상 압연기의 작업롤의 마모, 표면 품질에 미치는 영향이 크고 압연 톤수는 1,000~2,5000Ton/회, 연삭량은 0.2~0.6mm/회이다. 초기 크라운은 제품 형상에 영향을 미치므로 초기 크라운을 부여하는 것이 보통이고, 열연 제품의 용도에 따라 凹형상으로부터 凸형상까지 다양하다.

받침롤은 직접 재료에 접촉하지 않기 때문에 제품에 미치는 영향은 마모에 의한 판 형상뿐이므로 작업롤에 비하여 사용 기간이 상당히 길다. 따라서 사용중에 전동 피로에 의한 롤 손상이 발생할 수 있다. 받침롤의 연삭시에는 이상과 같은 점을 충분히 고려할 필요가 있으므로 사용 후의 롤은 교체마다 (사상 압연기 : 100,000Ton/회, 조압연기 : 1,000,000Ton/회) 혹은 수회의 교체마다(롤 손상이 발생하지 않은 범위) 피로층 제거를 위해 선반으로 수 mm씩 선삭하는 것이 좋다. 선삭된 롤은 그라인더로 연삭하는데 사상 압연기의 받침롤의 경우는 마모 대책으로서 50~100μm 정도의 초기 크라운을 부여하는 경우도 있다.

2) 롤 축수의 관리

롤의 목(neck)부에는 축수를 키워 넣어 롤이 작동한다. 작업롤용 축수는 회전 축수이고 받침롤 축수에는 유막 축수가 사용된다. 롤 목용 축수는 롤 냉각수, 스케일, 고하중, 고열 등의 가혹한 조건에서 작동하므로 보수도 중요하다.

3) 롤 교체 장치

작업롤의 교체에는 종래 포터바(Porter Bar) 또는 C－훅(C－Hock)을 이용하여 천장 크레인으로 실시했지만 최근에는 대부분 롤 교체 장치(Roll Buggy)를 설치하여 사상 압연기 6~7 스탠드의 교체 소요 시간도 종래의 14~30분에서 5~10분으로 단축되고 있다.

Chapter 08

최신열간압연공학

압연의 윤활

제1절 | 윤활유의 기능

1 윤활유의 정의

윤활이란 마찰면 사이에 적당한 윤활제를 적당한 방법으로 공급하여, 적당한 마찰면 구조와 더불어 마찰 저항이 큰 고체 마말을 마찰 저항이 적은 고체 마찰로 치환하든가 또는 액체 마찰이나 액체 마찰과 고체 마찰의 중간쯤 되는 상태, 즉 경계 마찰 상태로 치환하여 마찰을 감소시키는 작업을 말한다.

즉, 아무리 매끈하게 다듬질된 표면도 미세한 요철이 있고 마찰이 있으므로 두 물체 사이의 마찰을 작게하기 위해 마찰면 사이에 윤활유를 개입시켜야만 한다.

윤활유에는 점착성(Adhesion)과 응집성(Cohesion)의 2가지 성질이 있기 때문에 마멸을 감소시키는 작용을 한다.

기계 부분에서 윤활의 대상이 되는 것은 대체로 다음과 같다.

- 베어링 부분
- 기어 부분
- 피스톤, 실린더 부분
- 마찰 전동 부분

2 윤활의 목적

움직이는 두 물체 사이에 윤활을 하는 목적으로는 다음과 같다.

① 접촉하는 두 물체 사이의 마찰을 경감하여 기계의 효율을 향상시킨다.

② 접촉하는 두 물체 사이의 마멸을 경감하여 기계의 수명을 길게 한다.
③ 과열하는 부분을 냉각시켜 눌어 붙음을 방지함과 동시에 기계를 h형화시킨다.
④ 외부에서 침입 또는 마멸 등에 의하여 생기는 이물질은 다량으로 윤활유를 공급하여 배제시키고, 또 윤활유를 순환시켜서 여과한다.
⑤ 하중이 큰 롤링(Rolling) 베어링에는 내외 순환과 전동체(Rolling Element) 사이의 응력 집중을 점도가 높은 윤활유를 사용하여 분산 완화시킨다.
⑥ 기계 부분에 녹이 발생하는 것을 방지하고 각 부분의 기능이 떨어지는 것을 방지한다.

3 윤활유의 분류

윤활제는 원료에 따라 분류할 수 있다. <표 2-27>은 윤활제 원료에 따른 원료유를 나타낸 것이다.

표 2-27 | 윤활유의 종류별 원료유

종 별	원 료 유
광 물 유	석유 원유, 혈암유계 윤활유
식 물 유	올리브유, 채종유, 아마인유, 동백기름, 피마자유, 콩기름
동 물 유	어유, 돈유, 우지유
고체 윤활제	이황화 몰리브덴, 흑연, 활석, 운모
반고체 윤활제	그리스유

이상과 같은 윤활제 중에서 석유계가 전체 윤활유 중에서 가장 많이 사용하고 있는데 이것의 장점으로는 다른 윤활유에 비하여 비교적 저렴하며, 종류가 아주 많아서(점도가 작은 것, 큰 것 등) 그 용도에 따라 적당하게 선별할 수 있으며, 화학적 안정성이 동식물성 윤활유보다 크다는 것이다.

한편 반고체성 그리스유는 윤활을 하는데 힘이 들지 않으며, 윤활제에 의해서 오손되지 않고, 가까이 하기 어려운 곳의 윤활에 적합하다는 장점이 있다.

4 윤활유의 작용

윤활유의 작용으로는 감마, 냉각, 밀봉, 방수, 청정, 응력분산, 방청, 방진 등의 작용을 한다.

1) 감마 작용

윤활유의 작용 중 가장 중요한 요소로서 윤활유의 감마 효율은 <표 2-28>과 같다.

표 2-28 ‖ 윤활유의 마찰계수

마 찰 상 태	마 찰 계 수 (μ)
고 체 마 찰	0.25 ~ 0.40
경 체 마 찰	0.08 ~ 0.14
액 체 마 찰	0.01 ~ 0.05

2) 냉각 작용

윤활유는 압연시 받는 열을 식혀주는 냉각 작용을 한다.

3) 밀봉 작용

실린더 라이너와 링 사이에 유막을 형성하여 감마 작용을 하는 동시에 밀봉 작용을 한다.

4) 방수 작용

금속이 녹슬게 되는 것은 물과 산소 때문이고, 염분이 가해지면 녹은 더욱 심해진다. 윤활유는 금속 표면에 유막을 만들고, 공기와 접촉을 방지함과 동시에 수분의 침입을 허용하지 않으므로 압연기 부품이 녹스는 것을 방지한다.

5) 방청 작용

사용 열화유 중에 함유하고 있는 슬러지, 미세한 금속 가루, 탄소 가루 등을 용해 또는 분해하여 기름속에 분산시켜서 마찰면을 청정하게 유지하는 작용을 한다. 나프탈계유는 파라핀계유보다 청정 작용이 크다.

6) 응력 분산 작용

기어, 볼 베어링, 롤러 베어링 등과 같이 점 또는 선접촉과 같은 집중 접촉을 행하는 마찰면은 그 접촉면에 큰 압력이 걸리고, 금속 내부에 있어서는 이것에 대응할 만한 큰 응력이 생긴다. 운전 중 이것을 거듭 반복하면 금속이 피로 현상을 일으켜서 마멸 파괴의 원인이 된다. 윤활유는 압력의 전도 면적을 확대하고, 단위 면적당의 발생 응력을 경감한다. 즉, 응력을 분산시킨다.

7) 방청 및 방진 작용

윤활유는 금속 소재의 부식을 억제하는 방청 작용을 하고, 미세 먼지 등의 부착 등을 억제하는 방진 작용도 한다.

5 마찰의 종류

마찰의 종류는 <그림 2-80>과 같이 정지 마찰과 운동 마찰로 나눌 수 있으며, 운동 마찰은 다시 미끄럼 마찰과 구름 마찰로 나눌 수 있다.

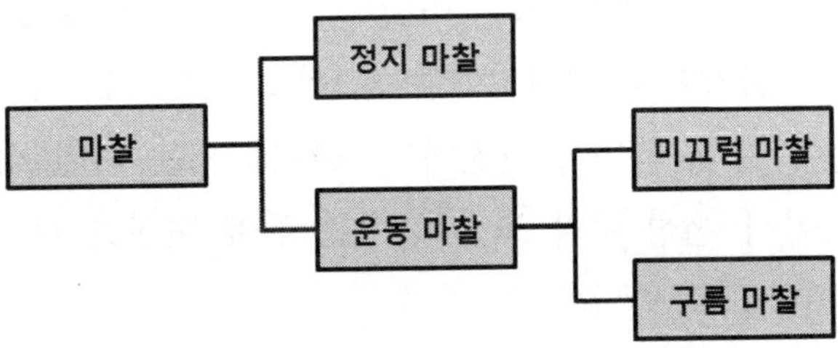

그림 2-80 | 마찰의 종류

6 활동면의 마찰 상태

1) 고체 마찰 또는 건조 마찰(Dry Friction)

2개의 고체가 접촉해서 이동할 때 양자간에 윤활제와 같은 물질을 개입시키지 않고 직접 고체면을 접촉하도록 하는 마찰 현상으로, 접촉은 접촉각으로 시작해서 탄성적 또는 소성적 변형을 일으켜 매우 큰 압력 강도로서 미끄러져 마찰하므로, 마찰 저항이 가장 크고 열을 발생하며 마멸을 일으키므로 베어링에 있어서는 절대로 금지해야 될 마찰 상태이다.

2) 완전 윤활 마찰(Perfect Lubricated Friction)

2개의 고체면 사이에 유동성 윤활제 및 고체 마찰제가 개재하여 2개의 고체면이 서로 접촉하지 않고, 운전 중 양쪽 미끄럼면 사이에 유막이 완전히 형성되어 양면이 완전히 분리됨으로써 양호한 윤활이 되어 있는 마찰 상태를 말하며, 유체 마찰이라고도 한다. 이때는 마찰 저항이 가장 작고, 발열과 마멸도 극히 작으므로 양호한 마찰 상태라고 할 수 있다.

3) 불완전 윤활 마찰(Imperfect Lubricated Friction)

고체 마찰과 유체 마찰의 중간쯤 되는 마찰 상태로서, 완전 윤활 마찰 상태의 베어링과 고체면 사이에 윤활제가 개재하고 있어도 어느 곳에서는 양 미끄럼면의 유막이 깨져서 직접 접촉하여 윤활 작용이 완전하지 못하게 되는 마찰 상태를 불완전 윤활 마찰이라고 한다. 따라서 혼성 마찰 또는 특수한 경계 현상을 나타내므로 경계 마찰(Boundry Friction)이라고도 한다.

<그림 2-81>은 각각의 윤활의 형태를 나타낸 것이다.

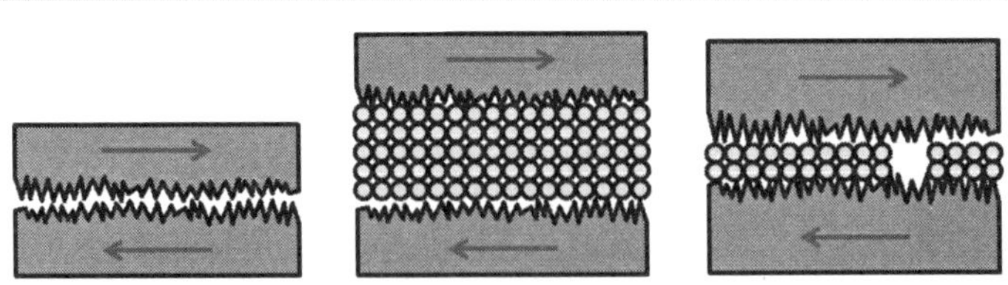

(a) 고체 마찰 (b) 완전 윤활 (c) 불완전 윤활

그림 2-81 | 윤활의 형태

7 윤활유의 특성

1) 비중(Specific Gravity)

한 액체의 비중이란 물의 밀도에 대한 이 액체의 밀도의 비를 말한다. 윤활유의 비중은 윤활 성능과 직접적인 관계는 없으나 원유의 품질을 평가하는 경우에 중요하다. 즉, 파라핀계유, 나프타계유, 방향족계유의 순서로 비중이 작으므로 같은 비등점 범위의 윤활유에 대해서는 비중의 대소를 비교함으로써 파라핀계, 나프타계, 방향족계 중의 어느 것이 풍부한 윤활유인가를 판별할 수 있다. 또 비중은 열용량에 거의 비례하므로 냉각 작용을 주목적으로 하는 순환유의 경우에 비중이 고려되어야 한다.

석유류 액체의 무게는 보통 API(American Petroleum Institute) 비중 단위로 측정하는데 액체의 무게가 증가함에 따라 이 액체의 API 비중은 적어진다.

2) 점도(Viscosity)

점성이란 액체의 흐름에 저항하는 경향을 말한다. 점도는 단위 면적의 평면을 이것과 단위 길이만큼 떨어진 제2의 평면에 단위 속도로써 운동시키는데 필요한 힘을 말한다. 액체의 점도는 온도가 상승함에 따라 감소하게 되고, 기체를 가열해 주면 그 점도는 커지게 된다.

액체의 점도는 점도계를 사용하여 측정할 수 있다. 점도계로는 쎄이볼트 점도계(Saybolt Viscosity), 운동 점도계(Kinematic Viscometer)를 사용하여 측정을 한다.

8 윤활의 조건

1) 크기

베어링의 예를 들면, 크기만을 기초로 하면 비교적 점도가 높은 기름이 필요하며, 소형 베어링에서는 점도가 낮은 기름을 사용할 수 있다. 기어의 경우도 베어링과 같이 사용한다.

2) 압력

압력이 강하면 기름은 마찰면으로부터 밀려나오기 쉽다. 따라서 간극에서 오래 머물러 있을 수 있게하려면 점도가 높은 기름이 필요하며, 극히 강한 압력과 다른 곤란한 조건이 겹쳐져서 유막이 파괴될 가능성이 높은 경우에는 유막 강도가 높은 기름이 요구된다.

3) 속도

고속 경하중 베어링에서는 비교적 저점도의 기름으로 마찰면이 분리가 가능하고 저속도에서는 고점도유를 필요로 한다.

속도가 높은 기어에서는 접착력이 강한 윤활유가 필요하게 될 것이고, 고속도 피스톤에서는 탄력이 강한 윤활유가 바람직하다.

4) 온도

온도가 높을수록 고점도유의 산화 방지제도 고려해야 한다.

5) 급유 방법

급유기의 설치에 관련해서 윤활유를 선택함이 바람직하다.

6) 협잡물의 유무

협착물의 유무에 따라 요구되는 윤활유를 선택함이 바람직하다.

7) 유막 유지의 난이

유막유지의 난이를 위해서 기름의 점도, 친화력 등을 고려할 필요가 있다. 각각의 상황에 따라 윤활제를 선정하는 방법을 <표 2-29>에 나타내었다.

표 2-29 | 윤활제 선정 방법

	조건	선정의 요점
운동 조건	마찰면의 크기	클수록 고점도유 사용
	회전수	클수록 저점도유 사용
	하중	클수록 고점도유 사용 극압 첨가제도 고려
	온도	높을수록 고점도유 사용 산화 방지제도 고려
주위 조건	고온	산화 안정성을 고려
	물이 들어간다. 유화되기 쉽다.	향유화성을 고려
	이물질이 들어가기 쉽다.	정유 대책으로 교환
급유 방법	전손식	점도유성을 중점으로 고려 산화 안정성, 기타 고급물질을 쓰지 않음
	반복식	점도외에 산화 안정성을 먼저 고려 방청성, 소모성을 고려

9 윤활유의 유성 특성

1) 유성의 정의

점도의 견지에서 설명할 수 없는 감마작용을 유성이라 하며, 유분자의 금속면에 대한 흡착력, 친화성의 강약이 유성의 일부를 좌우한다. 유성은 윤활 상태가 경계 윤활(유막두께 10^{-4}~10^{-6}mm정도)에 있을 경우의 경계 마찰 계수(정지 마찰 계수)를 사용하여 다음 식으로 표현할 수 있다.

$$유성 = 100 - (경계\ 마찰\ 계수 \times 100)$$

2) 유막 구성력과 분자 구조

금속이 직접 서로 접촉하는 것을 방지하고, 기계의 손상, 마찰저항의 감소를 도모하기 위해서는 윤활유의 얇은 막을 마찰면에 강하게 흡착하도록 해야 하며, 이 얇은 막을 구성하는 성능을 유성 또는 유막 구성력(Oiliness)이라고 한다.

유막 구성력은 분자 구조와 밀접한 관계를 가지고 있으며, 액체 성분인 분자내의 활성 원자단이 금속의 분자와 화합하여 압력에 의하여 파괴시키기 어려운 반고체 유상의 강한 얇은 막을 생기게 한다. 활성 원자단으로는 수산기(OH), 카르보시기(COOH), 그밖에 NO_2, CN, COOM, COOR, NH_2, NCS, COR, CHO 등이 있다.

실제로 이 원자단들을 가지고 있는 화합물은 유성이 아주 크며, 유극성 화합물이라 한다. 예를 들면 카르보시기를 가지고 있는 분자식이 $C_{17}H_23COOH$인 올레산은 할성 원자단을 가지고 있지 않은 탄화수소로된 광물유에 비하여 유성이 매우 크다.

3) 유성과 습윤열

활성 원자단을 가지고 있는 유분자가 금속면에 흡착되어 있을 경우에는 항상 열을 발생하는데, 이 열을 습윤열이라 한다. 습윤열은 유분자와 금속면과의 분자력이 서로 중화를 일으키기 때문에 발생하며, 습윤된 금속의 전면적에 비례하고 일반적으로 액체 분자가 금속에 흡착될 때의 흡착력에 거의 정비례 한다. 따라서 이 습윤열의 대소를 측정함으로서 유성의 대소를 알 수 있다.

제2절 | 윤활유의 일반적 성질

1 색상

윤활유는 그 원료, 제조 방법, 정제 공정 등의 차이에 의하여 거의 색깔이 없는 것부터 담황색, 황색, 갈색, 적갈색, 흑갈색, 적자색, 녹색 등으로 색깔의 변화가 심하다. 색깔은 윤활유 자신이 착색한 것과 불순물이 혼입된 것이 있으나 윤활 작용에는 직접 관계가 없다.

2 유화성(Emulsibility)

윤활유 중에 여러 가지 원인으로 혼입된 수분은 일반적으로 해로운 작용을 하며, 유중 수형의 유화 현상을 일으키면 아주 분리하기 어렵게 된다.

특수한 증기 기관 실린더유, 농약성 유제, 수용성 절삭유 등에는 필요한 성질이지만, 증기 터빈, 기타 엔진유에서는 윤활유의 유화는 극히 원하지 않는 성질이다. 유화의 원인은 고급 지방산, 슬폰산, 나트텐산과 같은 유기물의 염류인데, 특히 이것들의 알칼리염은 유화작용이 크다.

이와 같이 유화에 대한 저항성을 항유화성(Demulsibility)이라 한다. 또한 일반적으로 기름이 고점도일수록 기름중에 아스팔트나 슬러지가 많을수록, 그리고 열화유일수록 유화하기 쉬운 경향이 있다. 윤활유가 유화하는 경향은 다음 경우가 고려된다.

① 기름의 산화가 상당히 진행하고 있을 경우
② 기름이 열화하여 슬러지를 증가시켜서 고점도유로 되었을 경우
③ 운전조건이 가혹하여 탄화 수소의 변질이 많은 경우
④ 수분과의 접촉이 많을 경우

3 유동점 및 응고점

유동성을 완전히 잃게 되는 온도를 응고점(Soild Point), 냉각의 경우 유동할 수 있는 최저의 온도를 유동점(Power Point)이라 한다. 또는 시험관을 서서히 냉각하여 시

험유의 일부가 결정 석출되기 시작하는 온도를 구름점(Cloudy Point), 결정이 성정하여 조용히 경사시키더라도 시험유가 10초 동안 유동할 수 없게 되는 온도를 응고점이하고도 하며, 이 응고점보다 2.5℃ 높은 온도를 유동점이라 정하기도 한다.

4 점화점 및 자연 발화 온도

인화점보다 약 5℃ 높은 온도를 점화점이라 하고, 외부에서 화염을 접근시키지 않더라도 기름 증기가 자연히 발화 연소하는 온도를 자연 발화 온도라 한다.

동일 탄소를수를 함유하고 있는 물질은 다음과 같은 순서로 자연 발화 온도가 낮아진다.

방향족 → 알칼리화방향족 → 나프텐 → 알킬화나프텐 → 정파라핀 → 이소파라핀 → 올레핀

5 산화성

윤활유의 온도가 높아지면 산소와 반응하는 성질을 산화성이라고 하며 산화 안정도를 감소시키는 요인으로는 점도 지수가 작은 기름의 사용, 고온 운전, 혼합유 사용, 금속분 혼입, 슬러지 함유, 수분 혼입, 황분 과량 함유 등이 있다.

산화 방지제로는 페놀계, 디벤질설파이드와 같은 각종 아민계, $Sn(C_6H_6)_4$, $Pb(C_2H_5)_4$와 같은 유기 금속 화합물을 사용한다.

일반적으로 파라핀계 성분이 풍부할수록 산화 안정성이 우수하다.

6 열안정도

기름을 고온에 가열하면 열분해를 일으켜서 산화, 증발, 중합 등의 작용을 하고 고분자량 물질인 슬러지를 발생시킨다.

열안정도는 기름을 질정 온도에서 일정 시간 가열한 후에 슬러지, 즉 석출물의 유무와 산화 또는 점도의 증가율을 조사하여 기름의 사용 중 열화 경향을 측정하는 시험이다.

안정도 불량의 원인은 기름 중에 존재하는 불포화성분, 아스팔트질 등에 의한 것이라고 할 수 있다. 안정도가 나쁜 기름을 사용하면 기름이 빨리 열화하고 슬러지가 생기므로 기계를 오손하고 윤활 및 냉각 효과가 저해되므로 기계 고장의 원인이 된다.

열안정도는 일반적으로 나프텐계유가 우수하고 파라핀계유는 약간 떨어진다. 윤활유를 고온으로 가열하면 다음과 같은 영향이 발생할 수 있다.

① 유막의 절단에 의한 눌어붙음, 마모, 마찰력의 증가
② 피스톤링의 융착
③ 각 밸브의 고착
④ 마찰면의 부식 증가

7 중화가

전산가 및 전알칼리가를 총칭한 것을 중화가라 한다. 중화가는 기름 1g 중에 포함되어 있는 모든 산, 알칼리를 중화하는데 소요되는 수산화칼륨(KOH)의 mg수로써 표시한다.

예를 들면 전산가가 1.5KOHmg/g이라 함은, 시료유 1g 중에 포함하고 있는 강산분 및 약산분을 중화하는데 KOH 1.5mg을 필요로 한다는 것을 의미한다.

일반형 신유의 중화가는 약산가 또는 약알칼리가가 모두 거의 0에 가까운 수치로 되지만, 첨가유로 되면 제품에 따라 달라진다. 열화함에 따라 알칼 리가 감소하여 산가가 증가하는 경향이 있다. 한편, 일반형의 경우는 전산가가 2.0~2.5 KOHmg/g 정도로 그 사용 한도로 잡고 있는 것이다.

저산가의 대소는 기름의 열화 과정, 부식, 첨가제 함유량 등을 표시하는 기준으로 되나, 부식은 주로 강산가에 의하여 발생하므로 산가에 의한 윤활유의 관리에는 그 양과 더불어 질의 문제가 중요하다.

또 알칼리가의 대소는 첨가제의 수명과 관계가 있고, 열화함에 따라 알칼리가는 저하하며, 열활에 의하여 윤활유의 전산화가 증대하면 유화, 탄화를 일으켜서 변질이 촉진된다.

8 청정성

윤활유 중에 포함되어 있는 슬러지, 카본분 등을 미립자로 파괴 분산하는 성질을 청정성이라 한다. 특히 디젤 엔진의 실린더용 윤활유 및 트렁크형 디젤 엔진의 시스템유에 필요한 성질이고, 청정성이 나쁜 기름을 사용하면 다음과 같은 장애가 있다.

① 링의 융착에 의한 흡발(Blow Down), 절손

② 유로의 폐쇄

③ 마찰면의 유막 절단에 의한 마모

④ 마찰면의 부식

9 발포성

저점도 열화유 또는 특수한 성분을 함유한 윤활유는 사용 중 발포 현상을 일으켜서 사고의 원인이 된다.

윤활유 발포의 원인은 다음과 같은 것들이 있다.

기름 속에서 발포하면 산화를 촉진시킬 뿐만 아니라 윤활유 펌프의 송유 능력을 감소시키고 윤활 능력, 냉각 능력을 저하시키며, 정상 운전을 할 수 없게 한다. 따라서 발포할 염려가 있는 기름은 미리 발포제를 첨가한다.

사용유의 발포에 대해서는 다음과 같은 대책을 강구하여야 한다.

① 운환유온을 약 5℃정도 높여준다.

② 기름속의 슬러지, 녹, 마모분 등을 분리 제거한다.

③ 소포제를 첨가해 준다.

10 검화가(Saponnification)

윤활유 중에 함유하고 있는 유지분, 기타 검화 가능물의 함유량을 표시한 것이다. 검화가는 기름속의 지방 성분의 함유 정도를 표시하는 것이므로, 혼성유인 머린 엔진유 등에 규격화되어 있다. 또 광유인 터빈유 등의 열화를 판정하는 데도 사용된다. 즉, 사용유의 열화에 의하여 전산가가 증가함과 동시에 탄화 수소 분자의 산화, 중축합에 의하여 지방 유성분이 생기고 검화가가 차차로 증가하기 때문이다.

11 아닐린점(Aniline Point)

고급 광유 윤활유는 대체로 파라핀계, 나프텐계, 방향족 탄화 수소로 되어 있는데 방향족 탄화 수소는 아닐린과 상온에서 고르게 녹는데 비해 파라핀계 및 나프텐계의 탄화 수소는 2 층으로 분리하여 혼합되지 않으나, 이것을 가열하면 파라핀계 탄화 수소는 약 70℃에서, 또 나프텐계 탄화 수소는 30~50℃에서 투명하게 용해된다. 그리고 파라핀계, 나프텐계 탄화수소에 방향족 탄화 수소가 함유되어 있으면 그 양에 따라 투명하게 용해하는 온도가 저하하므로 아닐린에 의하여 방향족 탄화 수소의 함유율을 알 수 있다.

광유 5cc에 2~12cc의 아닐린을 첨가하고 가열해서 완전하게 용해시킨 후 서서히 냉각시켜 액이 분리될 때의 온도 중에서 최고 온도를 아닐린점이라 한다.

제3절 | 압연용 윤활유의 종류

윤활유에는 액체 윤활유, 그리이스, 고체 윤활유 등이 있고, 또 광물성 윤활유, 동식물성 윤활유, 합성 윤활유 등이 있다.

윤활유를 원료에 의하여 분류하면 다음과 같다.

1 지방계 윤활유

지방유는 지방산의 글리세린, 에스테르로 구성되어 있고, 건성 또는 반건성유이기 때문에 상온에서도 공기 중에 장시간 방치하면 산화 변질하여 열화하기 쉬우므로 순환계 윤활유로는 부적당하다.

지방계 윤활유의 장점으로는 석유계 윤활유에 비하여 온도 변화에 의한 변화가 적으며, 점도 지수가 높은 기름이고, 유성이 우수하므로 비교적 고부하, 중마모면의 윤활에 적당하다. 하지만 공기에 접촉하면 산화하여 고무 모양의 슬러지 물질이 발생하기 쉬운데 이것은 지방산과 올레산($C_{17}H_{33}COOH$), 에틸산($C_{21}H_{41}COOH$) 등의 불포화 글리세린, 에스테르 상분으로 되어 있기 때문이다. 또한 지방산은 일반적으로 고가이고 대량 생산이 곤란하여 석유계 윤활유보다 5배 이상 값이 비싸다.

2 석유계 윤활유

파라핀계 탄화수소를 주성분으로 하는 것을 파라핀기유(Parafin Base), 나프텐계 탄화 수소를 주성분으로 하는 것을 나프텐기유(Naphthene Base), 이 양자의 중간 조생의 것을 중간기유(Intermediate Base)라 하여 나누고 있다.

파라핀계 윤활유는 비중, 점도 지수, 산화 안정성, 유성 등의 성질이 우수하므로 주로 순환 윤활유로서 사용되고, 나프텐계 윤활유는 유동성, 열안정성, 탄화성, 청정성 등의 성질이 우수하므로 실린더용 윤활유 등에 잘 사용되고 있다.

표 2-30 | 석유계 윤활유의 특성

기유	비중		점도지수
	15/4℃	보오메도	
파라핀기유	0.869～0.915	23～32	90～100
중간기유	0.887～0.934	20～28	65～85
나프텐기유	0.904～0.972	14～25	0～55

3 압연기용 윤활제의 종류

① 치차 관계에 사용되는 기어유
② 축수 관계에 사용되는 축수유
③ 작동 모제로서 사용되는 작동유
④ 압연재로서 사용되는 압연유
⑤ 제품 방청에 사용되는 방청유

4 열간 압연유 사용법

1) 열간 압연유 분사법

열간 압연유는 롤의 마모 방지를 위하여 받침롤이나 작업롤에 뿌려준다. 급유하는 방법에 따라 수분사(Water Injection)법, 예비 혼합(Pre－Mix)법, 증기 유화(Steam Atomize)법 등이 사용된다.

수분사법은 혼합 노즐에서 압연기와 냉각수를 혼합시켜 받침롤로 분사한다. 받침롤 표면에 부착한 압연유는 작업롤과의 접촉부에서 균일한 유막이 되어 작업롤로 전달된다. 냉각수는 와이퍼로 제거를 한다. 이 방법은 큰 결점은 없으며 사용이 용이하여 현재 가장 많이 사용하고 있는 방법이다. 하지만 받침롤로 분사하기 때문에 부착 효율은 그다지 좋지 않으며, 유막의 통제가 약간 곤란하다는 단점이 있다.

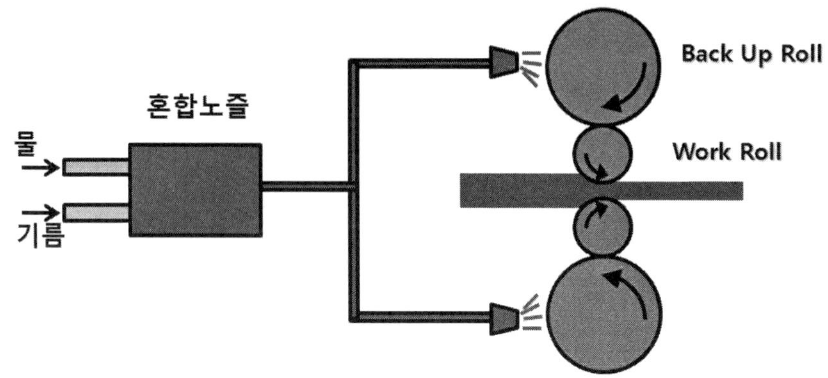

그림 2-82 | **수분사법**

예비 혼합법은 미리 혼합조 내에서 물과 압연유를 혼합하여 압연유를 수중에 분산시켜 준다. 압연유 분산수를 직접 작업롤에 분산한다. 이 방법은 작업롤에 직접 분사하기 때문에 부착 효율이 좋다. 냉각수는 와이퍼로 제거한다.

또한 배관내에서 압연유와 분리하기가 쉽다. 하지만 설비비가 고가인 것이 단점이다.

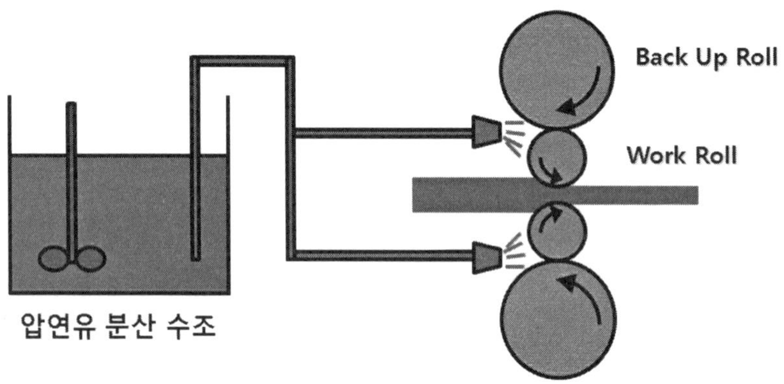

그림 2-83 | **예비 혼합법**

증기 유화법은 압연유의 5~10% 유상을 증기로 유화하여 작업롤에 직접 분사하는 방법이다. 분사는 받침롤과 작업롤의 접촉점이며 회전하여 나오는 축에서 생기는 건조 상태의 작업롤에 분사한다. 작업롤에 직접 분사하기 때문에 부착 효율이 좋다. 하지만 설비비가 복잡하고 설비비가 높아지며, 증기가 고가이며 취급이 어렵다.

2) 사용상의 문제점

유압연을 실시하는데 몇 가지의 기술적인 문제가 발생할 수 있다. 첫 번째는 슬립이 일어나는 현상으로, 이것은 정확한 유막의 통제로서 해결을 할 수 있다. 즉 강편을 치입 직후에 압연유를 공급하고 압연 종료 직후에 급유를 중지하여 롤에 잔류하는 유막을 모두 소비하여 버리는 방법인 것이다.

두 번째는 압연유의 부착 효율이다. 열간 압연에서는 다량의 고압 냉각수가 사용되기 때문에 롤 표면에 압연유가 부착하기 힘들어 매우 부착 효율이 나쁘다. 이 문제를 해결하기 위해서는 급유법, 수절판, 분사 위치 등의 개선이 시도되고 있다.

세 번째는 환경의 문제이다. 열간 압연유는 사용하고 버리기 때문에 순환수의 오염이 염려된다. 물론 기어유, 작동유, 그리이스 등의 다른 종류의 기름에 의한 오염은 더 심해진다.

3) 압연유의 조건 및 성능

열간 압연유가 효과를 나타내기 위한 조건으로는 다음 <표 2-31>과 같은 것들이 있다.

표 2-31 ▎압연유의 조건

압연유	•부착성이 좋을 것 •윤할성이 좋을 것
급유 조건	•압연유의 부착 효율이 좋을 것
압연 조건	•강편의 온도가 낮을 것 •작업롤이 평활할 것 •강편 표면에 불순물이나 스케일이 적을 것 •압하율이 클 것 •롤 직경이 크고 판의 두께가 적을 것

압연 조건으로서는 강편 온도, 롤의 표면 상태, 스케일 층의 두께, 압하율, 롤경, 판 두께 등의 영향이 크다.

열간 압연유에 요구되는 성능으로는 급유의 안정성, 부착성, 윤활성, 수분리성 등이 있다.

열간 압연유의 점도는 100°F에서 50~150cst, 유동점은 0℃ 이하가 바람직하다.

마찰 계수비는 다음과 같다.

$$\text{마찰계수비} = \frac{\text{압연유를 써서 압연한 경우의 마찰계수}}{\text{물을 써서 압연한 경우의 마찰계수}}$$

광유가 롤의 마모 방지에 대하여 전혀 효과가 없으며, 지방유의 농도와 더불어 열간 압연 성능이 향상된다.

<그림 2-84>는 열간 압연의 성능에 미치는 지방유 농도의 영향을 나타낸 것이며, <표 2-32>는 각종 기계유의 열간 압연 성능을 나타낸 것이다.

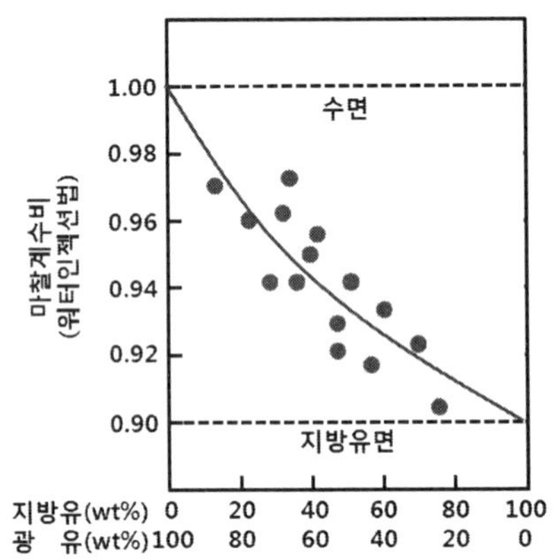

그림 2-84 | 지방유의 온도 영향

표 2-32 | 각종 기계유의 윤활 성능

시료유	마찰계수
파라핀계광유 (223cst) (524cst)	0.34 0.28
나프텐계광유 (11cst) (27cst)	0.30 0.31
면실유 리놀산중합계유 펜타에리스리톨디스테아레이트	0.23 0.17 0.17

제4절 | 윤활유의 첨가제

종류	성분	작용	비율%
유동점 강하제	석유랍과 나프탈렌의 축합물, 석유랍과 페놀 또는 그 에스테르계 축합물	저온시에 석출하는 석랍분의 성장을 방해하고, 그 성장 결정을 파괴하여 유동성을 가지게 한다.	0.1~1
점도 지수 향상제	폴리이소프렌, 폴리에다아크리레에이드, 알킨스티렌 중합물	고분자량 첨가제와 콜로이드상에 용해하고, 기름이 고온일 때에 있어서도 그 용해도가 그다지 변화가 없고, 특히 고온일 때에 있어서 점도 저하가 작게 된다.	0.1~6
산화 방지제	유기황화합물, 유기인화합물, 페놀류, 아미노페놀유	첨가제 자체가 산화하기 쉬운 물질이고, 기름이 분해하여 생긴 유리기와 결합하여 이것을 불활성화 시킨다.	0.1~1
부식 방지제	황인 화합물, 황화올레핀인, 유기아민유	마찰 금속 표면에 화학적으로 안정한 불활성 박막을 형성하고, 산화유, 수분, 공기 등 부식성 물질과 금속면과의 접촉을 방지한다.	0.1~1
청정 분산제	알칼리토 금속류의 석유슬폰산염, 알킬페놀의 금속염	소수성 계면활성제이고, 슬러지, 탄소 잔류, 황산칼슘, 황산바륨 등의 고형 물질을 기름속에 용해 분산 시킨다.	1~2
유성 향상제	지방산, 에스테르, 금속석검, 염화스테아린	마찰 금속면에 흡착막을 만들고, 특히 경계 윤활시에 마찰을 저하시키고, 윤활성을 향상시킨다.	0.2~2
극압 첨가제	연석검, 황화합물, 염소화합물, 인화합물	첨가제가 눌러 붙어서 금속면과 반응하여 용융점이 낮은 합금에 미끄러져 나가기 쉬운 윤활막 등을 생기게 하고, 눌러 붙음 및 마모를 방지한다.	1~10
방수제	유기산에스테르, 아민, 슬포네이드	마찰면 금속에 적극적으로 흡착 피막을 생성하고, 금속이 부식성 물질과 접촉하는 것을 방지한다.	0.1~10
소포제	폴리에스테르, 실리콘산	열화유 중에 생성된 기포에 대하여 적극적으로 작용하고, 소멸시킨다.	0.001~0.0001
형광 개선제	석탄타르, 방향족 화합물	기름의 투명광과 방사광을 개선하여 파라닉한 외관을 갖도록 한다.	
착색제	페놀프탈레인, 기타의 지시약	신유, 사용유 모두 특수한 용액으로 착색시켜서, 자사 제품과 타사 제품을 구별한다.	
알칼리형 첨가제	초산칼슘, 염기성슬폰산 칼슘, 청정분산제(수분)	연소시 생성된 황산분을 중화하고 고형 물질을 파괴 분산시켜서 연소를 조장시키고 마모의 감소를 도모한다.	

제5절 | 윤활유의 공급법

1 비순환 급유법

1) 수급유법

수급유법은 <그림 2-85>와 같이 사람이 손으로 기름치기를 사용하여 급유하는 가장 간단한 형태의 방법이다.

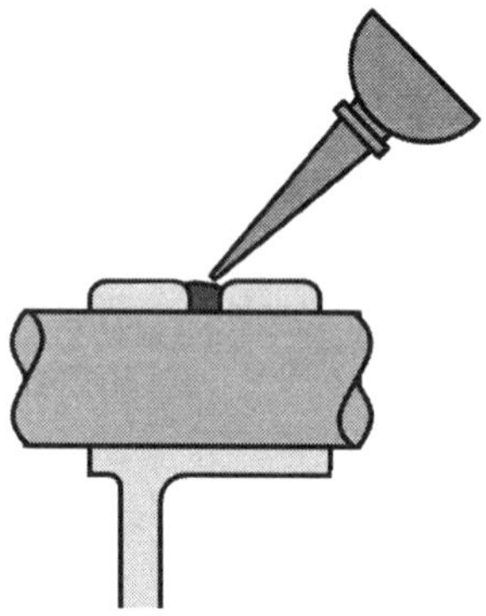

그림 2-85 | 수급유법

2) 적하 급유법

가) 사이펀 급유법(Syphon Oiling)

사이펀 급유법은 <그림 2-86>과 같이 털실 또는 투명실과 같은 헝겊을 감아서 만든 끈을 넣어 기름이 등잔불과 같은 작용으로서 아래쪽으로 떨어지도록 되어 있는 장치이다.

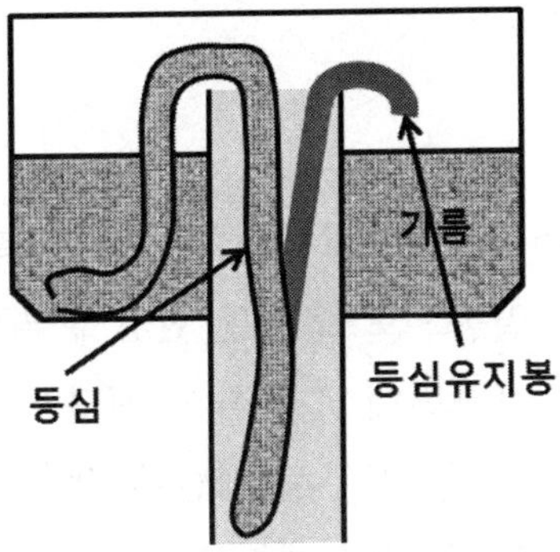

그림 2-86 | 사이펀 급유법

나) 바늘 급유법(Needle Oiling)

바늘 급유법은 <그림 2-87>과 같이 바늘 형태의 것을 기름속에 집어 넣고 축의 회전에 따라 진동시키면 기름이 적하하고, 회전이 중단되면 기름이 모세 현상의 결과에 의해 적하를 중지한다. 이와 유사한 형태인 가시적하 급유법은 니들 밸브(Needle Valve)로 적하 구멍을 가감하여 유량을 조절하는 방법으로 널리 사용하고 있다.

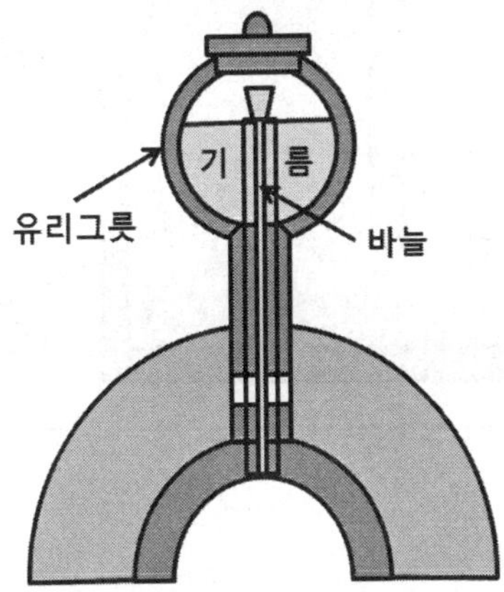

그림 2-87 | 바늘 급유법

2 순환 급유법

1) 패드 급유법

패드 급유법은 <그림 2-88>과 같이 패킹을 가볍게 저널(Journal)에 접촉시켜 급유하는 방법이다. 모계 급유법의 일종으로 모세관 현상에 의하여 기름을 마찰면에 보내게 되는데, 이때 털실이 직접 마찰면에 접촉하게 된다.

이때 하중은 베어링의 상부 반원통의 부시 메탈에 작용하고 축의 케이스 안에 기름을 넣고 무명실 또는 털실을 적당히 섞어 패킹을 만들어 쇠철망 위에 놓고 패킹의 일부는 케이스 안의 기름을 적시고, 쇠철망은 스프링에 의하여 가볍게 아래에서 밀려 압박되고 케이스 안의 기름은 모세관 작용으로 패킹에 의하여 저널에 공급되는 것이다. 축의 오른쪽에는 기름의 누설을 방지하는 밀봉 장치가 되어 있다.

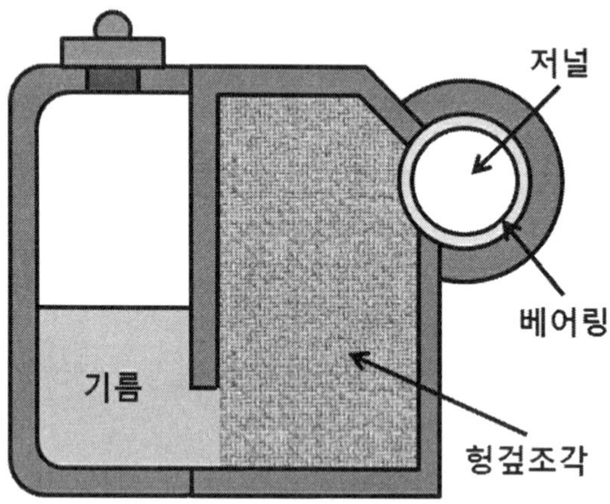

그림 2-88 | 패드 급유법

2) 체인 급유법

체인 급유법은 <그림 2-89>와 같은 체인이 기름 탱크의 기름을 올려서 급유하는 형태로서 비교적 저속도 큰하중을 받는 베어링에 사용되고, 특히 기름 탱크의 유면과 축이 떨어져 있어 오일링으로서 맞지 않는 경우에 편리하여 공작 기계 등에 사용하기도 한다.

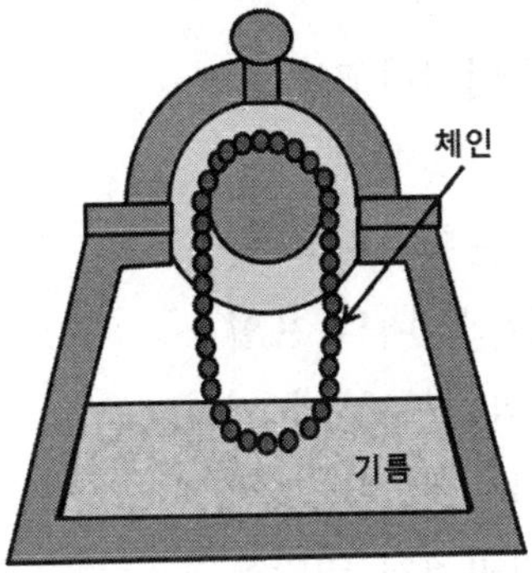

그림 2-89 ❙ 체인 급유법

3) 유륜식 급유법

유륜식 급유법은 <그림 2-90>과 같이 오일링은 축의 회전에 수반하여 마찰면에 기름을 운반하여 윤활 작용을 하고 나머지 대부분은 마찰면에서 열을 제거시킨 후 다시 기름 탱크로 되돌아오게 된다.

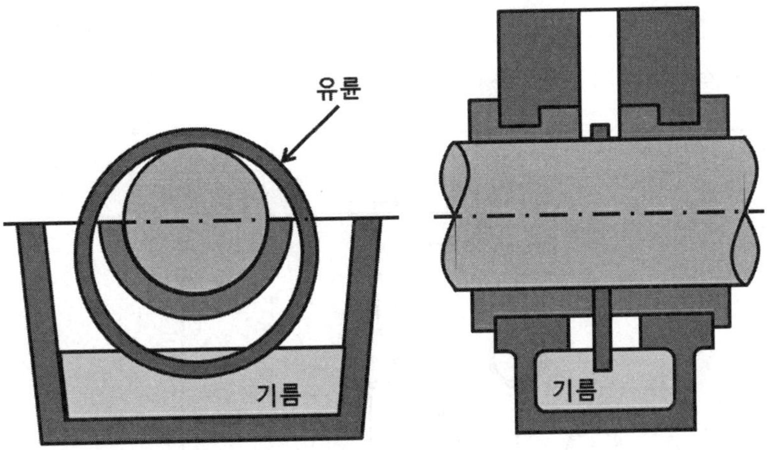

그림 2-90 ❙ 유륜식 급유법

4) 스플래시 급유법(Splash Oiling)

스플래시 급유법은 비말 급유법이라고도 하며, 이것은 <그림 2-91>과 같이 밀폐된 케이스 내에 있는 많은 베어링들을 윤활하려고 할 때 사용되며, 엔진의 크랭크케이스 내의 윤활 등에 적용된다. 밀폐된 케이스의 밑부분에 일정한 유면을 유지하고 있는 기름 탱크를 설치하고 운동 부분이 이 유면을 내리쳐서 비말을 비산시켜 이 비말을 받아서 윤활하게 되는 것이다.

그림 2-91 | 스플래시 급유법

5) 중력 순환 급유법

중력 순환 급유법은 <그림 2-92>와 같이 기름을 순환하여 사용하는 방법으로, 이 방법에서 가장 중요한 것은 베어링에 기름을 도입하는 점은 베어링 중의 최소 압력점이어야 하다는 점이다. 또 기름을 순환시키기 때문에 마찰에 의하여 발생하는 열은 기름에 의하여 제거되므로 온도의 상승으로 인해 점도가 저하하는 경우는 적다. 따라서 점도가 비교적 낮은 기름을 사용할 수 있으므로 동력의 소비가 적은 장점이 있다.

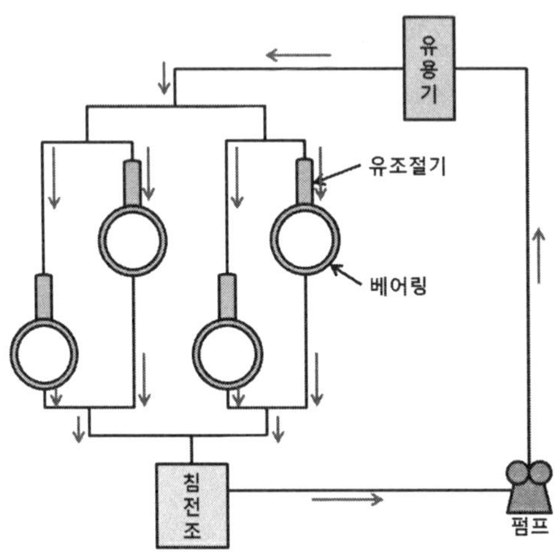

그림 2-92 | 중력 순환 급유법

6) 강제 순환 급유법(기어 펌프 급유법)

기어 펌프 급유법은 <그림 2-93>과 같이 기어의 작동에 의해 한쪽 방향으로 기름을 공급하는 방식으로, 기어 펌프의 압력은 저압으로 $6kg_f/cm^2$ 이상인 것은 거의 사용하지 않으며, $1.5kg_f/cm^2$ 정도가 보통 많이 사용한다. $6kg_f/cm^2$ 정도의 것도 압력 조절 밸브에서 감압하도록 되어 있으므로, 실제 마찰면에 도달할 때는 $0.8 \sim 1.5kg_f/cm^2$ 정도로 유지되고 있다. 또 윤활유의 온도를 조절하기 위하여 유냉각기를 사용하는데, 이 경우에는 반드시 냉각기 중의 수압을 유압보다 낮게 유지하는 것이 중요하다.

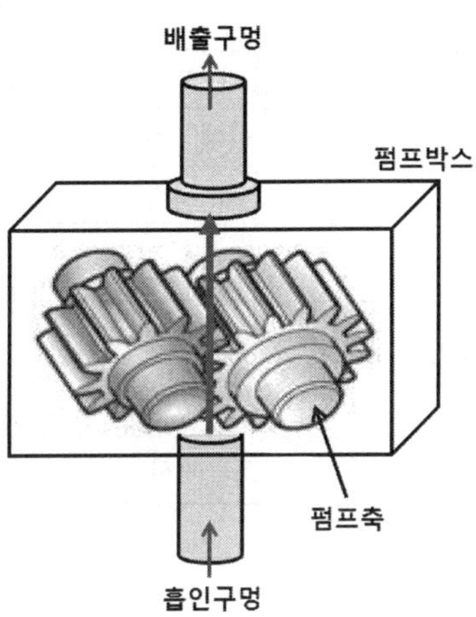

그림 2-93 ▎기어 펌프 급유법

3 압연기에 대한 적유법

<table>
<tr><th>기계명칭</th><th>윤활개소</th><th>윤활법</th><th>적유</th></tr>
<tr><td rowspan="5">롤링밀</td><td rowspan="2">롤넥 베어링
(슬라이딩 베어링)</td><td rowspan="2">그리이스 충진</td><td>열간 : 허트 넥 그리이스</td></tr>
<tr><td>냉간 : 콜드 넥 그리이스</td></tr>
<tr><td>롤넥 베어링
(롤링 베어링)</td><td>그리이스</td><td>3호 컵 그리이스
3호 극압 그리이스</td></tr>
<tr><td>피니언 기어</td><td>순환식</td><td>450 디젤 엔진유
B700 디젤 엔진유
2종4~5호 기어유
2종6~7호 기어유</td></tr>
<tr><td>피니언, 넥 베어링</td><td>강재 적하</td><td>450 디젤 엔진유</td></tr>
<tr><td rowspan="4">로드밀</td><td rowspan="2">롤넥 베어링</td><td>롤링 밀에 준한다.</td><td></td></tr>
<tr><td>강재 적하</td><td>450 디젤 엔진유</td></tr>
<tr><td rowspan="2">피니언, 피니언 넥 베어링</td><td>순환식</td><td>450 디젤 엔진유
B700 디젤 엔진유
2종4~5호 기어유
2종6~7호 기어유</td></tr>
<tr><td>스플래시</td><td>2종4~5호 기어유</td></tr>
</table>

품질 관리

제1절 | 개 요

열간 압연은 연속 주조 또는 분괴 압연에 비해서 제조된 슬래브를 두께 및 폭 압연을 실시한 후 가에 냉각을 통해 상변태를 제어함으로써 수요자가 요구하는 치수, 형상 및 기계적 성질을 가지는 제품을 제조하는 공정이다.

열연 제품은 다음 공정인 냉연 소재 사용이외에 자동차용, 선박, 산업 기계, 건설 장비, 강관 소재, 철도 차량 및 압력 용기 등 사용 범위가 다양하며 수요자가 원하는 용도와 품격 조건에 의하여 품질이 결정된다.

이처럼 수요자 요구의 엄격화 및 다양화 추세 대응하기 위해 대부분의 사업장에서 열연 제조 설비의 자동화, 고속화 및 연속화를 실현하고 있다. 연주 슬래브의 직송 압연, 페어 크로스(Pair Cross) 또는 작업롤 시프트(Work 롤 Shift)에 의한 판형상 제어 등의 신기술을 개발하여 도입하고 있다.

제2절 | 열간 압연 품질

1 제품의 기계적 성질

1) 압연 온도와 제품의 기계적 성질과의 관계

제품의 기계적 성질은 <그림 2−94>와 같이 강의 화학 성분, 사상 압연 온도(최종 사상 압연기 출측 온도)에 의해 결정된다.

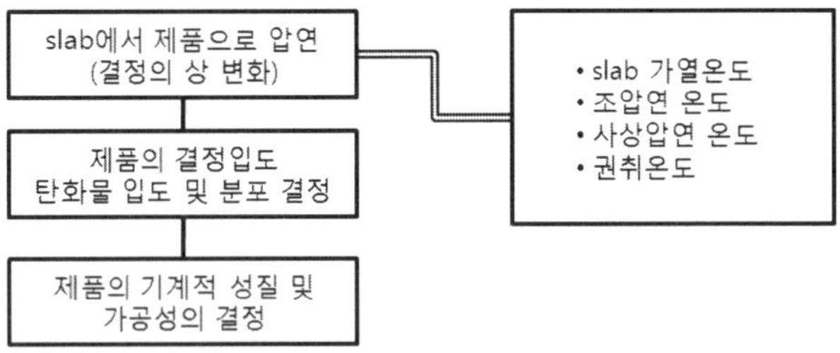

그림 2−94 | 제품의 기계적 성질

사상 압연 온도는 <그림 2−95>와 같이 Ar3 변태점 직상에서 압연하는 것이 바람직하고 그 범위에서는 비교적 미세하고 균일한 정립 조직의 결정립이 얻어지며, 기계적 성질 중에서 연신율이 큰 재질이 된다. 가공성이 엄격한 제품을 압연하기 위해서는 특히 사상 온도에 주의해야 한다.

권취 온도는 기계적 성질 중에서 인장 강도를 결정하는 요인이 되고 목표 강도를 얻기 위해서는 목표 권취 온도가 중요하다.

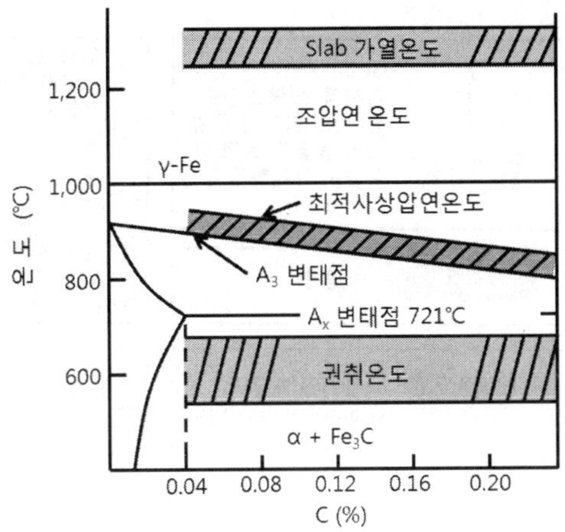

그림 2-95 **최적의 사상 압연 온도**

2) 탄소강(보통강) 압연의 경우

① 사상 출구 온도와 권취 온도 등의 결정의 상변화와 관계가 가장 깊다.

② 사상 온도는 제품의 결정 입도에 지극히 큰 영향을 끼친다.

③ 양호한 야금학적 성질(결정 입도)을 얻기 위해서는 A_3 변태점 이상에서 사상 압연을 완료하고 A_1 변태점 이하에서 권취하는 것이 필요하다.

사상 출구 온도, 권취 온도와 결정 조직과의 관계를 <그림 2-96>에 나타내었다. 사상 출구 온도가 높고 권취 온도가 낮을수록 결정 입자의 크기가 균등하게 형성되고 철의 탄화물이 미세하게 분포하여 기계적 성질이 양호한 조직을 얻을 수 있다. 이때 사상 출구 온도가 높아질수록 결정 입자의 크기는 커진다.

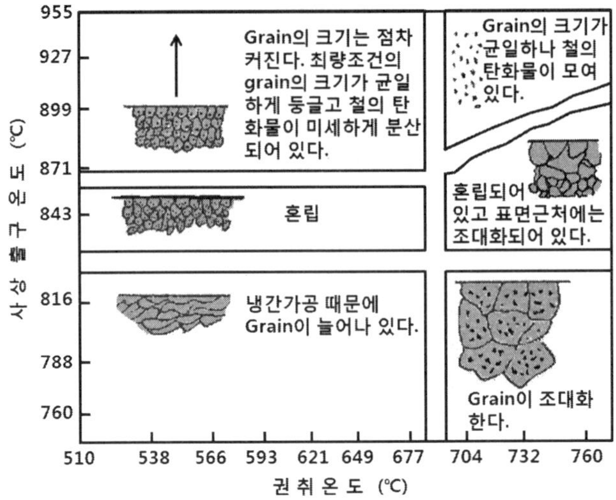

그림 2-96 ❙ **권취 온도와 결정 조직**

2 제품의 기계적 성질

1) 두께 정도

가) 두께 변동에 영향을 주는 요인

- 압연기 설비
- 재질의 변동
- 압연 온도의 변동
- 압연 속도의 변동
- 스탠드간 텐션(Tension)의 변동
- 야금학적인 원인에 의한 변형 저항의 변동
- 롤경의 변동
- 압연 중 롤의 열팽창

나) 압연 온도의 변동과 두께 변동

<그림 2-97>에 재료 온도 변화와 두께 변화의 관계를 나타내었고, <그림 2-98>에는 실제 사상 출구 온도와 X-Ray에서 측정된 사상 두께를 나타낸 것이다.

코일 전후의 끝은 방열이 크기 때문에 온도 강하 및 압연 장력이 걸리지 않아 판두께가 두꺼워지기 쉽다.

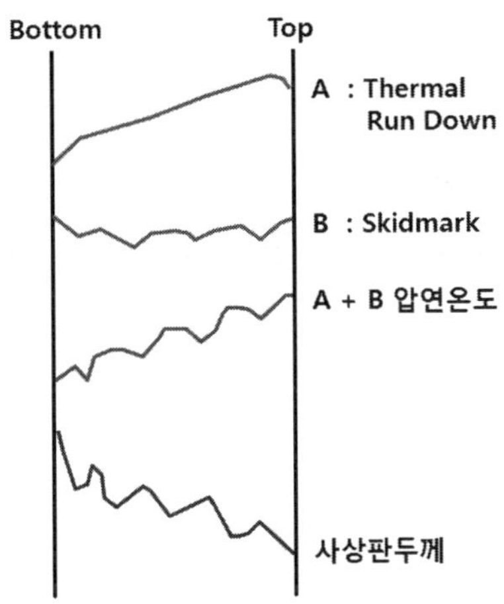

그림 2-97 | 재료 온도와 두께

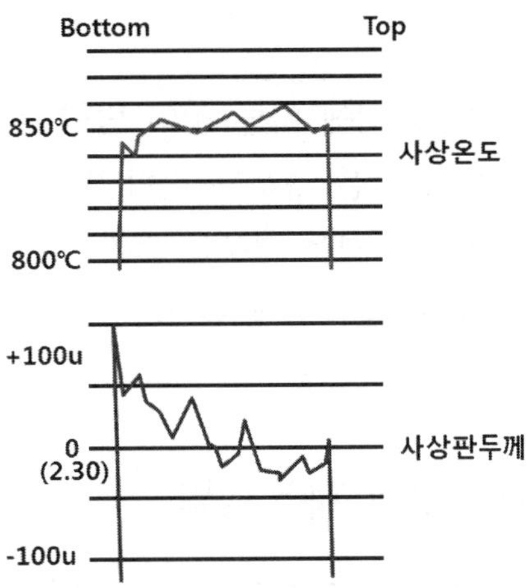

그림 2-98 | 실제 사상 두께

다) 두께 정도 향상 방법

- 써멀 런 다운(Thermal Run Down)에 대해 가속 압연의 채용
- 장력 변동에 대해서 루퍼(Looper) 일정 장력 시스템 채용
- <그림 2-99>는 전체 두께 변동 요인에 대해서 자동 두께 제어 장치(AGC : Automatic Gauge Control)의 채용한 경우와 하지 않은 경우의 코일내 두께의 길이 방향 변동의 비교를 나타낸다.

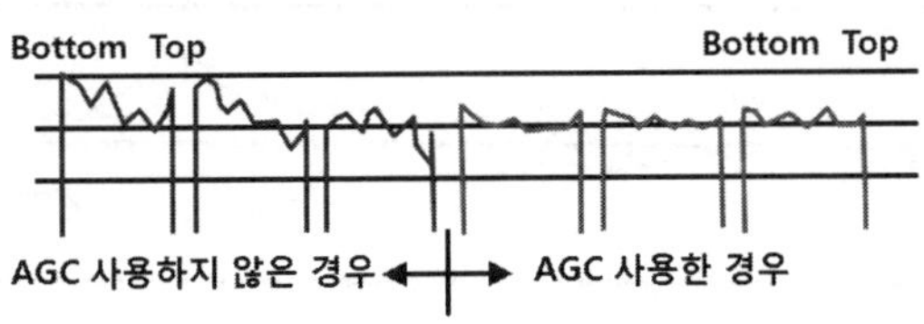

그림 2-99 | AGC 사용 전후의 변화

2) 두께 정도 관리

가) 두께 정도의 표현

호칭 두께에 대해 상하한 허용차를 표현한다.

(예) 4.5mm±10% 또는 4.5mm±0.45mm라고 표현하면 코일 또는 강판의 가장 큰 에지이외의 곳을(보통 에지보다 25mm) 측정하여도 4.05mm에서 4.95mm 사이에 들어가는 것이다.

나) 두께 차이에 따른 길이 방향 두께 변동

① 두께가 얇은 경우는 길이 방향 두께 변동은 적다

② 두께가 두꺼운 경우는 스키드 마크(Skid Mark) 등의 변동 효과가 크게 나타나 두께 변동이 크게 된다.

3 폭 정도와 제어 방법

1) 폭 정도에 영향을 주는 요인

① 슬래브 폭의 변동

② 조압연에서의 에저 세트(Edger Set)에 의한 바(Bar)폭의 변동

③ 사상 압연에서의 텐션(Tension)의 변동

④ 스키드 마크(Skid Mark) 등의 편열

이상의 폭 변동 요인에 의해 코일내 및 코일 간의 폭 변동의 예를 <그림 2-100>에 나타내었다.

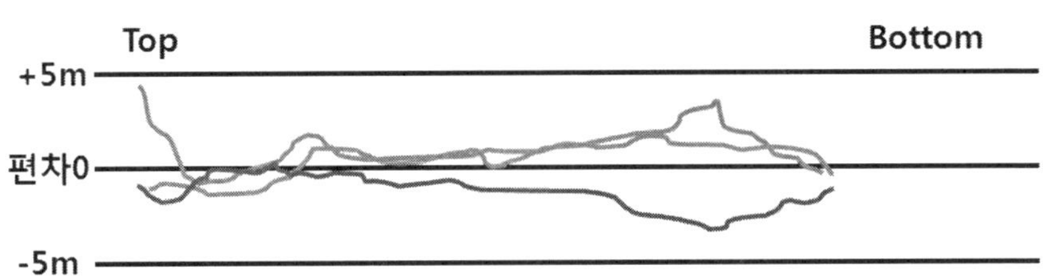

그림 2-100 | 폭 변동 요인에 의한 변화

2) 폭 정도 향상 방법

① VSB나 에지의 압하량을 크게 하고 판 폭 목표치에 대한 오차를 적게한다.

② 사상 압연기의 스탠드간 장력을 일정하게 유지한다. 루퍼(Looper)의 높이와 동력 및 압연기 모터의 속도 제어에 의한 스탠드간 장력을 일정하게 유지하는 장치인 루퍼 제어 시스템의 채용(Looper Control System)

③ 코일의 전후 끝에서는 장력이 걸리지 않기 때문에 에저 세트(Edger Set)를 바(Bar)의 전후단만 변동시킨다.

④ 코일 선단부에 대해서는 압하 및 속도의 초기 설정을 정확하게 한다.

4 크라운과 제어 방법

1) 크라운의 종류

압연 제품은 통상 폭 방향으로 적은 양이지만 두께의 변동이 있다. 이것을 크라운(Crown)이라고 한다. 폭 방향 중앙부와 양끝과의 두께를 크라운량이라고 하며 그 계산식은 다음과 같다.

$$\text{크라운 량} = C - \left[\frac{(a+b)}{2}\right]$$

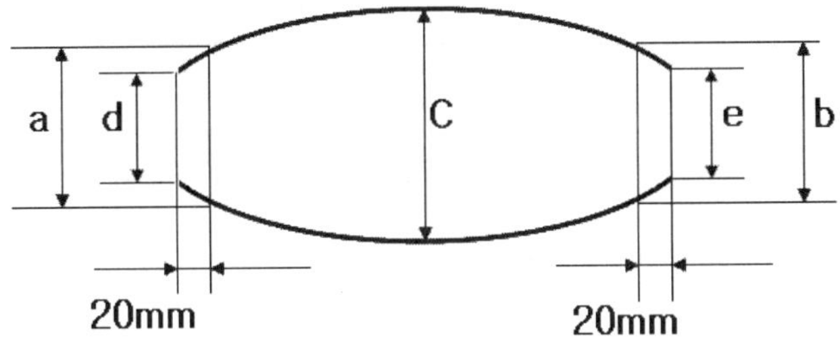

그림 2-101 ▌롤의 크라운

열연 제품으로는 전부 크라운이 없는 상태가 이상적이며, 냉연 재료로서는 통상 0.04~0.09mm가 적당하다.

<표 2-36>에 크라운의 여러 가지 종류를 나타내었다.

표 2-36 ❙ 크라운의 종류

명 칭	단면 형상(Profile)	발생원인
1. Body Crown (양 Edge를 제외한 부분)	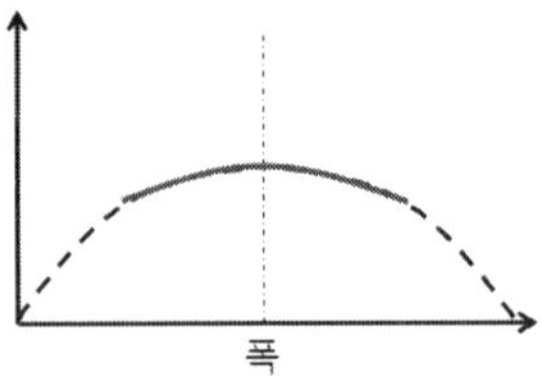	• 롤 휨 • 재료 폭, 압연반력에 의해 변동
2. Edge Drop (양 Edge부 두께가 급격히 변동하는 부분)	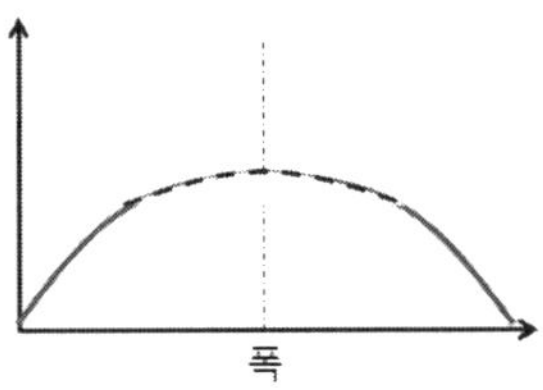	• 롤의 편평 • 롤 경, 압연반력 등에 의해 변동
3. Wedge	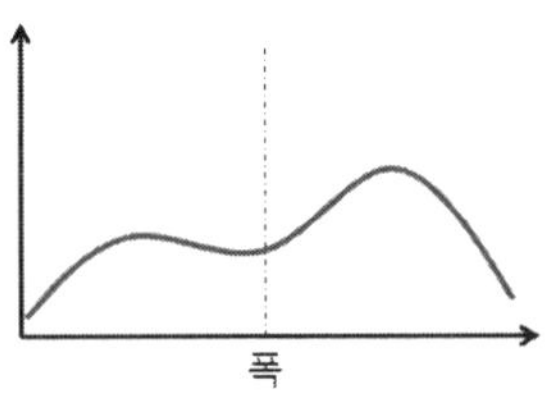	• 롤 평행도 불량 • Slab의 편열 • 통판중 판이 한쪽으로 치우침
4. High Spot	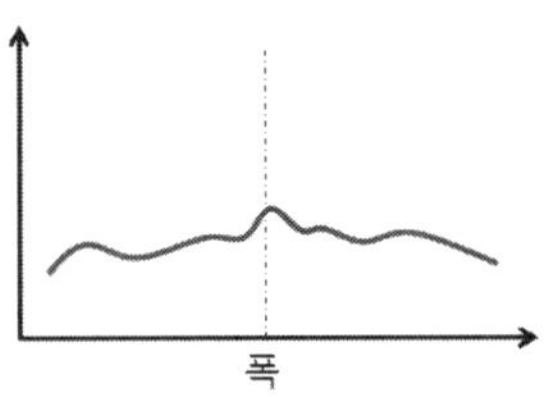	• 롤의 이상 마모 • 국부적인 롤의 열팽창

2) 크라운의 변화

<그림 2−106>은 스케쥴(Schedule) 내에서의 크라운의 변화를 나타낸 것이며, <그림 2−107>은 압연본수와 크라운의 변화량을 나타낸 것이다.

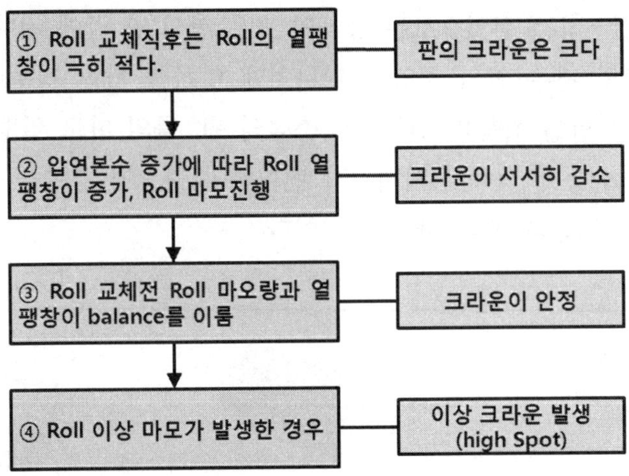

그림 2−106 ▎압연 스케줄내에서의 크라운 변화

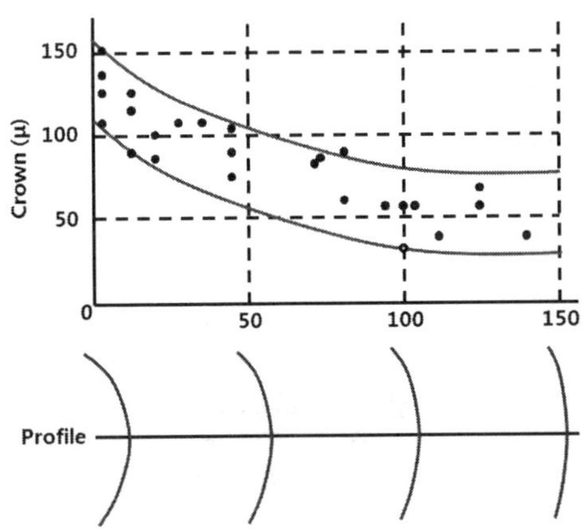

그림 2−107 ▎압연 본수와 크라운 변화량

5 형상과 제어 방법

1) 형상

제품의 평탄도는 압연시 폭방향의 압하율 차에 의해 생긴다고 할 수 있다. 제품으로서 가져야할 형상 조건으로는 양파, 중파 또는 휘어짐 등이 없이 평탄해야 한다.

형상이 변하여 발전하는 원인으로는 양파의 경우 판의 양 끝에 지나치게 압하를 가한 경우이며, 중파의 경우 판의 중앙에 지나치게 압하를 가한 경우라 할 수 있다.

이와 같은 형상은 압연 하중의 변화, 롤 축심의 휨, 롤의 마모 열팽창에 의한 크라운, 프로파일의 변화 등에 의해서 시시각각 변화하여 형상에 영향을 준다. <그림 2-108>은 각종 판의 형상의 예를 나타낸 것이다.

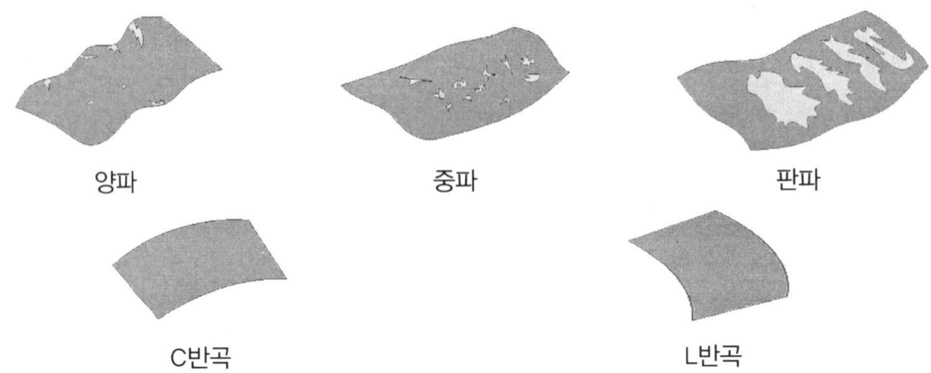

그림 2-108 I 각종 판의 형상

2) 형상의 표시 방법

형상 파형에서 파의 피치와 파의 높이로 표시하는데 다음과 같이 표시할 수 있다.

$$급준도(\alpha) = H / P$$

• P : 형상 파형의 파 피치 • H : 파의 높이

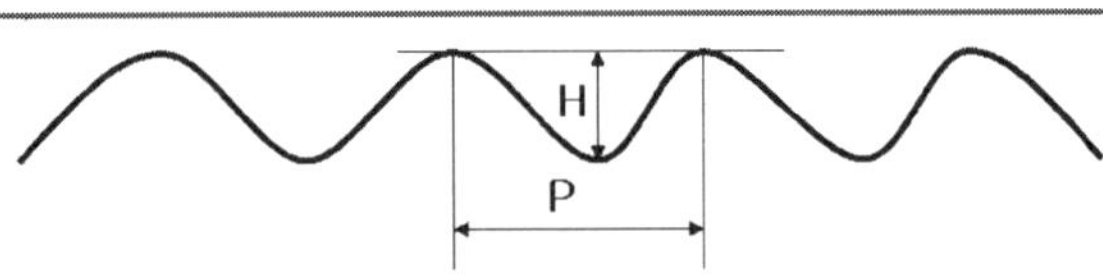

그림 2-109 I 급준도

3) 프로파일(Profile) 형상 제어

가) 프로파일 형상의 변동 요인

<그림 2-110>은 프로파일 형상의 변동 요인을 나타낸 것이다. 이 그림에서와 같이 열간 압연기에서 프로파일 형상 요인은 대단히 많고 또한 그 관계는 아주 복합한 것을 알 수 있다.

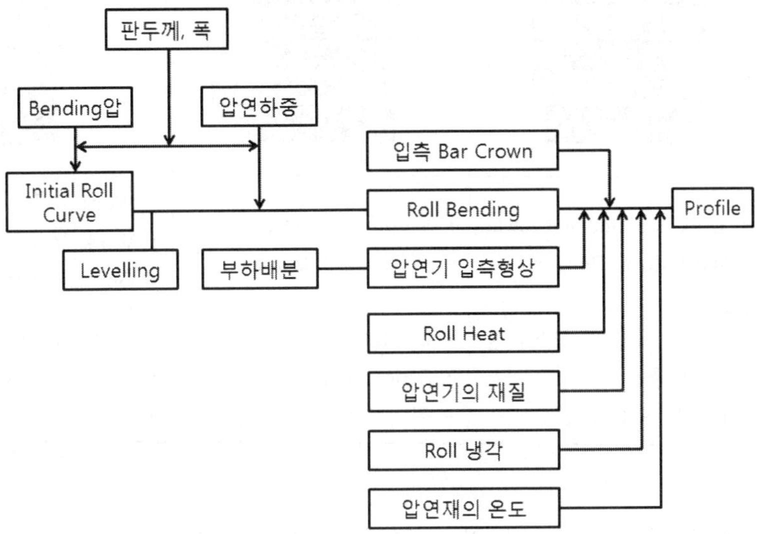

그림 2-110 ▎ **Profile 형상제어 흐름도**

나) 프로파일 형상 제어

압연 판재의 치수, 형상 품질에 대한 수요자의 요구가 엄격해 짐에 따라 판두께에 관해서는 길이 방향의 정도뿐만 아니라, 폭 방향의 판두께 즉 프로파일에 대해서도 엄격하다. 형상에 대해서는 박판재, 경질재일수록 품질 요구는 엄격하게 되고 그 제어도 어렵게 된다.

3) 형상 제어 압연기의 종류와 특징

<표 2-38>은 형상 제어 압연기의 종류와 특징을 나타낸 것이다.

표 2-38 | 형상 제어 압연기의 종류와 특징

구분	4Hi 재래식	4Hi Shift Mill	Pair Cross Mill
압연기 구조	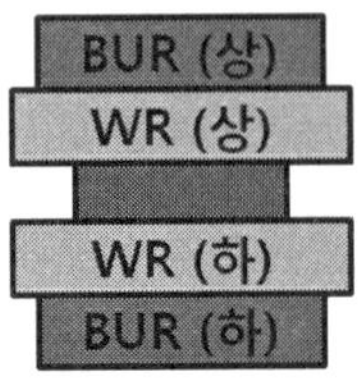	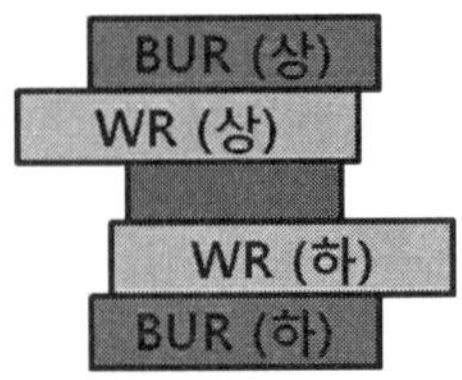	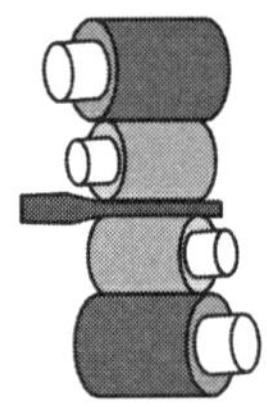
형상제어 설비	• Work Roll Initial Crown • Work Roll Bender	• Work Roll Shift • Work Roll Bender	• Work Roll Cross 장치 • Work Roll Bender • On-Linw Roll Griner
주요 특징	• 크라운, 평탄도 제어 능력 미흡 • Coffin Schedule	• On-Line Feedback Control • Schedule Free 가능 • 롤마모 분산능력 우수	• On-Line Feedback Control • Schedule Free 가능 • 크라운 제어범위대

4) 시프트 압연기(Shift Mill)에 의한 형상 제어 압연 방법

가) 싸이클 시프트(Cyclic Shift) 법

이 방법의 효과로는 매 코일 압연시마다 작업롤을 시프트하여 국부 마모를 방지하고, 열 크라운과 마모 크라운을 분산할 수 있으며, 롤 단위 증대 및 동일폭 압연이 가능하고, 폭연전기준 대폭 완화 등을 들 수 있다.

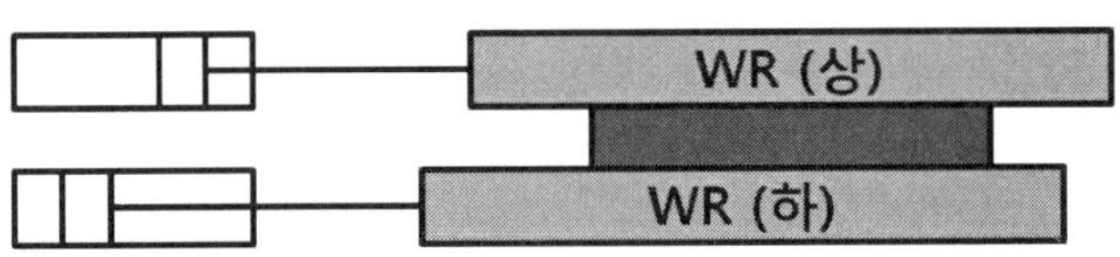

그림 2-111 | 싸이클 시프트법

나) 테이퍼 조정(Taper Adjust) 법

이 방법의 효과로는 압연재가 롤의 테이퍼 부를 통과함에 따라 그 부분의 판 두께가 증대하고 판 크라운량은 평탄화가 되며, 스트립의 폭에 따라 일정량의 테이퍼를 주어 스트립의 에지 드롭을 감소할 수 있다.

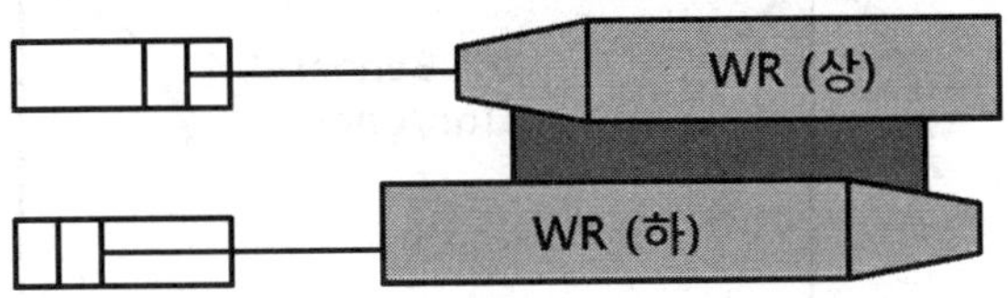

그림 2-112 ❙ 테이퍼 조정법

다) 시프프(Shift) 실시에 따른 마모 분산 효과

<그림 2-113>은 작업롤 시프트에 따른 마모 분산 효과를 나타낸 것이다.

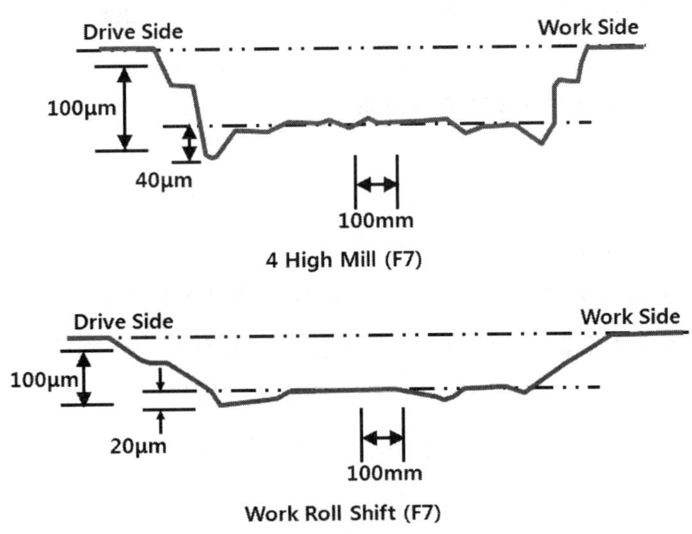

그림 2-113 ❙ 작업롤 시프트에 의한 마모 분산 효과

라) 벤더(Bender) 조정에 의한 크라운 제어 효과

<그림 2-114>는 벤더 조정에 의한 크라운 제어 효과를 나타낸 것이다.

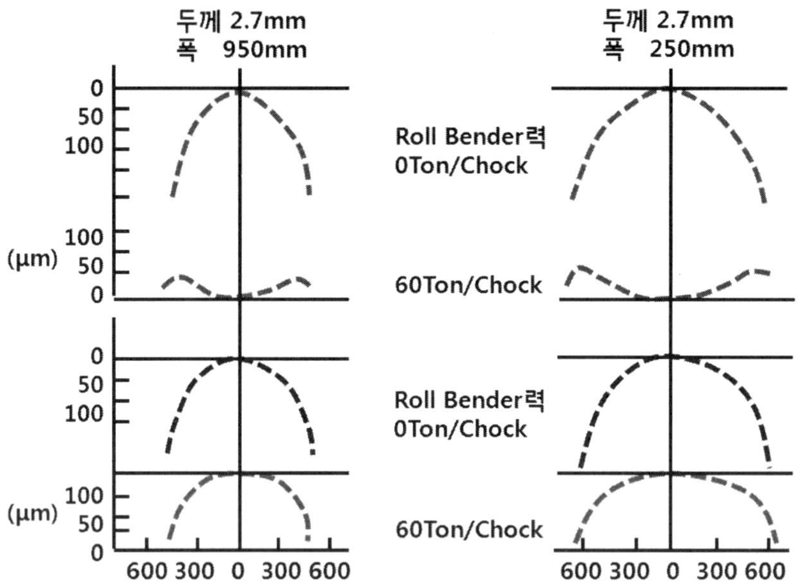

그림 2-114 | 벤더에 의한 크라운 제어 효과

마) 페어 크로스 밀(Pair Cross Mill)에 의한 형상 제어 효과

4Hi 압연기의 상하 작업롤을 교차하여 그 교차각을 변화시키는 것에 의해 압연재의 프로파일 형상을 제어하기 위해 크로스 밀(Cross Mill)이 개발 되었다.

크로스 밀에는 <그림 2-115>와 같이 작업롤만 교차시키는 작업롤 크로스 방식과 받침롤과 작업롤을 쌍으로 교차시키는 페어 크로스 방식이 있으며, 롤 마모와 에너지 손실을 극도로 증대시킬 우려가 있는 롤간 크로스가 없는 페어 크로스 방식이 실용화 되고 있는 추세이다.

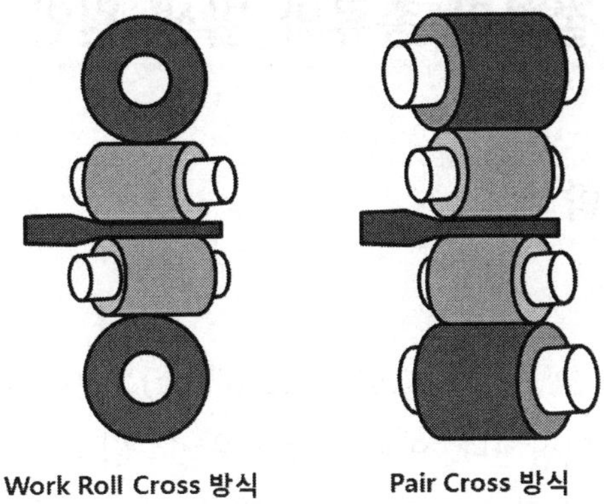

그림 2-115 ▌ 롤의 크로스 방식

페어 크로스에 의한 스트립 크라운 개선으로 제품 품질 향상과 ORG(On Line Grinding) 채용에 의한 스케줄 프리 압연(Schedule Free Rolling)으로 생산성 향상에 효과가 있다.

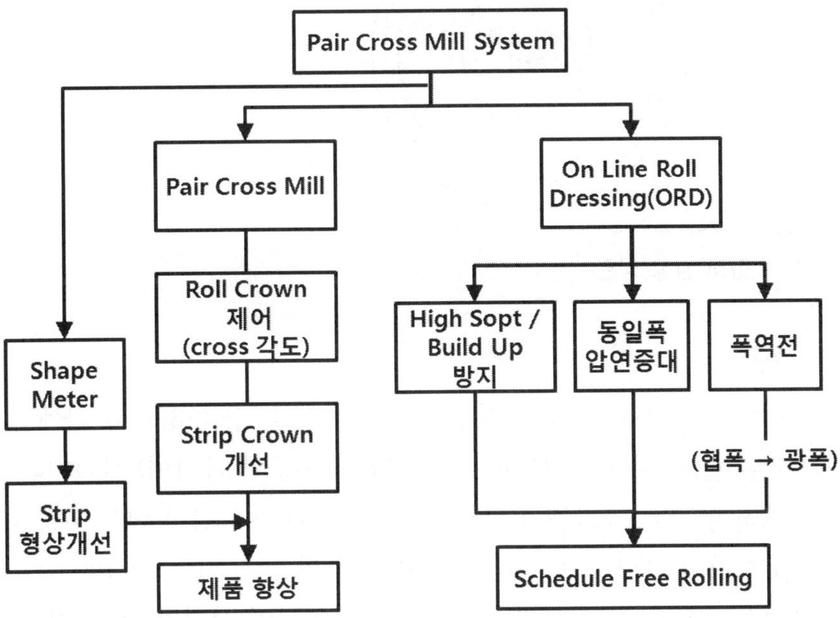

그림 2-116 ▌ 페어 크로스 밀의 생산성 효과

제3절 | 제품 결함의 종류와 발생 원인

1 곱쇠(Coil Break) 결함

1) 발생 상황

열간 상태에서 권취된 코일은 리코일링(Recoiling) 시에 상하부 연신율 차에 의해 상부는 압축되고 하부는 인장된다. 이때 스트립은 <그림 2－117>과 같이 상부의 압축 압력에 의해 스트립의 중립점과 상부의 연신량 만큼 스트립의 굴곡이 발생한다. 즉, 코일 표면의 압연 방향에 직각으로 나타나는 주름 형태의 흠을 곱쇠(Coil Break)라고 한다.

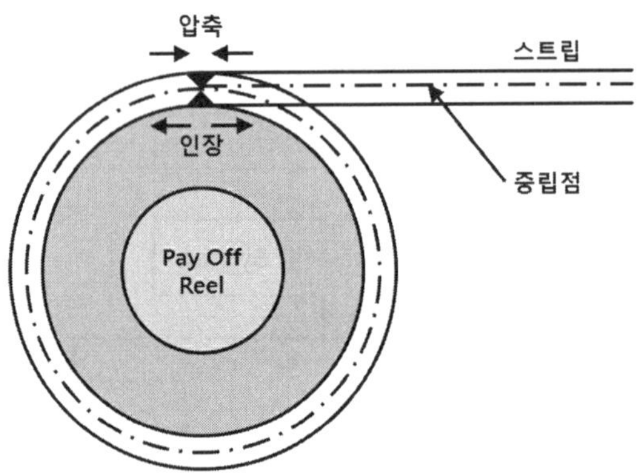

그림 2－117 | 곱쇠 발생 상황

2) 발생 기구

곱쇠(항복점 연신 현상)는 상부 항복점 이하의 일정한 응력(Stress) 하에서 소재가 서서히 늘어나는 현상으로 이는 C, N 등의 시효성 원소가 페라이트(Ferrite) 중에 용질 원소로 존재하여 시효 경화를 유발하는데 기인한다. <그림 2－118>과 같이 압연 강판이 항복점 이하의 응력을 받으면 용질 원자에 의한 전위(Dislocation)의 고착 현상인 재료 내부의 침입형 용질 원자(C, N 등)와 전위간에 형성된 코트렐(Cottrell) 분위기가 파괴되고, 동시에 전위 증식과 용질 원자가 불안정 상태로 되어 일시적으로 항복점이 강하되나 시간의 경과에 따라서 용질 원자가 확산에 의해 안정한 전위 주위로 집적되면서 전위가 고착되어 차츰 항복점 상승하게 된다.
즉 항복점 상승은 소성 변형의 주요 기구인 전위의 이동이 용질 원자의 방해에 의해 어려워질 때 항복점이 상승한다. 상부 항복점 이상의 힘을 계속 가하면 고착된 전위가 이탈되면서 불균질 연신을 유발하여 굴곡(곱쇠)이 발생된다.

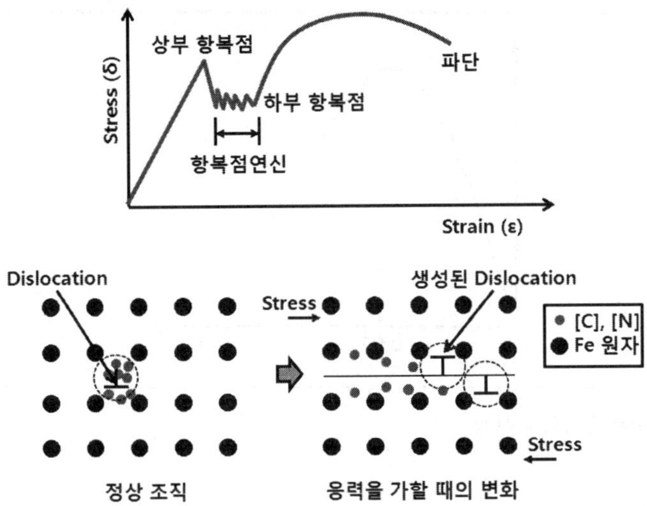

그림 2-118 ▮ 곱쇠 발생 기구

① [C], [N] 등의 용질 원소는 강중 에너지가 높은 전위 주위에 집적함
② Cottrell 분위기 : [C], [N] 등의 용질 원소가 전위 주위에 집적되어 움직임을 방해하고 있는 상태
③ 시효 현상 : 중저탄소강(C 0.02%)에서 가장 심하게 발생되며, 곱쇠가 문제되는 강종은 주로 중저, 저탄소강의 연질재이다.

3) 발생 방지 대책

이러한 곱쇠의 문제점을 해결하기 위하여 다음의 3가지 영향 인자가 있다.

- 정정 작업시 적정 압력 조정과 스킨 패스(Skin Pass) 실시
- CT 하향화
- 정정 냉각 온도 및 냉각 시간

가) 정정 스킨 패스 실시

정전 라인에서 스킨 패스를 실시함으로서 <그림 2-119>와 같은 저탄소강의 변형 곡선에서 나타나는 항복점 연신 현상을 없애고자 하는데 그 목적이 있다. 즉 코일을 사전에 스트레인(Strain)을 주어서 항복점 연신 구간을 피하는 것이다.

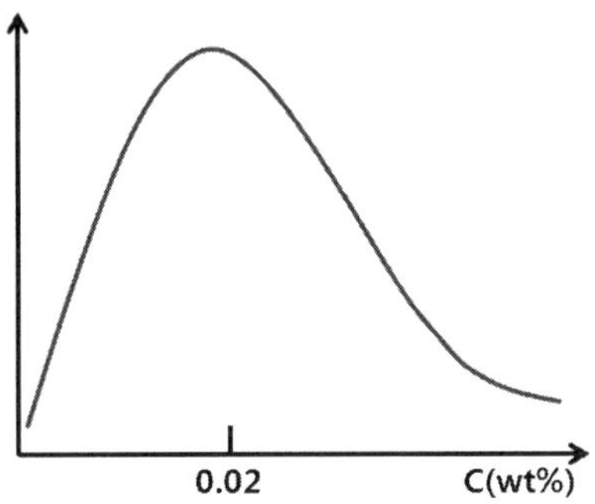

그림 2-119 ǀ **항복점 연신 현상**

나) CT 하향화

초석 페라이트(Ferrite)의 미세화 및 펄라이트(Pearlite) 층상 간격 축소로 전위 집적 장벽 개소를 증대(입자 미세화)로 인하여 항복점 연신 현상이 저감되면서 곱쇠 발생 정도가 약화되게 하는 것이다.

다) 정정 냉각 온도 및 냉각 시간

코일의 냉각 시간이 짧을 소재의 온도가 높아져서 경우 전위의 이동이 활발해져 항복점 연신 현상이 증가하면서 스트립 내부의 인장 강도 저하에 의한 굴곡 변형 저항이 감소하게 되어 곱쇠 방생의 정도가 심해지기 때문에 냉각 시간이 충분히 확보되어야 한다.

2 스케일(Scale)

스케일(Scale)은 발생 형상에 따라 방추형, 비늘형, 붉은형, 유성형, 선상, 모래형, 나이테형, 박리형 등으로 분류할 수 있다.

1) 방추형 스케일

가) 발생 상황

① 방추상  으로 길게 치입된 스케일로서 적갈색 또는 황갈색으로 폭방향 전면 또는 밴드상으로 발생

② 위치는 일정하지 않고 산재하는 경우도 빈번하나 유성형 스케일보다 폭이 좁고 깊이도 깊으며 상당히 깊은 것도 발생

③ 깊이가 매우 깊은 것은 산세하여도 스케일이 떨어지지 않는 경우도 있다.

나) 발생 원인

① 가열로 추출 온도가 높거나 높은 온도에 장시간 가열시 또는 재로 시간이 짧을 때

② 조압연 롤의 표면 거침에 의한 2차 스케일 발생 및 디스케일링 불량에 의한 1차 스케일의 국부적 존재로 치입된 것

③ FSB 디스케일링 불충분에 의한 2차 스케일 미박리

④ 고강도재의 연속적인 작업으로 사상 압연기(FM) 전단 롤이 국부적으로 마모되어 발생

다) 후공정에 미치는 영향

① 표면 불량(냉연, P/O재 치명적임)

② 도금 불량

③ 가공시 표면 크랙 발생

라) 대책

① 추출 온도 하향 및 국부 가열 방지

② 롤 교체 주기 적정화로 롤 피로 방지

③ 디스케일링 압력 증강 및 오버랩(Over Rap) 기준 준수

④ FM 전단 롤 냉각 적정화

2) 비늘형 스케일

가) 발생 상황

① 2차 스케일이 물고기 비늘 모양으로 치입된 스케일

② 폭 방향 전면 또는 밴드상으로 발생

나) 발생원인

① FSB 작업이후 복열 현상에 의해 2차적으로 생성된 스케일이 압연재보다 연신율이 낮아 스케일 흠으로 발생

② 사상 압연기(FM) 스탠드 사이에서 2차 스케일이 롤에 치입되어 발생

③ 사상 전면 온도가 높을 때, 조압연 바(Bar)의 두께가 두꺼울수록 잘 발생

④ 사상 전단 작업롤 거침, 롤 냉각수 부족

다) 후공정에 미치는 영향

① 표면 불량(냉연, P/O재료에는 치명적)

② 도금 불량

③ 가공 시 표면 크랙 유발

라) 대책

① 사상 압연 입측 온도 하향 관리

② Bar 두께 적정화

③ 디스케일링 및 롤 냉각수 적정화

3) 붉은형 스케일

가) 발생상황

① 판 표면에 넓게 발생하며, 적갈색 또는 흑갈색이고 두께가 얇음

② Si-킬드강에서 주로 발생

③ Cr 함유량이 높은 강에서 주로 발생

나) 발생 원인

① 가열 온도가 높을 때 Si 함유량이 높은 강에서 발생

② Si 함유 강에서는 Fayalite($2FeO \cdot SiO_2$)가 형성되어 1차 스케일 박리 불량에 따라 잔류 스케일이 산화되어 발생

③ 2차 스케일 디스케일링 불량으로 미박리

다) 후공정에 미치는 영향

① 표면 불량

라) 대책

① 가열로 추출 온도 저하

② Si 함유 규제

③ 디스케일링 압력 상향

4) 모래형 스케일

가) 발생 상황

① 둥근 점 모양의 스케일로 판재에 모래를 뿌린 것처럼 흑갈색으로 발생

② 깊이가 비교적 얕으며 판폭 전면에 산발적으로 발생

나) 발생 원인

① 고온재가 배껍질 모양으로 된 롤에 압연된 것

② 사상 스탠드 간에서 생성된 압연 스케일이 치입되어 발생

③ 고온 압연 및 탄소 함유량이 높을수록 발생 빈도 높음

④ 작업롤 피로에 의한 거칠음으로 인하여 발생(특히 주철계 롤에서)

다) 후공정에 미치는 영향

① 표면 불량(냉연, P/O재질에 치명적)

② 도금 불량

③ 가공시 표면 크랙 유발

라) 대책

① 롤 냉각수 강화 및 압하 배분 적정화로 작업롤의 피로 방지

② 롤단위 편성 및 교체 주기 적정화

5) 선상 스케일

가) 발생 상황

① 밴드 스케일, 줄무늬 스케일, 선상 스케일 모두 선상 스케일로 표현

② 일적선 형태 또는 생선 비늘 모양으로 치입된 스케일로 적갈색 또는 흑갈색

③ 폭 방향으로 밴드 상으로 전체 또는 부분적으로 발생

④ 1~5mm에 거의 깊이가 없는 스케일로 압연 방향으로 발생

나) 발생 원인

① 노출된 슬래브의 표면 기포(Skin Hole), 판상 기포가 산화되어 발생

② 가열로 내에서 슬래브의 조직에서 입계에 S, Cu 석출에 의한 열간 취성에 의해

③ 저탄소강의 경우 압연 온도가 높을 때

다) 후공정에 미치는 영향

① 표면 불량(냉연, P/O재질은 치명적)

② 도금 불량

③ 가공 시 표면 크랙 유발

라) 대책

① 슬래브 손질 강화

② 가열로 로온 적정화

③ 디스케일링 적정화

3 딱지 흠(Scab)

1) 발생 상황

① 표면(상부) 또는 이면(하부)이 부분적으로 벗겨져 딱지처럼 움푹 파인(Lap 상) 것
② 표면에 비하여 이면에 많이 발생
③ 깊이가 심한 것은 hole을 동반하여 발생
④ 일반 Scab : 코일 선단부 또는 미단부에 주로 발생
⑤ 미소 Scab : 전장에 불규칙하게 발생

2) 발생 원인

① 슬래브 손질 불량
② 슬래브 절단시 선단 및 미단부의 절단설 잔류
③ 연속주조시 스플래시(Splash), 슬래그(Slag), 몰드 파우더(Mold Powder)의 혼입

3) 후공정에 미치는 영향

① 표면 불량
② 가공 불량

4) 대책

① 슬래브의 충분한 손질(절단설, 스카핑(Scarfing)설 등 제거)
② 슬래브 절단시 절단설 및 개재물 혼입 방지

4 기포 흠(Blow hole)

1) 발생 상황

① 압연 방향으로 길게 늘어선 부품음으로 표면 일부가 파열된 상태로 작은 pit나 작은 부품음이 연속되어 있음
② 표면보다 검은색 또는 회백색 또는 적갈색
③ 소재와의 사이에 개재물 층이 존재하며 중탄재의 경우 탈탄층이 존재

2) 발생 원인

① 표면 근처에 있는 기포의 미압착, 대형 개재물(불순물)의 존재

② 제강 중 개재물의 분리 부상이 부족하여 강중에 존재할 때

③ 연주 스카핑 불량

3) 후공정에 미치는 영향

① 표면 불량

② 가공 불량

4) 대책

① 강중 개재물 분리 완전 제거

② 연주기의 스카핑 확인하여 공기 혼입 방지

5 연와 흠

1) 발생 상황

선상, 대상, 방추상 등 형상은 일정하지 않고 색은 연와색, 회색, 흑색

2) 발생 원인

① 제강, 연주, 전로, 래들, 턴디시의 내화물 용입

② 가열로 스키드의 탈락 내화물 부착

3) 후공정에 미치는 영향

① 표면 불량

② 가공 불량

4) 대책

① 용강 접속부 내화물 용손 탈락 방지
② 연주시 강중 용손, 탈락 내화물의 분리 부상
③ 슬래브 표면 스카핑 철거
④ 가열로 스키드의 보수 및 과가열 금지

6 에지 흠(Edge Scab)

1) 발생 상황

① 강판 표면 양 에지부에 Lap 형태의 선상 딱지 또는 미소 크랙이 동반되기도 함
② 강판 표면 에지부에 전장에 걸쳐 연속 또는 불연속적으로 발생

2) 발생 원인

① 슬래브 코너부 또는 측면에 발생한 크랙, 기포 흠 등이 압연 연방되어 발생
② 슬래브 손질의 불완전, 스카핑 불량, 크랙 및 기포 미제거
③ 슬래브 에지 온도 강하로 압연시 폭 방향 연신 불균일 발생

3) 후공정에 미치는 영향

① 표면 불량
② 가공 불량

4) 대책

① 슬래브의 충분한 손질
② 슬래브 에지 온도 확보

7 롤 마크(Roll Mark)

1) 발생 상황

판의 표면 또는 이면에 일정한 피치를 가지고 있는 부정형의 흠으로 요철 형이 불균일하게 있음

2) 발생 원인

① 압연 및 정정시 각종 롤에 이물질이 부착하여 발생

② 롤 타흠 발생

3) 후공정에 미치는 영향

① 가공 불량(90도 밴딩 크랙 발생 가능)

② 표면 불량(냉연, P/O재질)

4) 대책

① 이물질의 치입 방지

② 스트립의 타흠 수시 점검 및 교체 기준 준수

③ 정정 귀불량재 작업시 롤 확인

8 릴 마크(Reel Mark)

1) 발생 상황

DC 맨드릴 시그먼트(Segement) 및 코일 미단부에 의한 코일 내권으로부터 수권까지 발생하는 판의 요철흠

2) 발생 원인

① 맨드릴 진원도 불량

② 유니트 롤(Unit 롤)의 갭 및 공기압 부적정

3) 후공정에 미치는 영향

① 표면 불량
② 도장 불량

4) 대책

① 맨드릴 교체
② 유니트 롤의 갭 및 공기압 적정 유지

9 긁힌 흠

1) 발생 상황

① 압연 방향으로 오목형으로 긁힌 상태의 흠
② 백색 광택이 나고 압연 라인은 주로 하부(이면)에서 발생
③ 정정 라인에서는 상부(표면), 이면(하부)에서 발생
④ 기계적 찰과상에 의한 예리하게 할퀸 모양의 흠

2) 발생 원인

① ROT 롤의 회전 불량 및 이물 부착시 발생
② 열연 권취 이후 이송 과정에서 스트립과 스트립의 마찰로 발생

3) 후공정에 미치는 영향

① 가공 불량
② 표면 불량

4) 대책

① ROT 점검
② 코일 권취 형상(짱구, 느슨 등) 개선
③ 코일 언코일링시 주의(장력 및 속도 저하 등)

차. 접귀, 째귀, 톱귀

1) 발생 상황

① 스트립의 에지 부분이 주름치마처험 부분적으로 겹쳐있는 상태
② 코일, 에지부가 톱날처럼 찢어진 상태이거나 에지부의 일부가 깎여서 떨어진 흠
③ 코일 양 에지 또는 한쪽 에지부가 톱날처럼 생긴 상태

2) 발생 원인

① 사상 압연기 또는 사이드 가이드에 강하게 접촉되어 에지부가 접혀 그대로 압연 되거나 잘려나가기도 함
② 핸들링시 텔레스코프가 접혀짐
③ 슬래브 측면 수입 불량 및 과열
④ 바(Bar) 에지부 온도 과냉

3) 후공정에 미치는 영향

① 심할 경우 제품이 될 수 없는 치명적 결함
② 가공 불량(폭 부족으로)
③ 냉간 압연시 판파탄의 원인이 됨

4) 대책

① 사이드 가이드 갭 조정
② 슬래브 측면 수업 적정화 및 충분한 폭 에지 실시
③ 바(Bar) 에지부 온도 과냉 방지
④ 텔레스코프 발생 방지

Part 03

선재 압연 기술

Chapter 01

선재의 소재

제1절 | 선재

선재란 열간 압연된 직경 ∅5.5~40.0mm 정도의 가늘고 긴 강재를 코일상으로 권취, 정정된 것을 말한다. 원래 선(Wire)의 소재를 의미하며 압연 강재를 형상별로 분류할 경우 하나의 명칭이라 할 수 있다.

또한 선재 중에 2차 가공 공정에서 인발기에 넣어 곧은 봉형상으로써 소정의 길이로 절단해 사용되는 것(마봉강)에 대해서는 선재와 구별해서 Bar in Coil이라고 부른다. 단면의 형상은 원형이 대부분이지만, 용도에 따라 육각형, 정방형, 장방형 및 이형 단면의 것도 생산되고 있다. 치수범위는 ∅5.5~40.0mm가 많이 생산되고 있지만, 용도에 따라 ∅5.5mm의 소경이나 ∅50.0mm 전후의 극대경 선재도 있다.

중량은 1,000~2,000kg_f의 코일이 일반적이나 2차 가공 메이커의 생산성, 실수율 향상을 목적으로 한 3,000~4,000kg_f 전후의 것까지 생산되고 있다. 일반적으로는 철강을 재료로 한 코일을 선재로서 분류하지만, 동, 알루미늄, 티타늄 등 다른 금속을 재료로 한 선재도 존재한다.

제2절 | 제조 공정

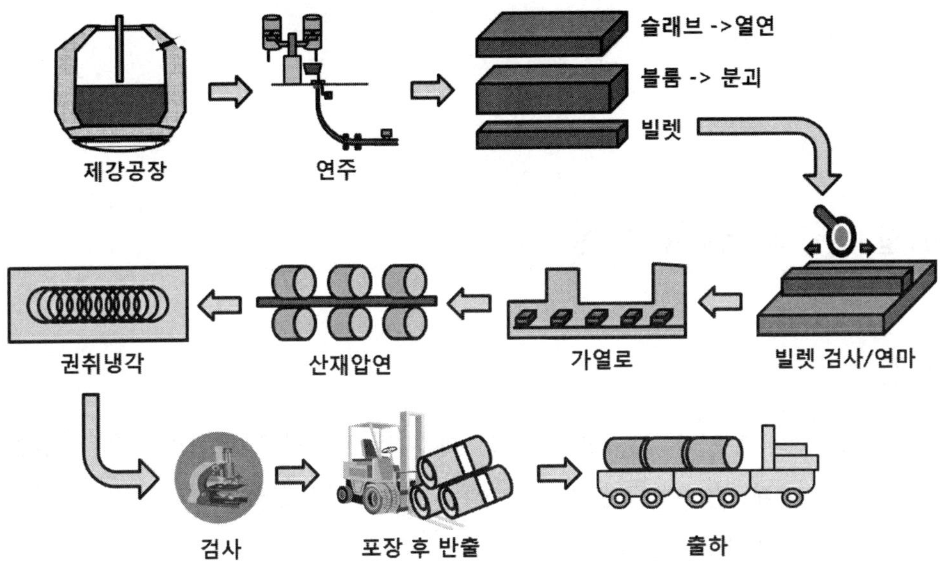

그림 3-1 ▌선재 제조 공정도

Chapter 02

선재 소재의 가열

제1절 | 노 길이 결정

1 조건

선재 압연의 소재로 사용되는 빌렛의 크기에 따라 조건을 달리하여 가열 작업을 수행하여야 한다. 이때 필요한 조건으로는 소재 크기, 가열 능력, 온도, 장입 방법 등이로 각각의 조건은 다음과 같다.

① 표준 소재 사이즈 : 두께(T) × 폭(W) × 길이(L)

② 가열 능력 : Ton/Hr

③ 장입, 추출 온도 : ℃

④ 소재 장입 방법 : 장입 열수, 장입 간격

2 결정 방법

노 길이를 결정하는 방법으로는 로상 부하에 의한 방법과 재로 시간에 의한 방법 등이 있다. 각각의 방법은 다음과 같다.

1) 노상 부하(Heating Rate)에 의한 방법

노상 부하는 노상 단위 면적(소재의 점유 면적)당, 단위 시간당 처리하는 소재 중량 ($kg_f/m^2 \cdot Hr$)으로 다음과 같은 식으로 구할 수 있다.

$$\text{Heating Rate} = \frac{\text{가열능력(kg/Hr)}}{\text{유효로장} \times \text{소재길이} \times \text{장입열수} \times \text{노상이용율} \times \text{가열능력}}$$

- $\text{노상이용율} = \dfrac{\text{소재폭}(W)}{\text{소재폭}(W) + \text{장입간격}(c)}$
- $L = \dfrac{T}{(HR \times l)}$
- L : 가열로 유효 로 길이
- T : 가열 능력(kg_f/Hr)
- ℓ: 소재 길이(m)
- HR : 1aus 가열(300~450), 2면 가열(550~600), 4면 가열(750~800)

2) 재로 시간(Heating Time)에 의한 방법

$$L = PH \times P \times HT$$

- L : 가열로 유효 로 길이
- PH : 추출 매수(P'ce/Hr)
- HT : 재로 시간(Hr)
- HT 실제 경험값 : (16~20 min/thick) – thick : inch

3 노장 결정

노상 부하/재로 시간 계산식에 의하여 계산한 결과 값을 기준으로 노내 전열 해석 프로그램 등을 이용하여 소재 승온 시뮬레이션을 통하여 확인하고 결정할 수 있다.

계산된 노장 및 각 영역(Zone)별 설정 온도 조건 하에서 목표로 하는 추출 온도 및 온도 편차(Skid Mark 발생의 원인) 확보 가능 여부를 확인할 수 있다.

제2절 | 연소 계산

연료의 발열량 및 연소 후 폐가스 성분 분석을 통하여 완전 연소에 필요한 공기량 및 폐가스량 등을 결정한다. 연소 계산에 필요한 사용 연료의 조건으로는 성분, 발열량, 비중 등이 있다.

결정 방법으로는 다음과 같은 사항이 있다.

① 연료 성분에 따른 폐가스 성분 분석

② 이론 산소량 계산 : 완전 연소에 필요한 산소량 계산

③ 이론 공기량 : (이론 산소량 ÷ 21%)

④ 실제 공기량 : (이론 공기량 × 과잉 공기비)

⑤ 폐가스량 및 구성비 계산

⑥ 단위 열량당 공기량 및 폐가스량 계산

제3절 | 열정산

가열 능력을 만족하는 노의 형식, 노체 내화물 구성 등에 따라 소재가 갖는 열량 및 각종 손실 열량을 계산하여 가열 용량 결정 및 목표 연료 원단위를 확인한다.

1 조건

열정산에 필요한 조건으로는 다음과 같은 항목들이 있다.

① 가열 능력 및 노 형식

② 표준 재료 및 추출 온도

③ 노체 / 스키드 빔(Skid Beam), 포스트(Post) 사양 및 내화물 구성

④ 노내 영역(Zone)별 온도

⑤ 실제 공기량, 폐가스량 ☜ 연소 계산

⑥ 온도 편차(Skid Mark) 확보 가능 여부 확인

2 결정 항목

열정산 결정 항목에 필요한 것들은 다음과 같다.

① 각종 입·출열량 계산

② 폐가스 이용율 계산(단위 열량당 기준)

$$\text{폐가스 이용율}(\eta) = \frac{\text{단위열량} + \text{공기 현열} - \text{폐가스}}{\text{단위 열량}}$$

③ 연료 원단위 계산(kcal/ton)

$$\text{연료원단위} = \frac{\text{손실열량 합계}(\text{kcal/hr})}{\text{가열능력}(\text{톤/hr}) \times \text{폐가스이용율}(\eta)}$$

④ 연료 발열량 계산

$$\text{연료발열량} = \text{가열능력}(\text{톤/hr}) \times \text{연료원단위}(\text{kcal/톤})$$

⑤ 각종 기기 사항 결정(버너, 송풍기, 배관 사이즈 등)

Chapter 03

선재 압연 작업

제1절 | 개요

봉과 선재 압연에는 단면 형상을 정방형이나 원형에 가까운 형상을 계속 유지하면서 단면적을 감소하기에 적합한 몇가지 정형화된 공형 계열이 사용되고 있으며, 이러한 사항은 현장의 실측에 의해 얻어지는 것으로 다음과 같은 사항들이 있다.

① 패스당 단면 감소율 즉 연신을 크게 할 수 있다.

② 연신에 의해 불필요한 폭 퍼짐 변형이 작다.

③ 표면 흠집이 발생하기 어렵고 기존의 흠집도 소멸되기 쉽다.

④ 소재를 롤갭내로 끌어 들이기가 좋다.

⑤ 롤의 국부 마모가 일어나기 어렵다.

한편 선재 및 봉 등의 원형 단면의 제품을 제조하는 경우에 사용하는 공형의 기본형은 각형(S : Square), 원형(R : Round), 타원(O : Oval), 마름모(D : Diamond) 등이며, 변형의 조합도 S → O, S → D, R → O, O → O, O → R, O → S, D → D, D → S 등이 대표적이다. <그림 3-2>는 선재 제조 기본 공형의 예를 나타낸 것으로 S → O(상하 압연) → O(좌우 압연) → S(상하 압연) → O(좌우 압연) → R(상하 압연)의 공정을 거쳐 최종 마무리에서 단면이 원형이 된다. 이와 같은 단면 형상의 변화를 거치면 재료는 충분히 단련된다. 단순히 원형을 만드는 것만이 목적은 아니다.

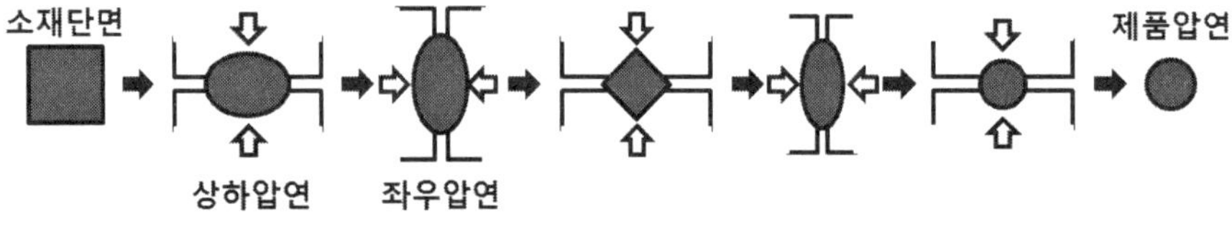

그림 3-2 | 선재 압연 공정

제2절 | 선재 압연

1 선재 압연 설비의 발전

선재는 열간 압연을 행하는 강재중에서 가장 소형인 것에 속하므로 그 압연 작업은 요구되는 특이성에 따라서 각종 강재 압연 중 독자적인 발전을 이루고 있다. 선재 압연기로서 최초의 형체는 벨지안(Belgian) 식이라고 하는 배열이다. 벨지안 식의 배치는 3단 압연기와 2단 압연기를 옆으로 연결시킨 것으로 먼저 3단 압연기로 조압연 한 후 2단 압연기로 수대 옆으로 연결시켜 다듬질 압연하는 형태이다.

이 형식에서는 압연기에서 나온 선재의 두부를 작업자가 부젓가락으로 집어서 다음의 압연기에 물려 들어가게 하는 등 작업자의 노력이 상당히 필요로 하는 작업이었다. 그후 이 방식을 개량하여 현재 널리 사용하고 있는 연속식 압연기로 발전하게 되었다. 최초의 연속식 압연기는 1862년 배드슨(Bedson) 식으로 수평롤과 수직롤을 직선적으로 배치한 것이다. 1878년 모건(Morgan)이 배드슨 식을 개량하여 전부 수평롤을 배치하였다. 그리고 이것들은 통과하는 선재를 유도장치에 의해 각 압연기 통과시마다 90° 또는 45°씩 비틀려서 진행하도록 하였다.

1882년 가렛(Garett)은 벨지안 식을 개량하여 큰 강편에서 출발하는 방법을 생각하여 2단의 조압연기와 선재 압연기를 조압한 가렛 식을 고안하였다. 이 방식으로는 266mm 각인 것을 100mm 각으로 압연하여 길이 600mm로 절단한 뒤 18대의 압연기로서 5.5mm 직경의 선재로 압연을 하였다.

2 연속식 선재 압연

조압연기, 중간 조압연기, 중간 다듬질 압연기, 다듬질 압연기 등 수십대에 달하는 롤 스탠드로 되어 있으며, 보통 다듬질 압연기는 수평롤과 수직롤을 조합하여 사용하고 있다. 강편 중량을 크게 하면 제품 전후의 온도차가 크게 되며 제품 형상이 변동할 염려가 있으나 이 압연법에서는 다듬질 속도가 고속이며 또한 조압연기를 통과중인 강재 후단부는 가열로 내에 있는 관계로 보열되므로 온도차는 거의 볼 수 없다. 공형 배치는 통상 조압연기에서 마름모꼴과 각의 방식, 중간 압연기에서는 타원, 각의 방식, 다듬질로서는 타원, 원의 방식이 채용되고 있다. 연속 압연기에서는 압연재의 유도가 모두 자동적으로 행하여진다.

검출 장치로는 HMD(Hot Metal Detector) 또는 스캐너(Scanner)를 사용해서 압연기의 진행을 감지하고 시간, 롤 회전수(RPM) 등을 제어, 구동하여 자동적으로 유도한다. 한편 다듬질 압연기와 권취기 사이에는 냉각수의 주수, 배치 그리고 열감 흠 탐상기 및 열간 사이즈 측정기 등 계측 설비들이 설치되어 모두 제어 시스템이 자동적으로 행하여진다.

3 선재 공형 압연 이론

조강 압연 시 가장 중요한 문제는 롤의 공형이다. 공형수를 작게 한다는 것은 압연 능률 면에서 바람직한 일이지만 무리하게 크게 변형되는 것이 되므로 롤의 마모 및 파손이 심하게 일어난다. 따라서 공형수는 적절한 통과 회수가 되도록 배려해야 한다. 재료의 폭은 압연 속도나 온도가 높을 때는 작고 롤 직경이 클 때는 커진다. 신장은 롤 직경이 작아짐에 따라 증가한다. 공형에서 소재가 삐어져 나와 귀(Overfill)가 생기거나 소재가 공형에 완전히 충만 되지 않을 때는 제품의 치수가 불량해진다. 롤의 마모는 단면 수축률이 과대하게 커지면 증가하고, 강재 온도가 저하할 때는 현저하게 작아진다. 단면 수축률은 일반적으로 10～30%인데 최종 공형에 가까워짐에 따라 감소하게 되는 것이 일반적이다.

선재 압연에 따른 공형 설계의 목적으로는 다음과 같다.

① 정확한 치수의 제품 생산
② 표면 결함의 발생 방지
③ 압연된 제품의 내부 응력 최소화
④ 최소의 비용으로 최대의 효과
⑤ 압연 작업의 용이
⑥ 롤의 국부적 마모 방지와 전체적 롤 마모량 감소

4 선재 냉각 설비

선재 냉각 방법은 항온 변태 이론을 기초로 한 것으로 자연 냉각(Naturaled Cooling, Normal Cooling), 공기 페이텐팅(Air Patenting), 연 페이텐팅(Lead Patenting), 조절 냉각(Controlled Cooling)의 4가지로 대별할 수 있다.

인발 가공에서 심한 비틀림을 받을 수 있도록 강에 인성을 주는 조직을 얻기 위해서 재래식으로 생산한 선재(Normal Cooling에 의한 것)는 페이턴팅 열처리를 해야 한다. 이 열처리는 임계 온도(A3 변태점) 이상으로 오랫동안 가열하여 오스테나이트 상태로 완전히 변태시킨 후 공기 송풍이나 용융 염욕(Pb Bath) 중에서 항온 변태를 시켜 선재가 요구하는 기본적인 사항을 만족시켜야 한다. 선재가 요구하는 기본적인 사항으로는 다음과 같은 4가지가 있다.

① 인발 가공을 하기 쉬운 조직을 얻어야 한다. 즉 고탄소 경강 선재의 경우 초석 페라이트의 석출이 적고 펄라이트 입자의 크기가 미세한 불용성 미세 펄라이트(Fine Pearlite) 조직인 솔바이트(Sorbite) 조직을 얻어야 한다.

② 외부 조건에 의한 조직 변화의 가능성이 최소화되어야 한다.

③ 선재 전체에 걸쳐 균일하고 우수한 기계적 성질을 얻어야 한다.

④선재 표면에서 스케일 생성량이 최소화되고 스케일 제거가 용이해야 한다.

그러나 조절 냉각 공정(Controlled Cooling Process)인 경우 선재를 2차 수요자들이 재가열함이 없이 열간 압연된 소재를 직접 조절 냉각함으로써 위와 같은 4가지 목적을 달성할 수 있다. 조절 냉각 이론은 모든 선재의 생산에 적용되어질 수 있으며, 공기 페이턴팅에 의한 것 보다 우수한 결과를 얻을 수 있어 2차 가공인 인반 가공을 하는데 있어서 공정 비용을 절감할 수 있을 뿐만 아니라 격자의 장력을 증가시키고, 격자를 냉각시키며 변태점 부근의 온도까지 재결정화를 억제함으로써 변태 온도를 강하시킨다. 변태 온도의 강하는 핵생성 속도를 증가시키기 때문에 최소의 페라이트를 갖는 미세 펄라이트 조직을 갖게 되는 것이다. 즉 열간 가공시 생긴 불규칙한 오스테나이트 입자를 미세화 및 균일화해서 우수한 인발성을 갖게 하는 것이다.

1) 공기 페이턴팅 공정(Air Patenting Process)

이 처리에 의한 선재의 조직은 미세한 불용성 펄라이트와 조대한 용해성 펄라이트의 혼합조직이며 각 조직의 비율은 오스테나이트 상태와 강의 화학 성분, 크기에 따라 다르나 보통 조대한 용해성 펄라이트 함량은 50~60% 정도이다. 페라이트의 함량은 강의 화학 성분의 함수로서 탄소량 감소에 따라 증가하며, 적당한 오스테나이징(Austenizing) 상태에서 오스테나이트 입계에서 망상으로 나타난다.

2) 연 페이턴팅 공정(Laed Patenting Process)

이 처리방법은 노에서 가열된 선재를 용융 연욕(Lead Bath) 중에 항온 변태시키는 것이다. 용융 연욕은 미리 선정된 온도를 유지하고 있으며 그 온도는 550℃ 정도이다. 선재가 용융 연욕의 온도에 도달하여 항온 변태가 완료될 때까지 그 온도를 유지한다. 그러나 사실상 완전한 항온 변태는 일어나지 않는데 그 이유는 선재의 단면적이라든가 용융 연욕의 온도가 불균일하기 때문이다. 연 페이턴팅에 의한 미세 조직은 근본적으로 대단히 미세한 불용성 펄라이트와 약 5∼10%에 달하는 용해성 펄라이트로 되어 있다.

3) 조절 냉각 공정(Controlled Cooling Process)

이 방법의 대표적인 것으로는 스텔모아법(Stelmore Method)과 슐레이만법(Schloemann Method) 등이 있으며 이것은 사상 압연기에서 열간 압연된 선재를 직접 조절 냉각(Water Cooling, Air Cooling) 하는 것이다. 즉 우선 열간 압연된 선재는 수냉대(Water Cooling Section)인 방출 파이프(Delivery Pipe)를 통과하면서 인젝션과 스트리핑(Injection & Stripping) 방식의 냉각수에 의해서 적정 온도로 급냉된다. 이렇게 급냉된 상태에서 권취기를 통해 루프(Loop) 형태를 이루며 컨베이어 상으로 이송된다. 냉각시키는 수단으로는 분사 온도(Laying Temperature), 컨베이어 속도(Conveyor Speed), 강제 송풍량을 각 선재 제품의 등급(Grade)과 크기에 따라 요구되는 조절 냉각 조건에 맞게 변화시킬 수 있다.

수냉 구간은 분사 헤드(Laying Head)에서의 적정 온도까지 가장 빠르게 도달될 수 있도록 해야 하기 때문에 가능한 짧게 설계되는 것이 좋다. 그러나 과도한 급속 냉각은 소재의 표면과 내부 사이에 온도차를 크게 하여 선재 단면의 조직이 불균일하게 되므로 주의해야 한다. 각각의 방출 파이프에는 압연 방향과 그 역방향으로 냉각수를 분사하는 노즐로 구성되어 냉각 효과와 과냉을 방지하는 균일 효과를 얻을 수 있어서 소재 단면의 조직을 전체에 걸쳐 균일하게 한다. 인성을 떨어뜨리는 마르텐사이트 조직의 형성을 방지하기 위해서는 선재의 표면 온도는 적어도 500℃ 이하로 떨어져서는 안된다. 수냉 다음에 선재는 분사 헤드에 의해 루프 형태를 이루며 강제 송풍 지역인 컨베이어에 실려서 공냉이 된다. 이때 얻어지는 조직은 미세한 불용성 펄라이트와 10~20%의 용해성 펄라이트를 갖게 되며 이때 냉각속도의 증가와 변태온도의 저하는 다음과 같은 현상을 나타낸다.

① **탄소강의 경우** : 펄라이트 입자의 정립이 이루어진다.

② **중 · 고탄소강의 경우** : 오스테나이트 입계에서 생성되는 페라이트 입자의 석출이 제한되며 더 좋은 미세한 불용성 펄라이트 조직을 얻게 된다.

이상과 같은 사실로 조절 냉각 공정은 중고탄소강에 대하여 많은 장점을 갖게 된다는 것을 알 수 있다.

표 <3-1>은 0.7%C 탄소강의 냉각 방법에 따른 재질의 특성을 비교한 것이다.

표 3-1 | 탄소강의 냉각 방법에 따른 재질 특성

구분	Conventional Cooling	Controlled Cooling	Lead Patenting
TS(kg_f/mm^2)	95	103	114
CH 내 TS(kg_f/mm^2)	–	2.28	1.05
RP(%)	50~60	10~30	5~10

이상의 선재 냉각은 인발 가공하기에 적당한 오스테나이트의 항온 변태에 의해 얻어진 솔바이트 조직을 목표로 한다. 수냉 구역에서의 급냉과 선재를 루프 형태로 하여 공기 송풍기(Air Blower)에 의한 공냉 과정은 준항온 변태를 보장해 준다. 여기에서 얻은 조직은 연 페이턴팅 선재의 조직과 거의 비슷하며 선재의 전반에 걸쳐 균일한 기계적 성질을 가져 인발성이 우수하고, 얇고 일정한 스케일을 형성시켜 제거하기도 용이하다. 이와 같이 양질의 선재가 생성됨으로써 공정에서의 비용을 절감할 수 있으며, 또한 다음 공정에서의 열처리 비용도 절감할 수 있게 되었다.

Chapter 04

주요 제품의 품질 특성

제1절 | 타이어코드(Tirecord)용 선재

1 제품 개요

① 기능 : 신선후 다양한 형태로 꼬아 타이어 보강용 소재로 사용되며 고인성 및 내피로 특성이 요구되는 강종이다.

② 수요 현황(천톤 / 년) : 세계(1,318), 국내(189)

③ 생산 현황 : 국내(140)

2 품질 요구 특성

구분	강도(kg_f/mm^2)	품질요구 특성
일반용	280	•고청정도 : T[O] < 15ppm •저 중심편석
고강도	320	

3 제조 및 가공 공정

① 제조 : 제강 → 노외정련(LF, RH) → 연주(Bloom) → 강편 → 선재(5.5mm)

② 후가공 : 선재 → 1차 신선(Drawing) → 열처리 → 2차 신선 → 열처리 → 황동도금 → 3차 습식 신선 → 연선

제2절 | 스프링(Spring)용 선재

1 제품 개요

① 기능 : 자동차 엔진 밸브 스프링으로 사용되며 고온, 고속의 가혹한 환경에서 고피로 특성 요구되는 강종이다.

② 생산 현황(천톤 / 년) : 세계 91

2 품질 요구 특성

구분	강도(kg_f/mm^2)	품질요구 특성
일반용	190	•고청정도 : T[O] < 15ppm •피로 특성 : 1000만회 이상 •선재 표면 품질 엄격 관리
고강도	210	

3 제조 및 가공 공정

① 제조 : 제강 → 노외 정련(LF, RH) → 연주(Bloom) → 강편 → 선재(5.5~8.0mm)

② 후가공 : 선재 → 산세 → 표면 절삭(Shaving) → 신선 → 열처리 → 스프링 냉간 성형

제3절 | 베어링(Bearing)강용 선재

1 제품 개요

① 기능 : 고하중과 고속회전 조건 속에서 사용되기 때문에 내마모성과 피로 특성치에 대한 소재 품질 보증이 요구되는 강종이다.

② 생산 현황(천톤 / 년) : 국내 21

2 품질 요구 특성

구분	성분(%)	품질요구 특성
Ring 베어링	1.0% C, 1.4%Cr	•고청정도 : T[O] < 10ppm •피로 수명 : 200만회 이상
Ball 베어링		

3 제조 및 가공 공정

① 제조 : 제강 → 노외 정련(LF, RH) → 연주(Bloom) → 강편 → 선재

② 후가공 : 선재 → 구상화 열처리 → 산세 → 신선 → (LA) → 압조 → 연삭 → Q/T → 조립

제4절 | 쾌삭강용 선재

1 제품 개요

일반강에 MnS 비금속 개재물 또는 Pb, Bi 등의 피삭성 원소를 단독 또는 복합적으로 첨가하여 피삭성을 향상시킨 강종이다.

2 품질 요구 특성

구분	개재물 형태	품질요구 특성
일반계(S-계)	MnS	•절삭성 : 기존강 대비 10배 이상 •개재물 형상 제어
Bi-계	MnS + Bi	

3 제조 및 가공 공정

① **제조** : 제강 → 노외정련(LF, RH) → 연주(Bloom) → 강편 → 선재
② **후가공** : 선재 → 산세 → 냉간 신선(Cold Drawing) BAR → 절삭 가공

제5절 | 경강용 선재

1 제품 개요

경강 선재는 와이어 로프(Wire Rope), 타이어 보강용 베드 와이어(Bead Wire) 및 소형 스프링 소재 등으로 사용되며 높은 인장강도와 유연성을 필요로 하는 소재로서 자동차, 항공기, 토목, 건축 분야에 이르기까지 거의 전산업에 이용되는 강종이다.

2 품질 요구 특성

규격	강도(kg_f/mm^2)	품질요구 특성
$SWRH_27A$, B ~ 72A, B	경강선, Wire Rope	• 청정도 : < 0.05% • C 편석 : < 2.0Gr
SWRH67A	Bead Wire(자동차용)	

3 제조 및 가공 공정

① 제조 : 제강 → 노외 정련(LF) → 연주(Billet) → 선재

② 후가공 : 선재 → 산세 → 1차 신선 → 열처리(Lead Patenting) → 2차 신선 → 연선(Stranding) → 제품(Wire Rope 등)

제6절 | 냉간 압조(CHQ : Cold Heading Quality), 기계구조용 선재

1 제품 개요

기계구조용, 냉간 조압용 선재는 열간, 냉간 상태에서 단조 및 압조 가공으로 각종 기계부품이나 볼트, 너트, 나사 등을 제조하는 소재로서 특히 양호한 표면 품질과 균일한 내부 품질이 요구되는 강종이다.

2 품질 요구 특성

구분	제품 용도	품질요구 특성
기계구조용	CD Bar, 단조 부품	•엄격한 표면 품질 : 결함 깊이 < 0.05mm
CHQ 선재	Bolt, Nut, Rivet, Screw	
합금강 선재	고장력 Bolt, Shaft	

3 제조 및 가공 공정

① 제조 : 제강 → 노외 정련(LF, RH) → 연주(Billet) → 선재

② 후가공 : 열처리(LA) → 산세 → 신선 → 냉간 압조 → 가공 → 열처리 → 도금 → 제품

제7절 | 연강 선재

1 제품 개요

연강 선재는 선재 강종 중에서 탄소 성분이 가장 낮은 규격(Max 0.25%C)으로서 수요가 가공 공정에서 산세 후 신선 가공 및 도금 처리를 실시하여 대부분 못, 아연도 철선 및 사무용 Pin 등 일상 생활에 필요한 여러 가지 용도로 사용되는 강종이다.

2 품질 요구 특성

규격	강도(kg_f/mm^2)	품질요구 특성
JS-SWRM6M1	극세선용, 스테이플, Steel Fiber, 소둔 철선	•엄격한 표면 품질 요구 •선재 편경 차 : < 0.60mm
JS-SWRM6B	특수 못(Gun Nail), 옷걸이, 일반 못	

3 제조 및 가공 공정

① 제조 : 제강 → 연주(Billet) → 선재

② 후가공 : 선재 → 산세 → 신선 → 열처리 → 소둔 철선

선재 제품의 주요 결함 및 원리

제1절 | 표면 결함

선재 제품에서 주로 발생하는 결함은 딱지흠(Scab), 겹침흠(Overlap), 터짐(Seam, Crack) 등이다. <표 3－2>는 선재에 사용하는 강종별 품질보증 시험 항목을 나타낸 것이다.

표 3－2 | 선재의 품질 시험 항목

강종	시험항목						
	UP－Set 표면결함	인장강도	감면율	편석	탈탄깊이	청정도	조직
연강 선재	○	○	○			○	
경강 선재 냉간 조압연용 선재 합금강 선재 피아노 선재	○	○	○	○	○	○	○
스프링강 선재	○	○		○	○	○	○
기계 구조용강 선재	○	○		○		○	
쾌삭강 선재	○	○				○	
베어링강 선재	○	○		○	○	○	○
공구강 선재	○	○		○	○	○	

1 딱지흠(Scab)

용강을 응고시키는 주조 작업 중 턴디시내의 슬래그 등 이물질이 혼입되면서 표면에 부착되어 응고되거나, 가열로 작업 중 소재 가열 시간 및 온도 부적정시에 발생하며 이때 발생한 결함이 빌렛의 표면 흠 제거가 미흡했을 때 선재에 결함으로 나타나게 된다. 딱지흠은 제품 표면에 딱지 형태로 붙어 있으며 크기와 형상이 매우 다양하다. 딱지흠 주위를 현미경으로 관찰할 경우에는 주변에 개재물이 모여 있고 탈탄 현상이 발생한 것을 관찰할 수 있다.

2 겹침흠(Overlap)

선재 압연시 롤갭이 부적절할 경우에는 귀나옴이 발생한다. 이렇게 귀가 나온 소재를 압연할 경우에 다음 스탠드에서 롤과의 접촉부위가 겹쳐지면서 압연이 될 경우에 겹침흠이 발생한다. 겹침흠은 일반적으로 길이 방향으로 길게 나타나며 일정한 형태를 유지하고 제품 표면에 다소의 각도를 가지고 있다.

3 터짐(Seam, Crack)

소재에 존재하는 크랙이 미제거 및 압연 스탠드의 각종 유도 장치에 긁혀 생긴 스크래치가 잔존한 상태로 압연되어 나타나는 결함이다. 수미터 이상 일정 길이로 불연속적으로 나타나며 대부분 가공 이전에는 발견하기가 곤란하다.

이외에도 롤마크, 긁힌흠, 수축공, 귀나옴, 마찰흠 등의 다양한 결함이 발생하며 이러한 결함들은 주로 외관을 중시하는 제품에서 치명적인 문제를 유발하기도 한다.

제2절 | 재질 결함

선재 제품은 대부분 신선 가공(Drawing)을 거치게 되며 이 과정에서 재질적인 결함이 있을 경우에 단선이 발생하게 된다. 그러나 신선 도중에 발생하는 단선은 불충분한 윤활 또는 부적절한 표면 상태와 연관된 과도한 마찰 등에도 기인하므로 단선의 형태와 원인을 정확하게 파악하여야 한다. 또한 내부 결함을 가진 소재는 1회 신선으로도 중심부를 따라 파괴가 발생하여 단선이 발생할 수 있다.

1 컵모양(Cuppy) 단선

컵모양 단선은 선의 중심부에 작용하는 인장 변형이 너무 큰 경우에 발생하게 되는데 원인은 소재 요인과 가공 요인으로 나뉘어진다. 소재의 요인은 선의 중심 편석, 개재물, 연성 불량 등이 원인이다. 가공 요인으로는 다이스 각도가 너무 크거나, 단면 감소율이 적어 표면부에는 과도한 마찰력이 작용하고 중심부에는 큰 인장 응력이 작용하는 경우에 발생한다.

2 컵과 콘(Cup and Cone) 단선

이 결함은 신선 도중에 임의의 다이스에서 공공이 발생하여, 연속된 신선 도중에 합체하여 미세 균열 또는 중심 파괴로 발전하여 점차적으로 단선에 이르게 된다. 컵 또는 콘 형태의 단선은 소재 품질뿐만 아니라 신선시의 응력-변형 상태에도 영향을 받기 때문에 작업상 관리가 어렵다. 이를 방지하기 위해서는 소재 품질의 개선 및 신선 시 변형에서 인장 응력을 안정되게 관리하는 것이 중요하다.

3 까마귀발(Crow's Feet) 모양 단선

신선 작업시 선의 표층면은 최소의 연신을, 중심부는 최대의 연신을 받게된다. 즉 중심을 기준으로 대칭적으로 응력 분포가 이루어지므로 중심부가 표면보다 더 많이 가공 경화되어 연성이 떨어지게 된다. 그러므로 단선이 발생할 때까지 신선을 하면 파괴는 신선성이 부족한 중심부에서 시작된다. 그러나 윤활제, 다이스 배열 등이 적합하지 않으면 응력 분포가 비대칭적이 되고 중심이 아닌 부분에서 공공이 발생하여 단선이 발생되는 경우를 까마귀발(Crow's Feet) 단선이라고 한다. 이를 최소화하기 위해서는 적정한 윤활제의 사용, 선의 표면 상태를 양호하게 유지하는 것, 다이스 배열을 최적화시키는 것이 중요하다.

이외에도 온도가 과도하게 높아서 발생되는 횡균열, 용접 접합 부분에서 발생하는 용접 파괴, 이물질 혼입에 의한 단선 등이 있다.

이상에서 살펴본 표면 및 재질 결함은 발생 빈도가 낮지만, 발생하더라도 철저한 사전 검사를 통하여 사전에 분류해야 한다.

Part 04

분괴 압연 기술

Chapter 01

분괴 압연의 개요

제1절 | 분괴 압연의 목적

제강 공장에서 이송된 강괴를 소재로 하여 균열, 압연 공정을 거쳐 조직을 개선함과 동시에 내부에 존재하는 기포, 파이프(pipe) 등을 압착하여 후공정인 열연, 후판, 선재 공장에서 요구하는 형상과 치수의 반제품인 강편을 제조하는 중간 공정인 열간 압연을 분괴 압연이라고 한다. 품질이 양호한 강편을 얻기 위해서는 고도의 제선, 제강 기술이 기본 요구 조건이지만 분괴 압연으로 강괴의 거친 주조 조직이 파괴되고, 강괴 내부의 가스 구멍이나 편석 등이 압착되어 가공성이 좋은 미세한 조직으로 된다.

따라서 다음의 압연 공정을 돕는 역할도 하기 때문에 직접적으로 최종 제품에 영향을 미친다.

제철소에서의 분괴 공정의 역할 및 작업의 목적을 요약하면 다음과 같다.

① 조괴 작업을 간소화하고, 제강 공장의 조업 및 작업 능률을 향상시킨다.

② 주조된 강괴를 완성품 압연 공장에 필요한 치수 및 형상의 강편으로 압연하고 표면 흠을 제거함으로써 보다 높은 생산 능률과 품질 향상을 기대할 수 있도록 한다.

③ 분괴 압연에 의하여 주조 강괴 표층부의 기포, 수지상 조직, 중심 수축공 등을 압착, 파괴하여 건전한 재질을 얻게 한다.

④ 강괴의 결함부를 절단 또는 제거하여 품질이 균일하고 양호한 압연 소재로 만든다.

이상과 같이 분괴 압연은 대량 생산을 효과적으로 수행하는 것을 목적으로 하지만, 최근에는 연속 주조의 진보에 의하여 분괴 공정이 대부분 생략되고 있다. 그러나 소량 주문의 소 로트(lot) 및 다양한 단면을 생산할 수 있으며 강괴 중량도 소 중량에서 대 중량까지 압연 대상 구간이 크며 연주화가 곤란한 강종까지도 처리할 수 있는 장점이 있다. 또, 최근에 와서 분괴 압연은 소재 및 제품의 대형화, 설비 능력의 향상, 자동화에 따른 인원 절감, 컴퓨터에 의한 최적 제어, 공정의 간소화, 정보 처리의 신속화, 품질 회수율의 향상, 원가의 절감 등 많은 발전을 하였다.

제2절 | 분괴 압연용 강편의 종류

제강 공장에서 주조된 강괴를 소재로 하여, 완성품 압연 공장에서 요구하는 형상과 치수의 반제품으로 압연한 것을 일반적으로 강편이라 한다.

강편은 치수, 형상, 용도에 따라 슬래브, 시트 바, 블룸, 빌릿, 원형강, 조형 강판 등으로 분류된다.

1 조강류 반제품

1) 블룸(bloom)

블룸은 장방형의 대강편으로서 절단면은 거의 정방향이고 모서리는 약간 둥글다. 한 변이 160mm 이상 480mm까지, 단면적은 25,600mm^2 이상이며, 길이는 최소 1m부터 최대 6m까지 있다. 용도는 대부분 압연 공장에서 대형, 중형 조강류로 압연되지만 일부는 다시 분괴, 조압연하여, 빌릿, 시트 바, 스켈프(skelp), 틴 바 등 소형의 반제품으로 만들어지는 경우도 있다.

2) 빌릿(billet)

빌릿은 단면이 정방형으로 한 변이 160mm 이하, 단면적 25,600mm^2 이하의 각형 강편으로서 소강편이라고 한다. 각형 강괴 또는 블룸을 분괴, 조압연하여 만들거나 연속 주조에 의해 만든다. 용도는 소형 조강류, 선재 등의 재료로 사용된다. 단순 압연 업체의 대부분은 빌릿으로 소형의 조강류, 선재를 만들므로 시트 바와 함께 사용량이 많은 반제품이다. 또 일부는 차량 피스톤, 크랭크 샤프트 등의 단조용 강편으로 사용한다.

2 강판용 반제품

1) 슬래브(slab)

슬래브는 연속 주조에 의해 직접 주조하거나 편평 강괴 또는 블룸을 조압한 것으로서 단면은 장방형이고 모서리는 약간 둥글다. 치수는 여러 가지이며, 보통 두께가 50mm를 초과하고 폭은 두께의 2배 이상의 강편, 강판 및 강대의 압연 소재로 사용한다.

2) 시트 바(sheet bar)

각형 강괴 또는 블룸을 분괴, 조압연한 것으로서 판을 옆으로 절단한 것과 같은 모양의 가늘고 긴 형태로 되어 있다. 치수는 두께 7.6mm부터 16.8mm, 폭은 250mm, 길이는 최대 10m이다. 박판, 규소 강판 등 박판류의 재료로 사용되며, 빌릿과 함께 생산량에 대한 판매량의 비율이 가장 큰 반제품이다. 또 일부는 차량 피스톤, 크랭크 샤프트 등의 단조용 강편으로 사용한다.

3) 틴 바(tin bar)

블룸을 분괴, 조압연한 것으로서 석도 원판의 재료이며, 형상 및 시트 바와 같기 때문에 시트바에 포함시키기도 한다. 외판용은 길이 5m 정도의 것이 많고 이것을 구입하는 단순 압연 업체는 소요 원판의 치수에 따라서 적당히 절단하여 석도 원판으로 압연한다.

4) 틴 바 인 코일(tin bar in coil)

석도 원판용 소재를 연속 압연하여 코일 모양으로 감은 것이다, 두께 1.9~1.2mm, 폭 200mm 정도, 중량 2~3t 정도의 것이 많이 만들어진다.

3 강관용 반제품

1) 스켈프(skelp)

빌릿을 분괴 조압연한 것으로서 띠 모양으로 양단이 용접하기 좋게 85~88°로 경사져 있다. 강괴는 극연강으로서 두께 2.2~3.4mm, 폭 56~160mm, 길이 5m 전후의 것이 많다.

2) 후프(hoop)

강판을 폭이 좁은 형상의 띠 모양으로 절단 가공하여 감아 놓은 강대를 말한다. 주로 포장용으로 사용되며 용접 강관, 전봉 강관용 강대로 스켈프도 같은 강대이지만 코일로 되어 있는 점이 스켈프와 다르다. 강질은 연강, 반경강에 해당된다.

슬래브, 시트 바는 후판, 박판 등의 강판용 소재이지만, 열간 스트립 압연기(hot strip mill)의 보급에 의하여 소강편인 시트 바는 거의 자취를 감추고 있다. 또, 블룸, 빌릿은 형강, 선재 등의 조강용이지만, 특히 대형 형강용 소재로서는 제품 형상과 흡사한 조형 강편이 사용되는 일이 많다(<그림 4-1>).

강편 명칭	강편의 형상, 치수	대표적 분괴 압연의 형식	강편 용도(제품)
슬래브	$t > 45$ mm $b/t > 2$ t, b	2단 가열식 유니버설식	판재:열 · 냉연 강판 중후판 열 · 냉연 코일 박판 · 도금 강판
시트 바	$t \leq 45$ mm $b/t > 2$ t, b	2단 연속식 2단 가역식	판재:소 · 대강 박판
블룸	$a, b > 130$ mm 혹은 $a \times b > 16{,}900$ mm^2 b, a	2단 가역식	형강:형강, 빌릿, 원형강 빌릿 원형강 계목판 밸브 플레이트 H형강 ㄱ형강 ㄷ형강 궤조
빌릿	$a, b \leq 130$ mm 혹은 $a \times b \leq 16{,}900$ mm^2 a, b	2단 가역식	형강:소형 형강, 봉강, 선재, 콘크리트, 봉강 봉강 바인 코일
형 강편 (빔 블랜드)	형강과 비슷한 강편 h, b	2단 가역식 2단 가역식	형강:대형 형강 H형강 시트 파일
원형강	원형 주상	2단 연속식 3단식	형강 판재

그림 4-1 ▌ 강편의 종류에 따른 형상과 분괴 압연 형식

Chapter 02

분괴 압연 작업

제1절 | 분괴 압연 설비

1 균열 설비

1) 균열로

제강 공장에서 이송된 강괴를 분괴 압연하기에 알맞은 온도로 균일하게 가열하고, 다음 출강 때까지 제강 공장에서 공급되는 강괴를 잠시 모아 두었다가 계속해서 분괴 압연 공장으로 보내는 것이다. 균열로가 구비해야 할 조건은 열효율이 높을 것, 온도 제어가 용이할 것, 노 내의 온도 분포가 균일할 것, 수명이 길고 유지 보수가 간단할 것, 전체적인 건설비가 적게 들 것 등이다.

공기의 예열 방법에 따라 축열식과 환열식으로 나누며, 연소 방법에 따라 상부 연소식과 하부 연소식으로 나뉘는데 열효율이 좋지 않은 축열식 가열로는 최근에는 거의 사용하지 않고 상부 방향 연소 환열식을 사용하고 있다.

균열로의 배치 설계(layout)는 제강과 분괴, 분열과 압연 설비, 공장 부지에 맞추어 강괴 운반에 가장 편리하게 다량 강괴를 능률적으로 처리토록 배치해야 한다. 균열 작업장과 압연 라인의 전형적인 배치는 T자형과 직선형이 있으며, 열간 대차로부터 크레인을 이용하여 균열로에 강괴를 장입하고 균열이 완료되면 균열된 강괴를 크레인으로 다시 추출하여 주괴 운반차(ingot buggy)에 의해 압연 라인의 롤러 테이블(roller table)까지 이송한다. 균열로는 로 본체, 연소 설비, 열교환기 등의 주 설비와 균열로 크레인(soaking pit crane), 주괴 운반차(ingot buggy), 커버 캐리지(cover carriage) 등의 부대설비가 있다.

2) 균열로 본체

① **축열식 균열로** : 노의 양측 하부에 축열실을 가지고 있다.

② **상부 2 방향 연소 환열식 균열로** : 노의 상부 양측판에 마주 향한 버너가 있고 폐가스 연도 직후에 환열기를 가지고 있다.

③ **상부 2 방향 연소 환열식 균열로** : 노의 상부 양측판의 버너를 가지고 그 하부에 폐가스 연도를 가지는 형식으로 당사에서 취하고 있는 형식이다.

3) 부대 설비

균열로 크레인(soaking pit crane), 주괴 운반차(ingot buggy), 커버 캐리지(cover carriage), 잉곳 테이블(ingot table), 노상재 반입 설비, 탄각(cinder) 반출 설비로 구성되어 있다.

2 압연 설비

1) 압연기의 형식

강괴로부터 주로 블룸(bloom)을 생산하는 압연기를 분괴 압연기(blooming mill), 강판용의 슬래브(slab)를 주로 압연하는 것을 슬래브 압연기(slabbing mill), 또 빌릿(billet)을 압연하는 것을 빌릿 압연기(billet mill)라 부른다. 빌릿 압연기는 단독으로 존재하는 것이 적고, 분괴 압연기에 속해 있는 것이 보통이다. 공장에 따라서는 분괴 압연기(blooming mill)와 슬래브 압연기(slabbing mill)을 합쳐 분괴 공장이라 부르고, 빌릿 압연기(billet mill)는 별도로 강편 공장이라 부른다. 분괴 압연기는 구조상으로 다음과 같이 분류한다.

가) 블룸 및 슬래브의 압연

분괴 압연기에 주로 사용되는 2단 가역식 압연기(two high reversing mill)에는 blooming, high lift blooming mil, universal slabbing mil의 3형식이 있으며, 일반적인 압연 공정은 다음과 같다. 처음에는 가볍게 압하를 가해서 주조 조직을 먼저 파괴한다. 다음 공정에서 한 면만의 압화를 계속하면 형상도 좋아지지 않고 에지 크랙(edge crack)을 생기게 할 우려가 있으므로 소재를 90° 회전시켜 면을 바꿔 가면서 압하를 해 나간다. 표면 품질을 향상시키기 위해서는 압연기에 스케일 제거 장치를 부착하여 가열 중 또는 압연 중에 발생하는 스케일을 깨끗이 제거해야 한다.

나) 빌릿 압연기

빌릿의 압연 공장에는 분괴 압연기를 포함한 강편 압연기의 배열에는 세 가지가 있다.

① **단축식 배열** : 주로 3단 압연기(three high mill)로 구성되고 생산량이 적고 강편의 온도 저하가 크므로 최신 빌릿 압연 공장으로는 거의 사용되지 않는다.

② **크로스컨트리(cross country)식 배열** : 다수의 스탠드로 구성되며 압연되는 소재는 동시에 2스탠드 이상에서 압연되는 일이 없도록 배치되어 있다. 따라서 각 스탠드는 병렬로 배치되어 있으며 소재는 각 스탠드 전후면의 롤러 테이블(roller table)로 이송되어 각 스탠드마다 압연 방향을 반대로 하여 압연하고 있다. 이 형식은 단축식 배열에 비하여 압연 속도가 빠르고 보다 광범위한 치수의 강편 압연이 가능하고 고급강의 압연에도 적합하다.

③ **연속식 배열** : 2단 압연기를 직렬로 배열하고 4대 혹은 6대의 스탠드를 한 개의 군(group)으로 배치한 것이 많으며, 생산 제품에 따라 수평 압연기와 수직 압연기를 교대로 배치하는 경우도 많다. 연속식 배열은 구조가 복잡하지만 장점은 다음과 같다.

압연 속도를 크게 할 수 있으므로 생산성이 높으며, 소재의 온도 강하가 적다. 각 롤 스탠드는 별개의 압연 전동기가 구동하므로 장력 조절이 용이하다. 수직 롤, 수평 롤이 교대로 배치되어 소재가 비틀리지 않고 압연될 수 있다.

다) 시트 바(sheet bar)

압연시트 바는 빌릿 공장과 똑같은 설비를 가진 공장에서 압연된다. 시트 바는 그 재질니 양호한 경우에도 충분한 에징(edging)을 하지 않으면 압연 중에 재료의 구석에 흠이 생긴다. 따라서 홈공형을 사용하는 경우가 많다.

2) 압연기의 기능

① 강괴를 다음 공정에서 요구하는 소정의 칫수로 압연 성형한다.

② 강괴를 단련하고, 강괴의 표면 및 내부 성상을 개선한다.

③ 강괴를 능률적으로, 경제적으로 처리한다.

3) 설비 구성

가) 롤 스탠드

사용되는 광괴의 크기, 압연 제품의 모양 및 압하 스케줄에 의해 설계되며, 개두식과 폐두식이 있다.

나) 머니퓰레이터(manipulator)

사이드 가이드(side guide)와 핑거(finger) 장치로 구성되고 가혹한 충격과 열을 받으므로 특히 튼튼한 것이 요구된다.

다) 압하 장치

압하 나사 및 암나사와 이 암나사를 구동하는 기어 장치로 구성되어 있다.

라) 롤

분괴 압연에 사용되는 롤의 재질은 단강, 주강, 특수 주강, 특수 단강 및 구상 흑연주철이 있다. 또한, 롤에 요구되는 성질은 내마모성, 내충격성, 내열균열(fire crack)성이 대표적이다.

마) 스핀들

롤에 동력을 전달하는 것으로 상부 롤은 특히 승강을 하고 하부 롤도 롤 지름에 의해서 중심 위치를 변경하므로, 스핀들의 양단은 유니버설 커플링으로 되어 있다.

바) 롤 냉각 장치

롤은 압연 중 반복하여 열 강괴에 접하므로 그 냉각을 위하여 냉각수를 공급하여야 한다.

사) 핫 스카퍼

강괴의 표면에는 스캡(scab), 크랙(crack), 표층 개재물 등의 유해한 결함이 있고 그의 일부는 균열로, 압연 과정에서 탈락 소멸하지만 대부분은 잔류하고 또 균열로 공정에서 표면 탈탄층이 생기므로, 이러한 결함을 제거하기 위한 설비이다.

아) 전단기

전단은 불량 부분을 자르고 규정된 길이로 제품을 자르는 것이 목적으로 통상 업컷 시어(up cut shear) 형식이다.

자) 냉각 설비

압연과 절단을 완료한 강편은 다음 압연 공정 또는 가열로에 직송하는 외에는 수송, 손질이 가능한 온도까지 냉각하는 설비이다.

제2절 | 분괴 압연 공정

1 제조 공정과 배치

1) 제조 공정

가) 분괴 공정

분괴 공정은 제선, 제강, 분괴, 압연의 선강 일관 공정의 중간에 위치하고 있으며, 그 제조 공정을 요약하면 강괴의 균열, 분괴 압연, 절단, 강편 교정으로 나눌 수 있다. 각 공정은 공장에 따라 다르나 블룸, 빌릿 등을 생산하는 형강용 분괴와 슬래브를 생산하는 강편용 분괴로 크게 나눈다. 강편용 분괴에서도 조형 강편용 분괴는 판용 분괴에 가까우나, 빌릿을 생산하는 공장은 분괴 압연기 외에 여러 대의 강편 압연기(billet mill)가 있는 것이 특징이다.

그림 4-2는 분괴 공장의 일반적인 공정을 공정도로 나타낸 것이다.

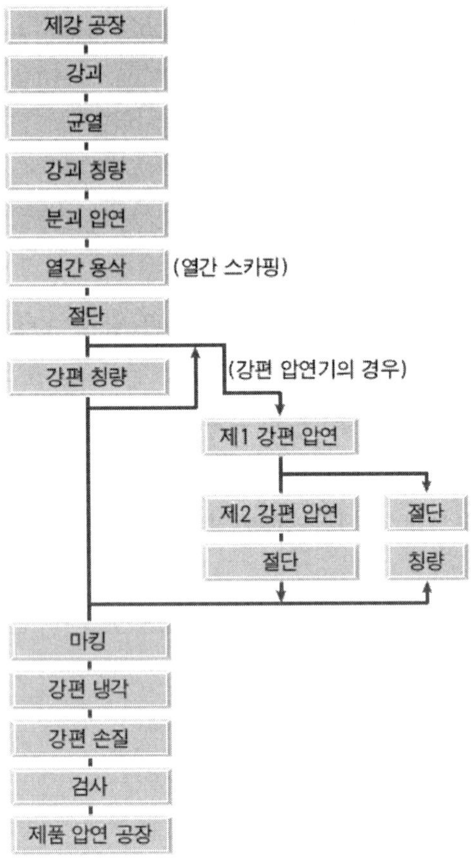

그림 4-2 ❙ 분괴 공장의 제조 공정

나) 분괴 공정의 기능

분괴 작업에서 각 공정별 기능을 요약하면 다음과 같다.

① **가열로** : 강괴를 압연에 적합한 균일한 온도로 최단 시간에 최소의 연료로 가열한다.

② **분괴 압연** : 강괴를 최소 횟수, 최단 시간에 정해진 치수 및 정밀도의 강편으로 압연한다.

③ **열간 스카핑** : 열연 강편의 표면을 지정한 깊이만큼 일정하게 스카프하여 표면 흠을 제거한다.

④ **강편 압연** : 분괴 압연된 블룸을 재가열하지 않고 계속해서 압연하여 빌릿, 원형강, 시트 바 등의 소형 강편으로 한다.

⑤ **절단** : 압연된 강편의 끝 부분에 생긴 귀, 내·외부의 결함을 절단 및 제거하고, 지정된 길이의 강편을 채취한다.
⑥ **강과 강편의 칭량** : 무게를 칭량하여 생산량 계산과 회수율의 관리 자료로 사용한다.
⑦ **마킹** : 강편마다 번호, 품종 등을 표기하여 다른 재료와의 섞임을 방지하고 공정관리의 자료로 사용한다.
⑧ **냉각** : 강편의 수송과 손질 등을 처리 가능한 저온까지 허용된 냉각 속도로 냉각한다.
⑨ **강편 손질** : 강편을 검사하여 표면 흠, 단면 잔류 파이프 형상, 치수 등의 기준에서 벗어난 것을 불합격으로 하고, 구제가 가능한 것은 일부 절삭하여 스카프, 연삭 등의 손질을 하여 일정한 품질의 강편으로 한다.

2) 분괴 공장의 배치

가) 배치 계획 때 유의할 점

분괴 공장의 배치는 각 공장의 특성에 따라 독자적인 형태로 배치하고, 그 공장의 생산량, 대지, 제강 공장이나 압연 공장과의 관계 및 장래의 확장 계획 등을 고려해야 하며, 또 다음 사항들을 만족할 수 있도록 배치해야 한다.

① 제강 공장에서의 강괴 반출이 능률적으로 될 수 있어야 한다.
② 균열로에서 압연, 절단, 교정 등의 공정이 능률적으로 이루어질 수 있어야 한다.
③ 제품, 반제품들을 다음 공정으로 운반하기 쉬워야 한다.
④ 작업의 단순화, 안전화가 필요하며 작업 인원이 적게 들도록 한다.
⑤ 장래의 생산 능력 보장 및 설비 확장 등을 고려한다.

나) 균열로(soaking pit)와 압연 라인의 배치

균열로와 압연 라인의 배치는 강괴를 균열로에 장입하거나 추출하는 데 영향을 미치므로 압연기의 가동률에도 영향을 미친다.

다) 제강 공장과 분괴 공장의 배치

제강 공장의 배치 방법에는 여러 가지가 있으나, 이것은 트럭 타임을 좌우하게 되므로 매우 중요하다. 또, 두 공장 사이에는 냉각된 강괴를 적치할 수 있는 충분한 공간이 필요하다.

라) 분괴 공장과 제품 압연 공장의 배치

분괴 압연과 제품 압연은 그 작업이 서로 밀접한 관계에 있기 때문에 서로 가까이 배치하는 것이 보통이다.

특히, 연속 주조의 개발, 보급에 따라 재료의 흐름이 분괴에 의한 강편 라인과 연속 주조에 의한 강편 라인 등 두 가지가 있으며, 교정 공정의 배치 및 공정 관리가 문제로 되어 있다.

2 균열로 조업

1) 가열 작업

균열로에 의한 강괴의 가열은 최근 자동 제어의 발달에 의하여 가열 작업이 효과적으로 진행된다. 자동 제어 연소 장치에 의한 균열로의 운전에는 연료 최대 유량, 노압, 연소 공기비, 예열 장치의 온도 설정값을 노황에 맞추어 언제나 점검하는 것이 중요하다. 또, 열전쌍 온도계, 유량계, 예열 온도 등의 조정이나 지시값에 대해서도 주의해야 한다. 가열 방법에는 보통 가열법, 급속 가열법 및 프로그램 가열법 등이 있다. 급속 가열법(set-up)은 연료의 최대 유입 시간을 연장하여 급속히 가열하는 것으로, <그림 4-3>에 보통 가열법과 급속 가열법을 비교하여 나타내었다.

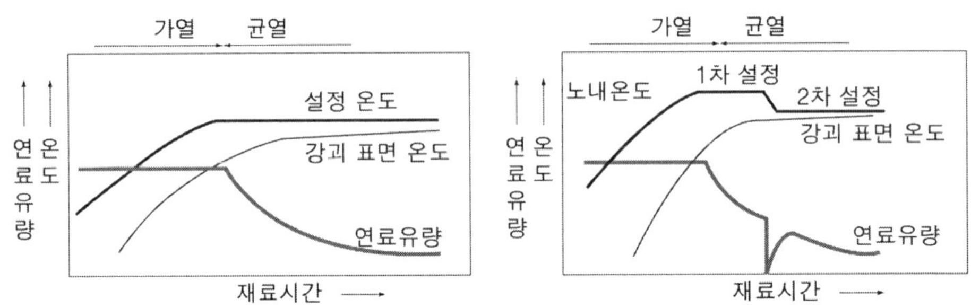

그림 4-3 | 균열로의 가열 곡선

급속 가열법은 보통 가열법의 설정 온도보다 20~50°C가 높은 승열 온도(1차 설정)를 설정하여, 설정 온도를 보통 가열법의 균열 온도(2차 설정)까지 낮추어 균열하는 방법이다. 급속 가열법의 경우, 1차 설정 온도가 높든지 트랙 타임(track time)이 짧으면, 강괴 머리 부분의 과열에 의한 워싱이나 버닝 연소 때문에 품질상의 결함이 생길 위험이 있으므로, 적정한 조정에 의하여 재로 시간을 1시간 내외로 단축하도록 하는 것이 좋다. 특수강의 경우에는 장시간 동안 고온으로 유지할 수 없거나 승열 온도를 제한해야 하는 것이 있기 때문에, 이들에 대해서는 보통 복잡한 가열 곡선에 의한 프로그램 가열법이 채용되고 있다. 프로그램 가열법을 채용할 때에는 프로그램 설정기를 설치하고, 처음부터 승열 형식을 설정하여 자동적으로 승열할 수 있게 하고 있다. 프로그램 설정기에는 드럼식, 캠식, 타이머식 등이 있다.

2) 연소

균열로에 사용되는 연료에는 기체 연료로 고로 가스, 코크스로 가스, 전로 가스, 천연가스 또는 이들의 혼합 가스가 있다. 또한, 액체 연료로 중유가 사용된다. 연료에 필요한 공기량은 다음과 같이 계산한다.

가) 이론 공기량

① 액체의 경우

$$A_0 = 8.89C + 26.7\left(H - \frac{O}{8}\right) + 3.33S(Nm^3/kg)$$

• T_{max} : 최대능력 • T_{eff} : 유효능력 • h : 야드의 이용율

② 고체의 경우

$$A_0 = 1/0.210.5H_2 + 0.5CO_2 - 2CH_4 + 3C_2H_4 + 2.5C_2H_2 + 7.5C_6H_6 - O_2(Nm^3/Nm^3)$$

여기서, A_0 : 연료 단위량당 이론 공기량(Nm^3)
C, H, O, S : 각 연료 중의 C, H, O, S의 중량 비율
H_2, CO_2, CH_4, C_2H_4, C_2H_2, C_6H_6, O_2 : 각 연료 중의 수소, 이산화탄소, 메탄, 에틸렌, 아세틸렌, 벤젠, 산소의 용적 비율

나) 필요한 공기량

필요한 공기량은 다음과 같이 나타낼 수 있다.

$$A = \mu A_0$$

위 식에서 μ는 공기율 또는 공기 과잉 계수라 하는데, 연료의 완전 연소를 측정하기 위하여 연소용 공기를 약간 많이 공급하는 과잉비이다. 균열로에서는 공기율이 낮으

면 연도나 예열 장치 안에 애프터 버닝(after burning)이 일어나고, 높으면 강괴의 스케일이 두껍게 되든지 열손실이 증가한다. 여기서, A를 공기 연소비라고 부르기도 한다. n 의 값은 연료나 버너 형상에 따라서 차이가 있으나, 일반적으로 1.05~1.25의 범위로 한다. 또, 적당한 공기율을 유지하기 위하여 폐기 가스를 정기적으로 채취하여 O2, CO 발생률을 조사하든지, 산소 측정기를 설치하여 연속적으로 폐기 가스 분석을 하는 등 연소 관리가 중요하다.

3) 노압

노 내 압력이 알맞지 않으면 연소 가스의 흐름이 변화하기 때문에 강괴를 균일하게 가열하기가 곤란하다. 노압이 높으면 노 뚜껑 및 내화물 사이로부터 화염이 분출하여 노를 상하게 하거나 강괴의 상부만이 가열되는 수가 있다. 반대로, 노압이 낮으면 침입 공기가 증가하여 연료 효율의 저하, 스케일의 성장 및 버너 근처에 있는 강괴의 과열 등이 일어난다. 따라서, 노압이 0인 점을 어디에 두는지가 문제가 되지만, 균열로에서는 일반적으로 노저 가까이에 두어서 강괴의 끝 부근은 +1mmAq 정도로 제어한다.

4) 추출 가능의 판정

균열과 강괴의 가열이 끝나면 추출을 해야 하는데, 추출 온도에 대한 판정은 설비, 강괴, 작업 방법 등의 차이 때문에 공장에 따라 다르게 된다. 또, 강괴의 온도 분포 측정이 곤란하기 때문에 확실성이 없었으나, 최근에 컴퓨터의 활용에 의하여 정확도가 향상되고 있다. 강괴 추출 온도의 판정 방법은 다음과 같다.

① 강과의 표면 온도 측정에 의한 것 : 방사 온도계, 광고온계

② 트랙 타임의 1차식 또는 지수 관계식 : 과거의 자료를 해석하여 트랙 타임, 장입량, 주형 등의 회기식으로 한 것이다. 이 방법은 장입 시점에서 추출 가능 시각을 알 수 있으므로 편리하지만, 장입법, 노황 등의 요인에 의해서 차이가 많다.

③ 지정 유량 도달 시간 + α : 강괴가 균열되는 시점은 노 내 입열과 노 자체의 열손실이 평행할 때이다. α를 결정하는 방법은 강종, 주형, 장입 톤수, 트랙 타임별로 정하는 일이 많다. 또, 유량 강하 곡선을 수식화하여 컴퓨터에 의해 가열 예측을 판정하는 방법도 있어 효과적이다.

④ 설정 온도 도달 시간 + α : 위에서 말한 지정 유량 도달 방식의 감쇠 후 지정 유량 도달 시간 대신에 가장 빨리 설정 온도 도달 시간을 사용하는 것으로, α에

대해서는 위와 같은 분류로 계수를 정한다.

⑤ **강괴 열 계산에 의한 방법** : 위의 여러 가지 방법을 망라한 것으로서, 트랙 타임에 의한 강괴의 열 이력, 노 내 열수지, 강괴 속의 입열 등을 종합적으로 감안하여 추출 가능을 예측, 판정하는 방법으로 컴퓨터를 필요하다.

이와 같은 컴퓨터 제어의 한 예를 들면, 용강 주입에서 균열로 장입까지의 강괴 이력에서 균열로 장입할 때의 강괴 온도 분포를 구하여, 장입 후 균열로 공정값으로부터 강괴와 노와의 열 계산을 하여 강괴의 온도 분포 변화를 계산한다. 강괴가 소정의 추출 가능 조건을 만족시키는 시점을 예측, 계산하여 가열 시간으로 한다.

3 패스 스케줄의 작성

1) 가열 작업

분괴 압연 작업을 능률적으로 하기 위하여 피압연재의 변형, 변형 저항, 소성 변형을 고려한 패스 스케줄(pass schedule)을 작성한다. 패스 스케줄의 구성은 다음 세 가지로 구분된다.

① 균열된 강괴 표면에 있는 1차 스케일의 박리 및 표층부 주조 조직의 단련을 목적으로 하는 초기 공정

② 내부 조직의 단련과 성형을 하는 단련 공정

③ 소요 치수, 형상으로 성형하기 위한 완성 공정

구체적인 패스 스케줄은 최초 압하량과 접촉각, 폭 물림, 롤 스프링 등을 결정해야 한다. 보통, 초기 패스는 4회, 접촉각은 평패스의 경우 23° 이하, 공형 패스에 대해서는 측면의 마찰을 고려하여 28° 이하로 한다.

폭 늘임에 대해서는 <그림 4-4>에 나타낸 것과 같이 패스마다 차이가 크고, 기존의 이론식을 단순히 적용할 수 없으므로 보통 실측값을 사용한다. 리더 패스의 압하, 완성 패스의 압하를 결정하기 위하여 롤 스프링에 대해 알아야 한다.

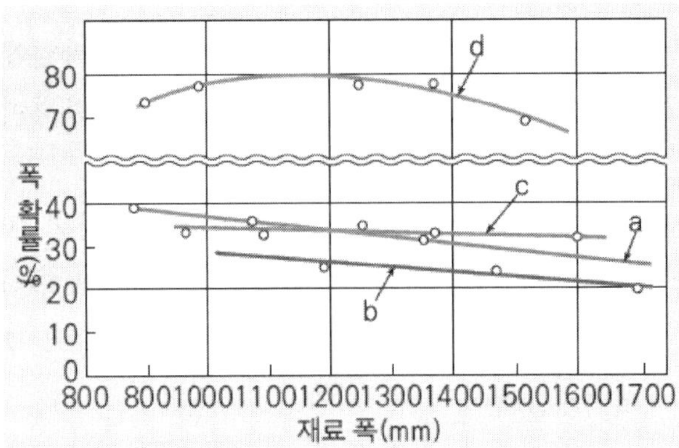

a : 에지(edge)패스 2회 후 슬랫 패스 8회
b : 에지 패스 2회
c : 2회째의 에지 패스 후 슬랫 패스 4회
d : 리더 패스

그림 4-4 ▮ 광폭 실측값(저탄소강의 경우)

실용적인 롤 스프링은 압연 후의 재료 두께와 롤 간극의 차로 구한다. 최대 부하량은 변형 능력이 큰 보통 탄소강의 경우, 전동기의 허용 토크 한도까지 취한다. 따라서, 이론식에 의한 산출도 가능하지만, 계수의 결정이 곤란하고 실제적인 것이 아니므로 일반적으로 동력 곡선을 사용한다. 강의 변태 저항은 온도와 화학 성분에 따라 크게 변화하는 것으로, 균열도의 안정을 측정한 다음 재질별 주형마다 동력 곡선을 실측한다. <그림 4-5>는 분괴(blooming) 압연기에 있어서의 동력 곡선 실측의 예를 들었다. 최대 압하량은 동력 곡선에 의해서 알 수 있으며, 압연 토크는 다음과 같은 관계식에 의하여 구한다.

$$T = \frac{1}{2} g \times \Delta HHT \times \rho \times A \times D$$

여기서, T : 압연토크($kg_f \cdot m$)

g : 중력가속도(m/s^2)

ΔHHT : 각 패스 소요 출력($Hp \cdot H/t$)

ρ : 비중

A : 강재단면적(m^2)

D : 작동지름(m)

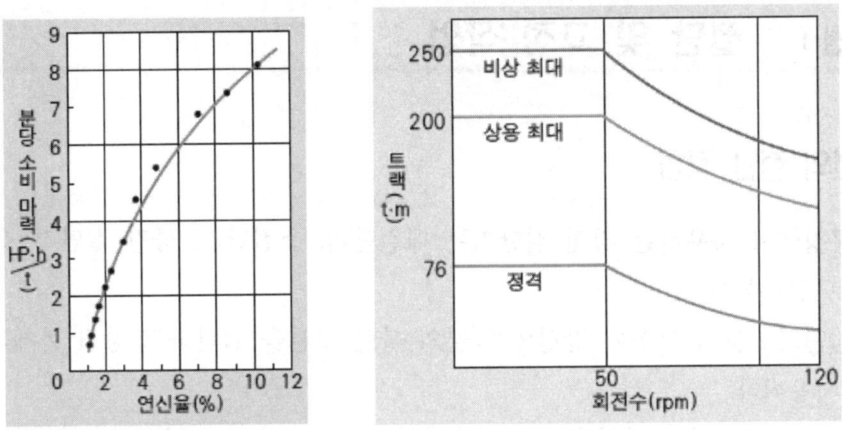

그림 4-5 ▎동력 곡선 계산 예

4 품질에 미치는 분괴 압연의 영향

압연 온도, 열간 변형률이 작은 특수강에 대해서는 강종마다 압연 온도, 압하량을 규정한다. 예를 들면, 마텐사이트계 스테인리스강에서는 1,100~1,200℃에서 압연을 개시하고 825℃ 부근에서 일어나는 변태를 고려하여 950℃ 이상에서 압연을 종료한다. 페라이트계 및 오스테나이트계 스테인리스강에서는 변태가 일어나지 않으므로 압연 온도를 넓게 취할 수 있으나, 후자는 고온에 의한 결정립의 성장 때문에 균열 발생을 고려하여 압연 온도를 1,250℃ 이하로 하는 등 야금학상의 배려를 필요로 한다. 보통 강에 대해서도 완성 온도의 하한을 정하여 압연 결함이 생기지 않도록 유의한다.

제3절 | 절단 및 교정 작업

1 강편의 절단 작업

분괴 공장에서 사용하는 강편 절단기는 대절단기, 소절단기, 중간 절단기, 열간 기계 톱으로 분류한다.

① **대절단기** : 분괴 압연된 강편의 양끝의 불량 부분을 절단하고 강편 본체의 분할에 사용된다.

② **소절단기** : 빌릿의 분할용으로 사용하며 구조는 대절단기와 비슷하다.

③ **중간 절단기** : 주로 연속 강편 압연기의 뒤쪽에 인접하여 설치하며 구조는 대절단기와 비슷하다.

④ **열간 기계톱** : 주로 원형 강편의 절단용으로 사용된다. 강편 양끝의 절단량은 압연 회수율과 강편 품질에 영향을 주게 된다.

따라서 절단 기준을 표준화하여 작업 관리를 해야 한다. 절단 기준을 결정할 때에는 완성품 압연의 경우 완성품 압연에 지장이 없는 범위 내에서 2, 3회 정도 절단을 하여 절단 정밀도를 높인다. 압연되는 강편을 연속 절단기로 절단할 때에는 강편의 단위 무게와 단위 길이가 주어지기 때문에 자르고 나면 끝에 가서 짧은 강편이 남는 경우가 흔히 발생한다.

보통, 강편의 길이나 무게에는 어느 정도 허용값이 주어지게 되므로 절단하기 전에 압연되는 총길이를 예측하여 짧은 강편이 생기지 않고 공차 범위 내에서 절단 길이를 산출하여 강괴의 회수율을 높이고 있다.

2 강편의 손질 작업

1) 가열 작업

교정 압연 또는 주조된 강편에는 표면 결함, 내부 결함 또는 치수 및 형상 불량 등에 의해 그대로는 다음 공정에서 사용할 수 없는 것이 있다. 따라서, 강편 또는 주괴의 검사와 손질 작업을 하게 된다. 강편의 열간 손질 작업에는 강편의 표면 흠을 압연 과정에서 제거할 수 있는 열간 스카핑기(hot scarfing machine)가 개발되어 품질면과 단가면에 많은 도움을 주고 있다.

열간 스카프는 아세틸렌가스, 프로판가스 또는 CO가스를 보조 연료로 하고, 산소가스를 강편 표면에 고속으로 뿜어 표층부를 산화, 제거하는 것으로, 보통 절단기의 앞부분에 설치하여 슬래브, 블룸, 조형 강편의 손질 작업에 이용되고 있는데, 그 특징은 다음과 같다.

① 균일한 스카프가 가능하며 평탄한 손질 면을 얻을 수 있다.
② 손질 깊이의 조정이 용이하다.
③ 작업 속도가 빠르고 압연 능률을 떨어뜨리지 않는다.
④ 산소 소비량이 적다(냉간 스카프의 절반 이하).

열간 스카프는 그 생성 슬래그 조성을 <표 4-1>에서 알 수 있는 바와 같이 Fe, O_2 사이의 발열 반응에 의해 발생한 고열로 철분도 용융되어 산소 제트로 비산되는 것을 알 수 있다. 따라서, 스카프 깊이에 관계하는 것으로서는 강편 온도, 강편의 화학 조성, 산소 압력, 산소 순환도, 스카프 속도를 들 수 있다. <그림 4-6>은 이들의 상호관계를 나타낸 것이다.

표 4-1 ▌스카프 슬래그의 조성

T · Fe	FeO	Fe_2O_3	SiO_2	MnO	M · Fe
88.20	33.67	14.30	0.11	0.41	52.00

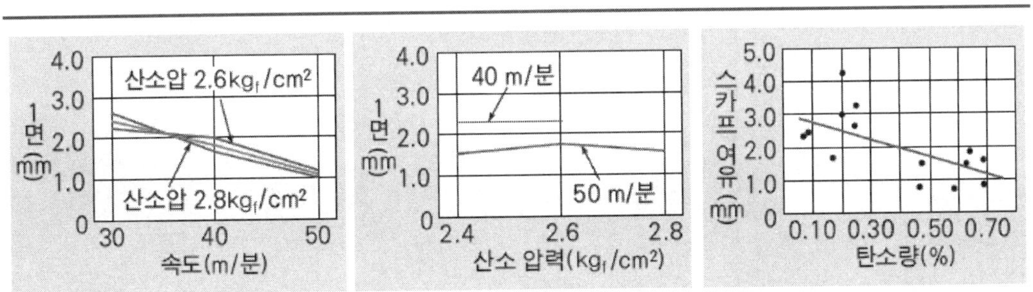

(a) 스카프 속도와의 관계 (b) 산소 압력과의 관계 (c) 강편 탄소량과의 관계

그림 4-6 ▌스카프의 깊이에 관계되는 요소

이중 산소 압력과 스카프 여유와의 관계는 산소압을 올리면 스카프가 불안정하게 되고 스카프 면의 요철이 심하게 되므로 실제 작업에서는 압력 범위를 일정하게 한정해야 한다. 작업 기준으로서는 탄소 성분마다 테이블 속도를 정해 스카프 여유를 제어한다. 열간 스카프에 의한 회수율 손실은 수 %에 이르는데, 이것은 냉간 스카프의 소모율 0.3~0.8%에 비해 회수율 손실이 크다. 따라서, 스카프 대상 품종의 선정과 스카

프 여유에 대해서는 수요자가 요구하는 품질과 현재의 품질 수준을 신중히 검토한 후에 결정한다. 일반적으로 적용되고 있는 스카프 기준은 <표 4-2>와 같다.

표 4-2 ❙ 스카프 기준

스카프 여유(mm) / 테이블 속도(mm)	1.0	1.5	2.0	2.5	3.0
슬래브		60	50		30
블룸	39	36	27	21	

제5절 | 강편의 품질 관리

1 강편의 품질과 회수율

제강 공장에서 주조되는 강괴는 거의 가열된 상태의 주괴를 균열로에 장입한 다음 분괴 압연을 하게 된다. 따라서, 강괴의 표면 및 내부 성상에 대한 결함은 분괴 압연 단계에서 발견해서 제거되어야 한다. 또 강편과 주괴는 모든 강재의 소재가 되므로 이들의 품질 관리는 강재의 품질과 직접적으로 관련된다. 또한 강편의 회수율은 강재 가격에도 큰 영향을 준다.

1) 강편의 품질

가) 강편의 치수와 형상

강편의 치수 및 형상을 검사하기 위한 강편 검사의 기준은 각각의 완성품 공장에서 필요한 품질, 설비 조건, 작업 조건 등을 고려하여 결정하는데, 주로 강편의 치수 길이 및 단면 형상을 검사하게 된다.

나) 강편의 표면 결함

강편의 표면 결함은 조괴 과정에서 주괴품의 표면 결함이 원인이 되는 것도 있으나 주로 압연 과정에서 생긴다. 표면 결함의 형태 및 발생 원인은 다음과 같다.

① **벽돌 흠** : 내화물 등이 내부 또는 표면에 존재하는 것
원인 : 용해로, 레이들, 탕도 또는 압탕의 내화물이 혼입한 것으로 슬래그가 떠오르기 어려운 고탄소 재료에 많음.

② **파이프 흠** : 단면에 파이프가 남아 있는 것
원인 : 압탕틀의 조립 불량, 킬드의 형발 시 머리 부분의 타발, 두부 브리지의 내 과열, 피시테일(fishtail)의 절삭 부족

③ **부풂** : 압연 중 표면에 팽창이 생기는 것

④ **선상 흠** : 압연 방향에 단속적으로 나타나는 얕고 짧은 형상의 흠
원인 : 강괴 표층부의 블로홀, 대형 개재물이 압연 중에 노출한 것

⑤ **세로 균열** : 압연 방향에 연속하여 나오는 비교적 깊은 선상의 흠
원인 : 강괴 냉각 때 발생한 열응력 균열이 그대로 강편에 남아 있음.

⑥ **가로 균열** : 압연 방향에 직각으로 나오는 가로 균열상의 흠

원인 : 용강을 주입할 때에 생김. 주형 온도의 부족, 주형 내면 균열, 용강 누출로 생긴 균열, 주입 속도 과대, 용강 온도의 고온

⑦ **귀 균열** : 균열의 집단이 측면 및 모서리에 발생한 것

원인 : 성분 중의 P, S가 높은 경우 균열로에서의 과열 압연 중의 압하량 과대

⑧ **실금 균열** : 표면에 비늘 모양으로 발생한 것

원인 : 균열로에서의 과실, 합금강에 발생하기 쉬움.

⑨ **민둥산 흠** : 비교적 벗겨지기 쉬운 라프상의 흠

원인 : 주입할 때 스플래시 용강면 요동에 따른 베니어 조직

⑩ **죽순 흠** : 죽순의 껍질과 같이 일단 깊이 들어가 있는 흠

원인 : 옆 균열 강편 표면에 죽순과 같은 흠

⑪ **겹 들어감** : 압연 방향에 따라 겹쳐 있는 흠

원인 : 공형 불량, 롤 조정 불량, 압하 스케줄 불량에 의하여 압연 중 메탈이 겹친 것

⑫ **주름 흠** : 압연 방향에 주름이 생긴 흠

원인 : 압연 중 측면에 발생한 주름이 남아 있는 것

⑬ **표면 갈라짐** : 두꺼운 스케일이 표면에 들어가 있음.

원인 : 주로 1차 스케일의 압착, 슬래브 평면부에 발생하기 쉬움.

⑭ **공형 흠** : 표면에 주기적으로 오목 또는 볼록상이 나타난 것

⑮ **물려 나옴** : 공형 밖에 나타나 있음.

⑯ **물려 들어감** : 표면에 이물이 압착된 것

⑰ **긁힌 흠** : 표면이 긁히어서 생긴 것

원인 : 유도 가이드의 설치 불량

다) 강괴의 내부 결함

강편의 내부 결함은 주로 주조 및 조괴 불량이 원인이 되며, 성분 편석, 비금속 개재물, 백점, 파이프가 있다. 이들의 결함은 모두가 조괴 이후의 압연 공정에서 장해가 되든지 최종 제품의 결함이 되는 것은 아니고, 공정의 종류, 제품의 용도에 따라 결함으로 나타날 수도 있고 그렇지 않은 때도 있다.

① **성분 편석** : 강괴의 최종 응고 부분인 중심 상부에 발생하는 것으로 주로 C, S, Mn의 성분이 많은 부분에 발생

결함 : 기계적 성질의 불균일, 연신율, 냉간 가공성의 저하

② **비금속 개재물** : 탈산 생성물, 내화재의 미세한 것이 강괴 내부에 남는 것

결함 : 압연 가공에 따라 미세화되지 않은 것일수록 피해가 크다. 피로 강도, 냉간 가공성의 저하

③ **백점** : 수소가스가 원인으로 생각되고 있는 고탄소강 합금강에 나타나는 내부 균열

결함 : 균열이 발생한 것은 사용할 수 없다. 대책으로는 용강에 대한 수소의 침입을 방지하는 한편, 강편 서냉에 따른 수소의 확산을 꾀함.

④ **파이프** : 강괴의 수축공이 산화되어 압연 가공 중 압착되지 않은 것, 피시테일의 일부가 잔존하는 것

결함 : 사용 불능

2) 분괴 회수율

가) 분괴 회수율의 분류

분괴 회수율은 작업 공정의 관계에서 압연 회수율, 교정 회수율로 구분하여 관리한다. 압연 회수율은 압연 강편과 강괴의 비(압연 강편/강괴)로, 교정 회수율은 사용 가능한 합격 강편과 압연 강편의 비(합격 강편/압연 강편)로 나타난다.

나) 분괴 회수율

압연 회수율은 강종에 따라 크게 달라지며, 또 강괴와 강편의 형상, 치수, 무게에 따라 변동되나 표준적인 구성은 <표 4-3>과 같다.

표 4-3 ‖ 분괴 압연 회수율 구성

구분 \ 강종	스케일 손실	저부 절삭	두부 절삭	본체
림드강	2.0~2.5	3.5~4.0	4.5~5.5	90~88
캡트강	2.0~2.5	4.5~5.5	1.5~2.0	92~90
세미킬드강	2.0~2.5	3.5~4.0	4.5~5.5	90~88
킬드강	2.0~2.5	4.0~5.0	7.0~12.0	87~80.5

회수율을 좌우하는 요소 중 스케일 손실은 <그림 4-7>과 같이 균열로의 연소 분위기의 영향보다도 재로 시간의 영양이 더 크다. 또한, 강괴 상하부의 절단량도 회수율에 크게 영향을 준다. 표면부와 중심부의 금속 유동의 차이에 의하여 발생하는 귀를 되도록 적게 하기 위한 대책이 필요하다. 압탕 킬드강의 머리부에 대해서는 압연 후 표면에 나타나는 압탕설 부근의 표면 상황과 압탕설 내부의 편석, 개재물의 양자를 고려하여 절단 위치를 정한다. 보통 압탕부의 절단량은 7~12%이다.

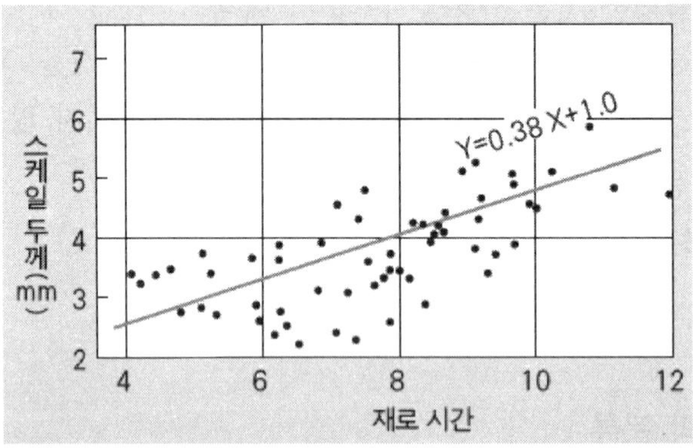

그림 4-7 ▌균열로의 재로 시간과 스케일 두께

3) 강편 검사

봉강이나 선재의 2차 가공 방법의 고도화에 따라 소재의 표면 결함에 대한 요구가 엄격해지고 있다. 빌릿 단계에서도 결함이 없거나 있다고 하더라도 4.0mm 이하의 깊이를 요구하는 경향이 있다. 따라서, 종래의 육안 검사 대신에 검사 정도가 높고 처리 능력이 큰 비파괴 검사법인 자분 탐상, 초음파 탐상, 와전류 탐상 등이 많이 사용되고 있다.

자분 탐상법에는 습식법과 건식법이 있으며, 또 자분 방식에 따라 연속법과 잔류법으로 나누기도 하는데 일반적으로 물을 용매로 하는 연속법이 많이 사용된다. 이 방법은 빌릿의 길이 방향에 직류 전류를 통해 간단한 형광 자분액을 산포하여 결함 부분에 누설로 일반적으로 쓰이는 방법이다. 자분 탐상법이나 초음파 탐상법과 같은 비파괴 검사 방법도 관능 검사의 경우와 같이 개인 오차가 있어 수정을 해야 한다. 따라서, 각종 자동 탐상법의 개발이 진행되고 있다.

Part

05

형강 압연 기술

Chapter 01

형강 압연의 개요

제1절 | 형강 압연의 목적

1 목적과 장점

형강이란 제강 작업을 거쳐 제조된 중간 제품인 빔블랭크, 블룸, 빌릿을 특정한 단면 형태(ㄱ, ㄷ, I, H, T형강)로 열간 압연한 강 구조용 강재이다. 이들은 단면의 형상이 다양하고 압연품의 길이가 단면에 비하여 현저하게 긴 부재로 건축, 토목, 차량, 선박 등 모든 산업 분야에서 널리 사용되며, 특히 건설용 자재로 많이 사용된다. 80년대 이전에는 일부 제한된 고층 구조물 및 장스팬 지붕, 공장 및 플랜트 등에 사용되기 시작하여 80년대 이후에는 경제 성장에 따른 산업 설비의 증가와 고층 건물에 철골조가 본격적으로 도입되기 시작하였다. 90년대 이후에는 도심지의 상업용 건축물에 철골조 건물이 보편적으로 사용되기 시작하였고 현재는 주거용, 중저층 건축물 등에까지 형강을 사용한 강 구조물이 확산되고 있다.

형강의 장점을 나열하면 다음과 같다.

① 무게에 비해서 강도가 상당히 높아 최고층, 장스팬의 구조물을 가능하게 한다.
② 항복점 이후에서 파괴에 이르기까지의 큰 변형 능력을 가지고 있으며, 다른 재료에 비하여 인성이 크므로 강인한 구조물을 만들 수 있다.
③ 콘크리트는 시멘트, 모래, 자갈, 물의 혼합체이지만 강재는 균일한 재질이다.
④ 설계 요구에 따라 다양한 강재를 선택할 수 있다.
⑤ 경량이고 건식이며, 기계화 시공, 다양한 공법이 가능하다.
⑥ 공장에서 제작, 현장에서 설치되므로 공기가 단축되고 품질에 대한 신뢰성이 크다.
⑦ 재활용되어 사용되므로 친환경적이다.

제조 공정은 가열 → 압연 → 절단 → 냉각 → 교정 등의 순서로 제조된다. 형강에 사용되는 롤은 형강의 단면 모양에 따라 흠이 있으며, 이것을 조합한 공형은 압연 작업에 크게 영향을 주게 되므로 그 설계와 선택에 유의해야 한다.

2 형강의 종류와 분류

일반적으로, 형강은 그 단면의 모양에 따라 <표 5-1>과 같이 분류한다.

표 5-1 ▍화학적 위험

종류	특성	주용도
H형강	두꺼운 플랜지에 얇은 웨브의 H형상으로 단면 성능이 우수함.	건축용 주요 구조재(기둥, 보) 토류벽(말뚝, 버팀대) 가설 교량, 주형보(교량, 복공) 터널용 지보재, 철도 전신주
T형강	두꺼운 플랜지에 얇은 웨브의 H형상으로 단면 성능이 우수함.	트러스 부재 2차 보강재 모노, 가이드 레일용
등변 ㄱ형강	두 변이 직각인 형태로 X,Y 축의 강성이 같고 다른 부재와의 접합성이 우수함.	철탑용, 철도 전신주 일반 구조물의 트러스용 2차 보강재
부등변 ㄱ형강	두 변이 직각인 형태로 길이, 두께가 다름. 축의 방향에 따라 강성이 차이가 남.	선박의 구조 부위 강판재 보강용
부등변 부등후 ㄱ형강	두 변이 직각인 형태로 두 변의 길이가 다름, 축의 방향에 따라 강성이 차이가 남.	선박의 구조 부위 강판재 보강용
I형강	플랜지가 경사지고 한 축에 대해서만 대칭, 뒤틀림 발생주의, 다른 부재와 조합 우수	소형 구조물재 일반 구조물의 2차 부재가 사용, 사업용 부재
H형강	플랜지가 경사지고 웨브의 두께가 상대적으로 커서 단위 중량 대비 단면 강성이 작음.	광산용 지보재/기계 설비 가대, 가이드 부재
H형강 말뚝	H형강 중 높이와 폭이 동일하고, 웨브 플랜지 두께가 같은 것	건축·토목 기초 말뚝용
강널 말뚝	U 타입으로 단면 성능이 높고 반복 사용이 가능, 시공성 우수함.	가호안, 가물막이, 토류벽, 매립장, 안벽, 방파제 등 차수를 필요로 하고 부위에 구조재, 가설재로 사용

또, 같은 단면의 것을 그 치수에 따라 <표 5-2>와 같이 대형 형강, 중형 형강 및 소형 형강 등으로 다시 구분한다.

표 5-2 | 제품 치수에 의한 분류

	소형	중형	대형
등변 ㄱ형강	45×45 이하	50×50～100～100	100×110 이상
부등변 ㄱ형강	-	65×50～125×90	150×90 이상
ㄷ형강	-	75×40×5, 100×50×5	125×65×6 이상
H형강	-	-	100×50 이상
I형강	-	75×75, 100×75	125×75 이상

제2절 | 형강 압연의 소재와 공정

1 형강용 소재

1) 대형용 소재

대부분의 대형 형강의 소재는 세미킬드강으로 생산하고 있으나, 저온 용강, 용접 구조용 내후강, 고장력강, 레일 등 일부의 고급강은 킬드강을 사용한다. 대형용 소재의 종류에는 강괴, 소강괴, 분괴 강편, 연속 주조 강편이 있으며, 이들은 또 분괴 강편을 블룸, 슬래브, 조형 강편(beam blank)으로, 연속 주조 강편은 블룸, 슬래브로 분류한다.

이들 중 블룸, 슬래브, 조형 강편의 특징을 들면 다음과 같다.

① **블룸** : 한 변의 길이가 130mm 이상의 정사각형 단면 및 폭이 두께의 1~2배의 직사각형 단면의 강편이며, 대형용 소재로서 여러 가지 품종이 많이 사용한다.

② **슬래브** : 폭이 두께의 2배 이상인 강편으로, 큰 단면을 가지는 ㄷ형강, 부등변 부등 두께의 ㄱ형강, 시트 파일 등의 소재로 사용된다.

③ **조형 강편(beam blank)** : 단면이 큰 H형강, I형강, ㄷ형강 및 시트 파일을 압연할 때에는 패스 횟수의 증가에 의해 온도가 열간 압연 온도 이하로 떨어지게 되는데, 이러한 경우에는 블룸, 슬래브 대신에 조형 강편을 사용한다. 특히, 분괴로부터 대형의 조형 강편을 제조할 때에도 이상과 같은 이유로 조형 강괴를 사용할 때가 있다.

2) 중형용 소재

중소형 형강에 사용되는 강종은 특수 용도의 제품을 제외하고는 거의가 일반 구조용강 및 용접 구조용 강이고, 철탑재 등에 Nb, V 등의 미량 원소를 첨가한 고장력강이 사용되는 정도이다.

최근 여러 회사에서 개발된 용접 구조용 내후성 강에는 Cu나 Cr, 그 밖에 Ni, Mo, Zr 등의 원소가 미량 첨가되어, 대기 중에서의 내식성이 보통강의 2~6배 정도 높다. 내후성 강이나 산악 지대, 한냉 지대에서 사용되는 저온 인성강 등은 그 수요가 크게 증가되고 있는 강종이다.

제조 방법에 의한 종류로서는 직압 강괴, 분괴 강괴, 분괴 강편, 연속 주조 강편이 있는데, 이들의 특징 및 사용상의 문제점에 대해 알아보면 다음과 같다.

가) 직압 강괴

주형에 조괴된 강괴를 조압연기를 통하여 브레이크 다운(break down)하든지 큰 단면으로 하면 조압연 시간이 많이 필요하게 되고 압연 능률이 저하되므로, 필요한 최소한의 단면으로 하고 있다.

나) 분괴 강괴

강괴의 결함을 제거하기 위하여 큰 단면의 강괴를 분괴 압연한다. 이에 의하여 강괴의 수지상 결정을 파괴하여 조직을 치밀하게 하며, 또 응고 때에 내부에 발생한 수축공을 압착시킨다.

다) 분괴 강편

분괴 압연한 강편을 소정의 길이로 절단하여 흠을 제거한 후에 소재로서 사용한다. 모양은 분괴 강괴와 같으나, 분괴 압연기에서의 온도 강하를 피할 수 있으므로 판 두께가 얇은(3mm 이하) 제품을 제외하고는 재가열을 할 필요가 없다.

라) 연속 주조 강편

강괴에 비하여 조괴 과정에서의 냉각 속도가 빠르므로 편석이 적고, 결정 입자도 미세화되며, 수축공도 충분히 압착될 수 있는 크기이므로 표면 및 내부 재질이 우수하다. 그러나 분괴 강괴와 달리 단면 치수가 제한되기 때문에, 조압연에서의 패스 횟수가 증가하는 경우도 있다. 그러나 조괴-분괴 공정을 일관 작업으로 할 수 있으므로, 생산비를 많이 줄일 수 있다.

2 형강 압연 공정

형강의 압연 공정은 강괴를 분괴 압연으로 하는데, 대규모 공장에서는 강괴를 가열로에 직접 장입하거나 연속 주조 공정에 의해 생산한다. 대형 공장의 공정은 가열 → 압연 → 절단 → 교정 → 검사 등으로 크게 나누어지는데, 압연 소재의 종류에 따라 다음과 같이 달라진다.

1) 강괴를 소재로 할 경우

괴 압연기와 형강 압연기를 연속적으로 배치한 것으로, 분괴 압연이 끝난 열간 상태의 강편을 다시 가열하지 않고 그대로 완제품이 될 때까지 다음과 같은 순서로 연속 압연하는 방법이다.

제강 → 조괴(강괴) → 균열로 → 분괴 압연 → 형강 압연

위와 같은 공정에 의해 압연하는 방법을 직접 압연법이라 한다.

이 방법은 다음에 설명할 재가열 압연법과 비교하면, 가열에 의한 재료 손실이 없고 재가열 공정에 필요한 작업 비용이 절감되어 경제적이지만, 분괴 압연과 형강 압연의 작업 능률을 조정해야 하는 문제가 따른다.

또, 강괴에 발생된 표면 결함이 제품의 흠으로 남게 되는 일이 있으므로, 분괴 압연기와 제품 압연기 사이에서 열간 스카프를 해야 하는 결점이 있다.

2) 소강괴를 소재로 할 경우

소강괴는 한 변이 150~300mm의 정사각형 또는 직사각형이며, 그 길이는 보통 1,500~2,000mm이다. 또, 소강괴는 대형 형강 중에서 비교적 작은 치수의 제조용으로 알맞으며, 다음과 같은 공정을 거쳐 강괴로부터 직접 제품으로 압연하는 방법이다.

제강 → 조괴 (소강괴) → 강괴 냉각, 손질 → 가열 → 형강 압연

소강괴는 냉각 후 냉간 스카프에 의한 표면 손질을 하여 가열로에 보낸다.

3) 분괴 강편을 소재로 할 경우

재가열 압연법이라 하는 가장 일반적인 압연 방법으로 다음과 같은 공정을 거쳐 압연된다.

제강 → 조괴(강괴) → 분괴 압연(강편) → 강편 냉각, 손질 → 가열 → 형강 압연

분괴 강편의 특징은 분괴 압연의 패스 스케줄 변경만으로 원하는 치수의 단면을 얻을 수 있어 치수의 융통성이 좋기 때문에 대형 형강에 광범위하게 적용된다. 또, 강편의 중간 검사를 할 수 있으므로 충분한 손질이 가능하다.

4) 연속 주조 강편을 소재로 할 경우

연속 주조의 개발에 따라 연속 주조 강편을 사용하여 다음과 같은 순서에 의해 압연한다.

제강 → 연속 주조(강편) → 강편 냉각 → 가열 → 형강 압연

연속 주조 강편은 표면과 내부에 편석이 없으며, 강편 단면 형상, 치수 등도 우수하여 품질과 경제적인 면에서 유리한 점이 많으나, 주형에 따른 강편 치수에 제약을 받게 되어 소재 치수에 융통성이 없다. 또, 복잡한 형상의 강편 제조 기술이 아직 개발되어 있지 않은 결점이 있으나, 대량 생산용으로 급속한 보급이 이루어지고 있다.

Chapter 02

형강 압연 작업

제1절 | 형강 압연 작업

1 대형 형강의 압연

1) 대형 형강 압연기의 형식

대형 형강의 압연에는 2단식, 3단식 및 유니버설 압연기(universal mill)가 사용되고 있다. 유니버설 압연기는 <그림 5-1>과 같이 1개의 스탠드에 수평 롤과 입형 롤이 동일면에 조립되어 있으며, 수평 롤은 전동기에 의해서 구동되지만, 입형 롤은 통과하는 압연재와의 마찰력에 의하여 구동된다. 유니버설 압연기는 플랜지에 구배가 없는 H형강, I형강, 레일의 압연 등에 사용되지만, 수평 롤은 웨브와 플랜지의 두께를 가공하고, 입형 롤은 플랜지의 두께만을 가공한다. 따라서, 유니버설 압연기는 플랜지의 단부만을 압연하는 에징 압연기(edging mill)와 병용된다.

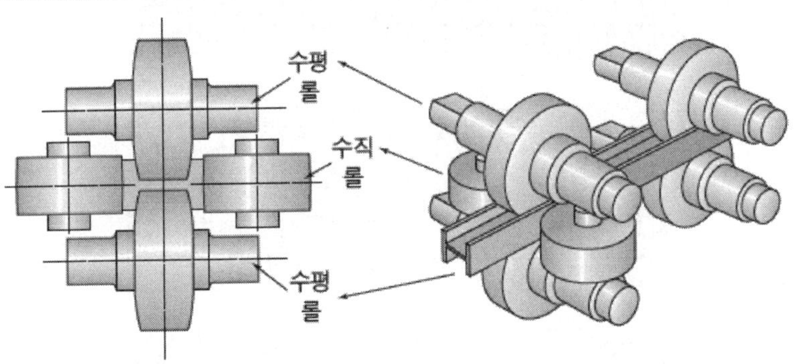

(a) 정면 모양　　(b) 측면 모양

그림 5-1 | 유니버설 압연기의 구조

2) 대형 형강의 압연

대형 형강의 압연은 여러 가지 형식으로 배치된 압연기를 7~20회 이상 통과시켜 제품으로 완성시킨다. 등변 ㄱ형강, 부등변 ㄱ형강, 부등변 부등 두께 ㄱ형강, I형강, ㄷ형강 등은 병렬식 압연기 배열의 공장에서 제조되는 일이 많다. H형강은 직렬식 배열의 경우가 많으나, 연속식 배열의 공장에서도 제조되고 있다. 시트 파일과 레일은 직렬, 병렬 어느 쪽의 배열 공장에서도 제조되고 있다. 병렬식 압연기 배열에 의한 압연의 경우, 조압연 및 중강 압연 스탠드에는 각각 2~5개의 공형이 있는데, 같은 공형에서 2회 이상의 압하를 하는 경우는 드물다. 또, 완성 스탠드는 1패스만을 할 경우가 많다.

완성 스탠드에는 롤의 마멸을 고려하여 똑같은 공형을 2개 이상 배치하거나 동일 형강이나 두께가 다른 제품의 공형을 배치하고 있다. <그림 5-2>는 병렬식 압연 배열에서의 공형 배치의 예를 나타낸 것이다.

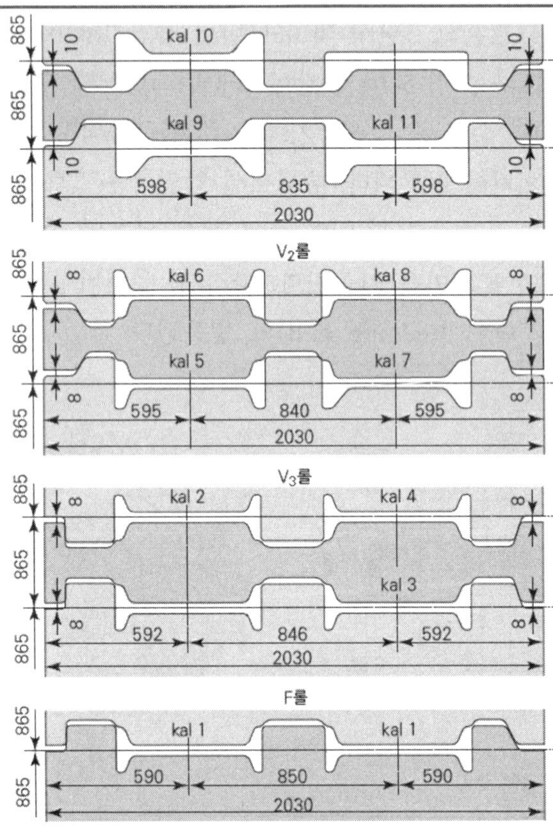

그림 5-2 ▌병렬식 압연기 배열에 있어서의 공형 배치

가열로로부터 배출되는 소재는 압연기 전후면에 설치된 틸팅 이송 테이블에 이송되고, 각 공형을 차례로 통과하여 제품으로 완성된다. 직렬 배열로 된 유니버설 압연기로 H형강을 압연할 때에는 가역식 2단 압연기인 브레이크 다운 압연기에서 몇 패스를 거쳐 조압연 및 중간 압연에 알맞은 형상으로 소재를 압연한다. 각 소재는 롤러 테이블에 의해 유니버설 스탠드, 에징 스탠드로 구성되는 조유니버설 압연기군(group)으로 보내진다.

조유니버설 압연기군은 일반적으로 1~2기가 설치되어 1패스마다 압하를 가하면서 5~20회 전후의 패스를 하여 제품에 가까운 형상까지 압연되어 완성 스탠드로 보내진다. 조 유니버설 압연기군은 2기가 설치되는 경우에는 패스 소요 시간의 균형을 고려하여 각각의 패스 횟수가 결정된다.

<그림 5-3>은 H형강(250 × 250)을 압연할 경우의 패스 순서를 나타낸 것이다.

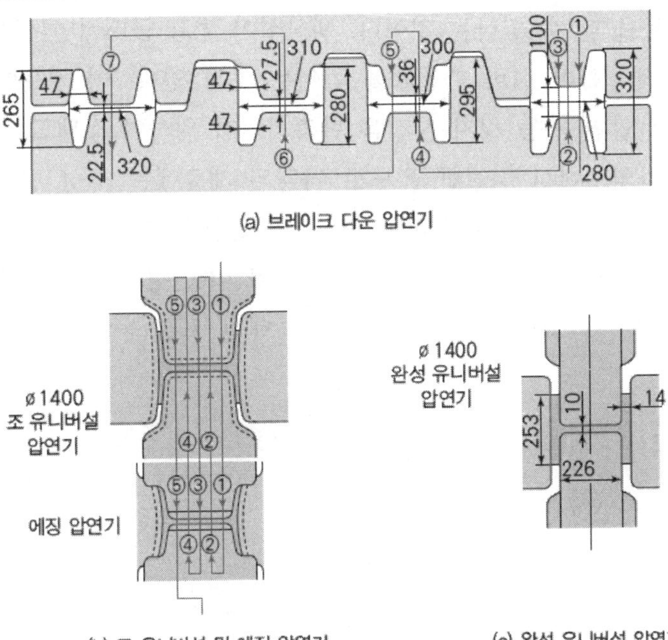

(a) 브레이크 다운 압연기

(b) 조 유니버설 및 에징 압연기

(c) 완성 유니버설 압연기

그림 5-3 ▎유니버설 방법에 의한 H형강의 압연

2 중소형 형강의 압연

중소형 형강의 치수 범위는 등변 r형강을 예로 들면 $t3 \times L25 \times 25$에서 $t13 \times L100 \times 100$이며, 그 무게도 1.12~19.1$kg_f$/m 정도로 범위가 넓다. 따라서, 치수에 따라 압연 설비를 다르게 해야 하며, 가열로, 절단, 교정, 결속 등과 그 용량, 처리 방법도 상이하다.

따라서 현재 하고 있는 압연은 2~3 공장에서 각 작업을 나누어 하고 있으나, 한 공장안에 2계열의 압연기들을 설치하여 적절한 패스 방법을 취하기도 한다. 중소형 형강의 압연기는 2단식과 3단식이 대부분이다. 압연기의 배치는 소형 형강의 경우에는 치수가 작고, 단순한 형상의 것이 대부분이기 때문에 연속화하는 곳이 많다. 그러나 중형 형강에서는 치수가 다르고, 각종 형상의 형강도 포함되기 때문에, 크로스 컨트리식 또는 병렬식 배열의 공장에서 제조되는 것이 많다. 중소형 형강 공장의 근무 형태로서는 주야 2교대제를 채택하는 곳이 많은데, 이것의 특징은 교대 간에 기계의 점검, 정비나 롤 교체 등을 할 수 있다는 것이다. 생산성이 높고 근대적인 설비를 갖춘 곳에서는 3교대제를 채용하여 설비 가동률을 높이는 곳도 있다. 이 경우에는 특히 치수 교체 등으로 인한 압연 가동 정지 시간을 단축시키기 위하여 스탠드 교체 방식 등을 도입하고 있다. 가열로에서 적절한 온도로 가열된 재료에는 소성 변형을 가해 최종 제품이 정확한 형상 치수를 가지게 하고, 또 표면 결함을 줄이도록 하는데, 이를 위해 롤 및 부품의 조정, 압연기 전후면 테이블이나 가로 이송 장치의 운전 등을 하게 된다. 연속 압연일 때에는 각 스탠드 간의 루프 또는 텐션 조정 등이 주된 압연 작업이다.

제2절 | 교정과 절단 작업

1 냉각 작업

1) 대형 형강의 냉각 작업

보통 열간 절단기로 절단한 다음 냉각상에 보내어 약 70℃ 이하로 냉각하나, 최근에는 처리 능력과 최종 제품의 품질 향상을 목적으로 절단 공정을 생략하여 압연된 길이대로 냉각하는 방식이 사용되고 있다. 냉각 능력을 높이기 위하여 통풍 또는 살수에 의한 강제 냉각을 하는 경우도 있으나, 이때에는 제품에 균열이나 변형을 주지 않도록 냉각 방법과 함께 냉각 조건에 대해서도 주의해야 한다. 특히, 고온에서의 강제 냉각은 제품의 기계적 성질에 영향을 주게 되는데, 일반적으로 500~800℃에서는 항복점과 인장 강도는 높아지나 연신율은 저하된다. 또, 레일과 같은 비대칭형은 냉각상에 보내질 때 제품에 역 굽힘을 가지게 하여, 냉각 속도의 차이에 의한 변형을 방지해야 한다. 특수한 재질 또는 레일과 같이 규격이 규정되어 있는 경우에는 서냉을 하는 일도 있다. 이 경우에는 냉각상에서 소정의 온도까지 냉각한 후 서냉상에 장입하여 6~48시간 동안 서냉한다. 일반적으로, 서냉의 목적은 수소의 확산과 냉각 응력의 완화에 의해서 수소에 의한 결함을 방지하는 데 있다. <그림 5-5>와 <그림 5-6>은 냉각 곡선의 한 예를 나타낸 것이다.

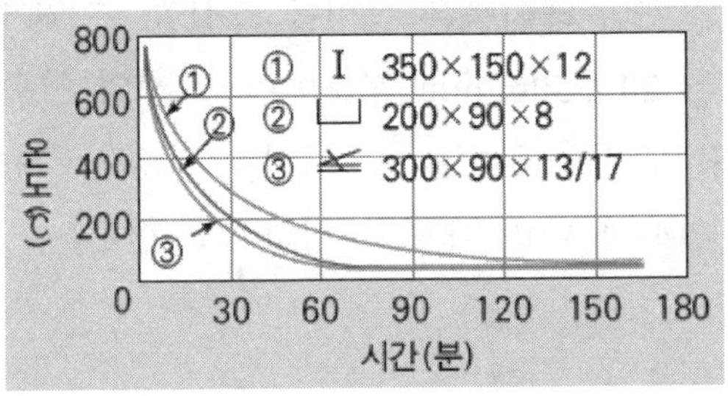

그림 5-5 | 일반 형강의 냉각 곡선

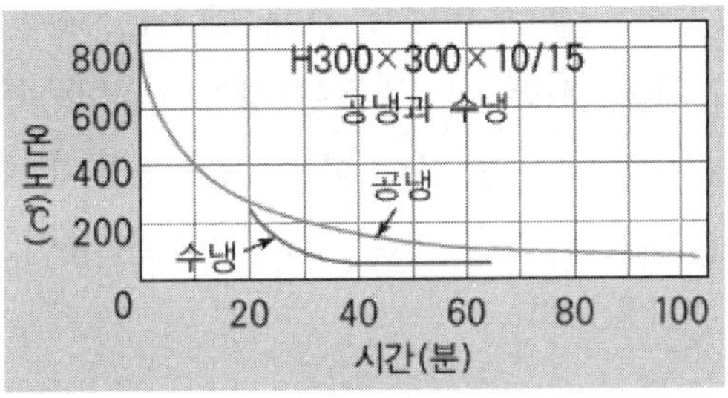

그림 5-6 | H형강의 냉각 곡선

2) 중소형 형강의 냉각 작업

열간 압연된 상태의 긴 제품이나 또는 열간 절단된 제품은 냉각상(cooling bed)에 보내어, 상온 가까이에서 자연 냉각시킨다. 그러나 냉각 능력의 부족을 보충해 주기 위하여 통풍, 살수 등의 작업에 의하여 강제 냉각을 할 때도 많다. 일반적으로, 보통 구조용강은 200~300℃ 정도에서 살수기에 의한 강제 냉각을 하여도 그 성질에 큰 영향을 주지 않으나, 고장력강에는 교정이 곤란한 것도 있으므로 주의해야 한다. 즉, 상온에까지 도달한 제품을 교정하거나, 이때 뿌린 물의 양의 차이 등으로 부분적인 온도 차가 있으면 충분히 교정되지 않는 수가 있다.

2 교정 작업

형강은 압연, 냉각 후에 좌우 또는 상하 방향으로 휨이 생긴다. 특히, 비대칭의 단면강이나 두께가 고르지 않은 형강의 경우에는 그 정도가 매우 심하여 휘어진 상태로는 제품화할 수가 없다. 따라서, 롤 교정기를 사용하여 바르게 교정해야 한다. 롤 교정기로 교정이 어려울 때에는 프레스 교정기로 교정할 때도 있다. 롤 교정기는 압연된 형강을 길이 방향으로 교정해야 하는 형강 압연 작업에 있어서 중요한 설비 중의 하나이다. 대형 형강을 교정할 때에는 제품의 강성이 크기 때문에, 교정할 때의 압력으로 인하여 국부적인 변형이 일어나는 경우가 있으므로 형강의 형상 변화에 주의해야 한다.

특히, 교정기 전후에 있는 테이블 면과 교정기의 패스라인의 높이 차이로 의해 교정 완료된 제품에 변형을 주게 되므로, 교정기 본체나 테이블은 높이를 조절할 수 있게 된 것이 편리하다. 중소형 형강의 교정 속도는 20~350m/min 정도이며, 소재의 치수, 롤 지름 및 방법 등에 따라 다소 변동이 있다. 교정할 때에는 보통 1본식 교정을 하는데, 비교적 작은 것은 처리 능력을 높이기 위하여 여러 개를 교정하기도 한다.

3 절단 작업

형강의 절단 방법에는 열간 절단 방식과 냉각 절단 방식이 있다. 압연 속도의 고속화와 압연기의 증설에 따라 압연 능률이 현저하게 향상되고 있는데, 이에 따라 절단 능력이 있는 큰 절단기가 필요하게 되었다. 교정 작업장의 배치도는 처리하는 제품의 품종 구성, 처리량, 입지 조건 등에 따라 다르다. 지금까지는 교정 전에 열간 절단 또는 냉간 절단을 했으나, 최근에는 교정 후에 제품을 냉각 절단 또는 냉간 거단하는 경우가 있다.

<그림 5-7>은 열간 거단하는 공정을 나타낸 것이고, <그림 5-8>은 소형 형강을 교정한 다음 절단하고 있는 공정을 나타낸 것이다.

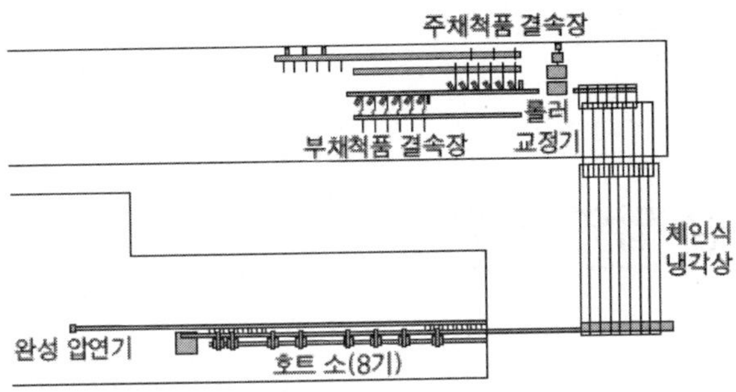

그림 5-7 ▮ **열간 거단 공정**

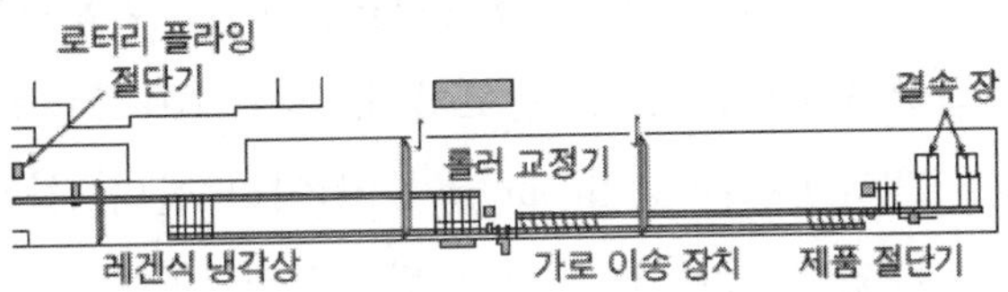

그림 5-8 ▮ **소형 형강의 교정/절단 공정**

중소형 형강의 절단 길이는 소형, 중형 및 요구에 따라서 다른데, 일반적으로 소형 형강에서는 6m가 주이고, 중형 형강은 9~12m와 6m가 주이며, 일부에서는 15m까지도 있다. 이 길이는 KS D 3503(일반 구조용 압연 강재)의 허용차에 따른다. 압연된 20~120m의 제품을 위와 같은 주문 길이로 절단하는 방법으로서는 열간 거단과 냉간 절단 또는 냉간 거단이 있다. 톱에 의한 열간 거단은 제품의 수축 여유를 두어야 하기 때문에, 그 때의 온도차가 심하지 않도록 동일 조건에서 신속히 절단해야 한다. 중형 형강으로 6m 정도로 짧게 절단할 때에는 절단 개소가 많아지므로, 핫소(hot saw)의 댓수가 공정 능력을 좌우한다. 이러한 경우에는 이동 절단기를 여러 대 비치하여 동시에 전부를 절단하는 방식도 있다. 이 밖에 압연한 그대로의 긴 제품을 냉각하여 교정한 다음 절단하는 방식도 있다. 이 경우에는 여러 개를 동시에 절단하기 위한 절단기 또는 냉각 절단기 1대에 빔 스토퍼 또는 고정 치수로 상하로 작동하는 스토퍼(stopper) 등을 사용하여 일정한 길이로 절단한다.

봉강 압연 작업

제1절 | 봉강 압연 개요

1 봉강 압연

봉강에는 단면 형상이 원형, 타원형, 사각, 평강, 육각 등의 것이 있으며, 이 밖에 원형 봉의 길이 방향에 리브가 있는 철근 콘크리트용 이형 원형강도 있다. 봉강의 치수는 지름 또는 대변 길이가 10~100mm 정도이며, 이중 10~32mm 정도의 코일 모양으로 되어 있는 봉재를 특히 바 인 코일(bar in coil)이라 한다. 봉강 용강의 종류로는 철근 콘크리트용, 일반 구조 마강용에 쓰이는 탄소강과, 볼트, 너트, 크랭크 핀 등의 기계 구조용에 쓰이는 탄소강, 합금강, 쾌삭강, 단조용 강, 침탄강 등 그 종류가 매우 많다.

2 봉강 압연 방식

봉강의 압연 방식에는 다음의 3가지 형식이 사용하는데, 첫째 타원과 각의 방식, 둘째 마름모꼴과 각의 방식, 셋째 박스(box) 방식 등이 있다.

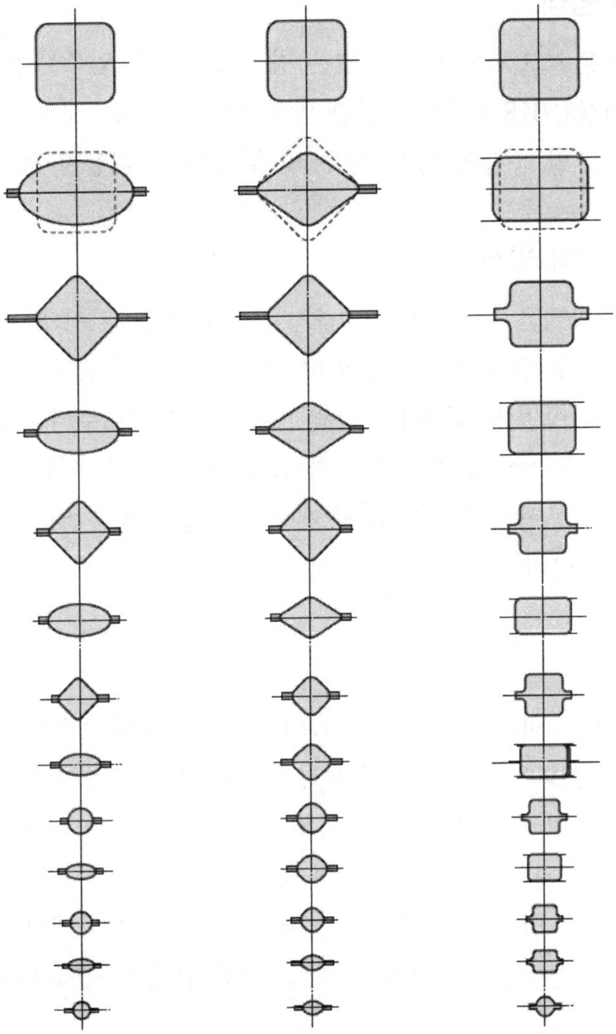

그림 5-9 | 봉강 압연의 종류

1) 타원과 각의 방식

타원과 각의 방식은 <그림 5-9(a)>와 같은 방식으로 단면 압축률을 크게 할 수 있으므로, 주로 소형 원형강(KS D 3502 열간 압연 형강의 치수, 무게 및 그 허용차, KS D 3051 열간 압연 코일 봉강의 형상, 치수 및 무게와 그 허용차)의 압연에 적합하다.

2) 마름모꼴과 각의 방식

마름모꼴과 각의 방식은 <그림 5-9(b)>와 같이 소재의 4면이 언제나 롤(roll) 공형면에 접촉하고 있으므로 완성 제품의 표면이 양호하며, 소형 및 중형 원형강의 압연에 채용된다. 위 두 가지 방법에 있어서는 타원 또는 마름모꼴로부터 다음의 공형에 물리게 할 경우에는 소재를 90° 회전시켜야 한다. 완성 공형 직전의 공형은 일반적으로 오벌(oval)이지만, 이 공형의 형상은 완성 제품의 형상에 많은 영향을 끼치므로, 원형강의 치수에 따라 적당한 공형을 선택해야 한다.

3) 박스 방식

박스 방식은 <그림 5-9(c)>와 같은 방식으로 대형 형강의 압연에 적합하다. 원형강 압연의 경우에 소재를 90° 회전할 때에는 공형 출구의 유도 장치에 의하여 소재에 꼬임을 주어야 하지만, 이 조작은 고장 발생의 염려가 많고, 또 제품에 흠이 발생하기 쉬우므로, 연속식 압연기와 같이 수평 롤과 입형 롤을 조합시킨 배치로 하면 회전 조작이 불필요하게 되며, 압연이 용이하게 된다. 입형 롤은 상하에서 구동하는 것이 보통이다. <그림 5-10>은 3단 압연기에 의한 ㄱ형강 압연의 공형 배치도를 나타낸 것이다.

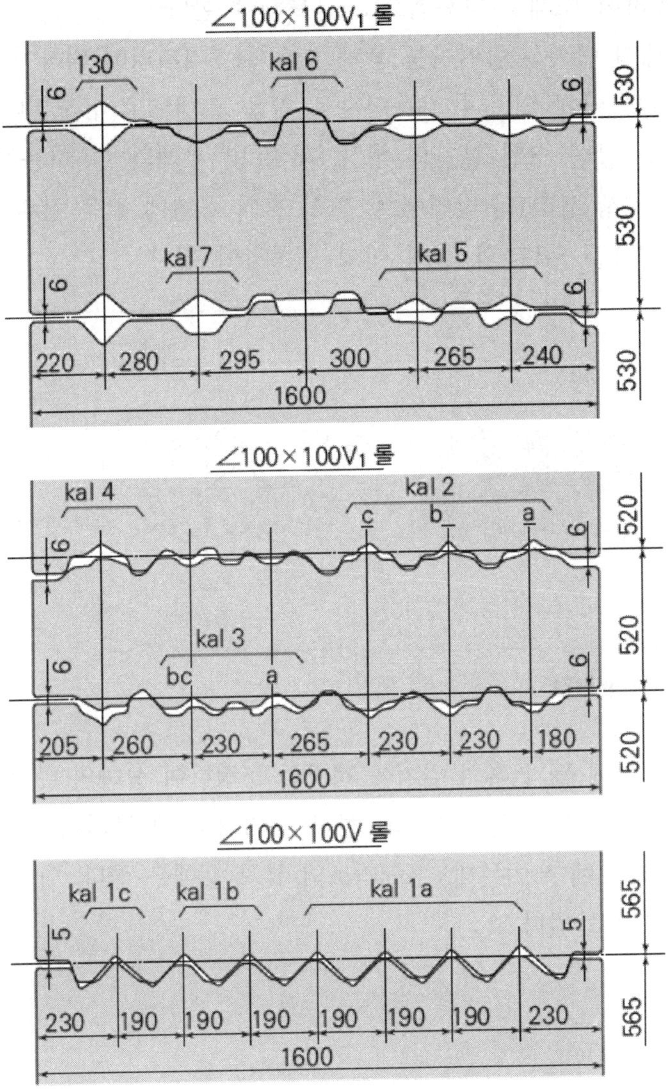

그림 5-10 ▌ ㄱ형강(100×100)의 공형 배치도

강편은 공형 130을 상하로 통과하여 130×130의 직사각형에 압연된 후 7개의 공형을 통과하여 완성한다. a는 두께 7mm, b는 10mm, c는 13mm의 공형이고, 제품의 두께에 따라 각각 상이한 공형을 사용하지만, 롤의 조정에 의하여 필요한 형상으로 압연한다. 소형 원형강의 압연법으로서는 연속식 압연기와 3단식 압연기를 조합시킨 반연속식 압연법도 비교적 많이 사용되고 있다. 이 경우, 소재의 온도 저하를 방지함과 동시에 압연 능률을 향상시키기 위하여, 3단식 압연기의 각 스탠드 사이에 리피터

(repeater)를 설치하여 소재를 자동적으로 유도해야 한다.

예를 들면, 10대의 연속식 압연기를 통과한 소재는 리피터에 의하여 병렬 압연기로 유도되며, 또한 리피터에 의하여 자동적으로 다음 스탠드로 유도된다. 소형 원형강(KS D 3051 열간 압연 코일 봉강의 형상, 치수 및 무게와 그 허용차, KS D 3527 철근 콘크리트용 재생 봉강)의 압연에서, 완성 롤의 공형에 같은 간격으로 얕은 돌기 홈을 파 넣으면 <그림 5-11>과 같이 이형 원형강이 된다.

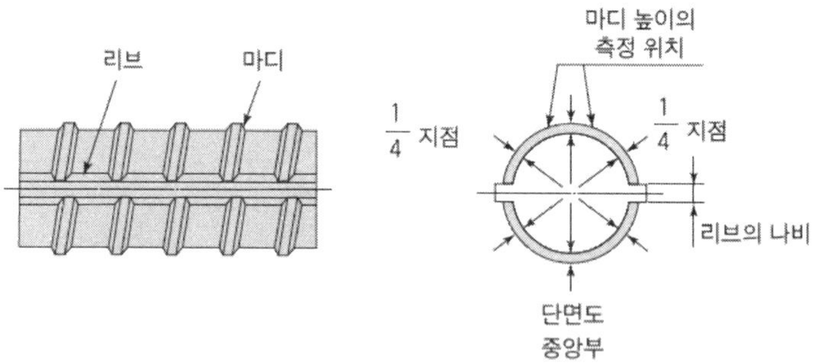

그림 5-11 ▌이형 원형강

상부 롤과 하부 롤에 돌기 홈의 위치를 적당히 조정하여 상하의 마디 위치를 결정한다. 두 줄의 리브(축 방향의 돌기)는 상·하부 롤의 간극에 물려서 압연된다. 이형 원형강은 철근 콘크리트에 쓰이는데, 콘크리트의 부착이 매우 좋다. 마디의 모양은 여러 가지의 것이 사용되고 있다.

제2절 | 봉강 압연 작업

1 봉강 제조 공정

봉강의 제조 공정은 가열, 압연, 교정의 세 가지로 크게 나눌 수 있으며, 그 개요는 다음의 <그림 5-12>와 같다.

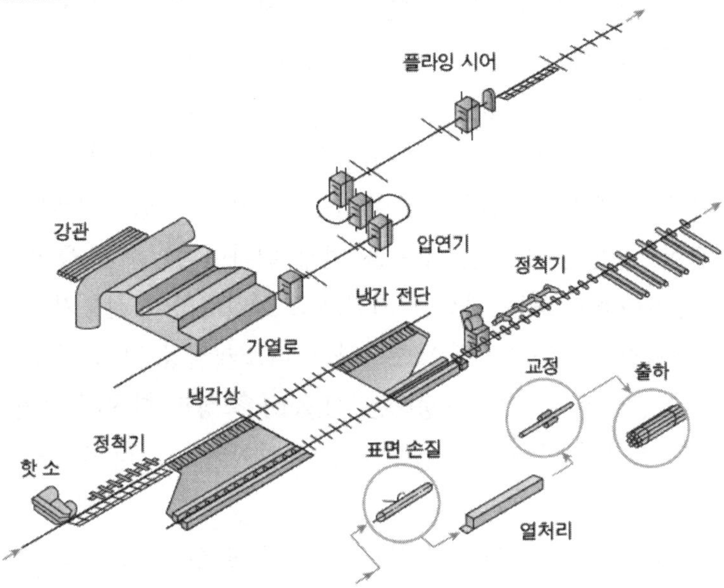

그림 5-12 | 봉강의 제조 공정

2 가열 작업

분괴 압연 및 연속 주조 등에 의하여 만들어진 강편은 제품 품종에 따라서 표면 손질 및 검사 공정을 거쳐 각각의 압연 공장으로 보내져 가열로에 장입된다. 가열로는 연속 가열로가 사용되며, 노에 장입된 소재는 노 내에서 연속적으로 이송되면서 재질에 따라 압연에 적합한 온도(950~1,250℃)에서 가열된다.

3 압연 작업

가열로에서 배출된 소재는 압연기로 보내진다. 압연기의 롤에는 제품의 형상 및 치수에 따라 공형이 만들어져 있는데, 소재는 그 공형을 통과하면 서 단면적이 축소, 정형되어 소정의 제품으로 완성된다. 녹 제거나 강재의 선단, 후단의 불량 부분의 절단 등도 압연 도중에 하게 된다. 녹 제거 작업은 롤 공형의 마멸을 방지하고 제품의 표면을 양호하게 하기 위해서 주로 대형 봉강을 압연할 경우에 하는데, 가열로 내에서 생성된 1차 스케일과 압연 과정에서 발생하는 2차 스케일을 고압수로 제거하는 일을 말한다. 강재의 선단과 후단을 절단하는 작업은 선재와 같이 패스 횟수가 많은 압연의 경우, 패스 도중에 연속 절단기 등을 사용해서 하는데, 이 작업은 그 후의 압연에서 롤 공형의 손실이나 가이드 막힘이 일어나지 않도록 주의해야 한다.

압연 설비는 품종 등에 따라 여러 가지가 있다. 이 밖에도 압연 작업에서는 정상적인 형상, 치수 또한 표면 흠이 없는 제품을 얻기 위하여 롤 부품 등의 조정 작업과 각 스탠드 간의 루프(loop) 또는 텐션을 최적으로 하기위하여 전동기의 회전 속도를 조정하는 작업, 스케일의 제거를 목적으로 하는 디스케일링 작업 등을 해야 한다.

롤의 조정에는 2개의 롤 간극을 조정하는 갭(gap) 조정과 한쪽의 롤을 축방향으로 가동하는 스러스트 조정이 있다. 많은 압연기는 유압이나 스프링 장치를 이용하며 롤 간극을 조정한다.

웜기어 기구의 압하 장치를 통해 최적값으로 조정된 롤 간극은 롤 밸런스에 의해 유지된다. 롤은 최적의 간극으로 조정된 후 압연이 시작되지만, 압연이 진행됨에 따라 롤의 공형이 점차로 마멸되고 동일 공형을 나온 제품의 치수가 점차로 커지므로, 제품 치수를 일정하게 하기 위하여 때때로 압하를 가하고 롤 간극을 작게 조정한다. 공형의 마멸에 의한 롤 간극이 없어질 경우나 작업상의 잘못으로 인해 공형에 흠이 생긴 경우 등에는 새로운 롤로 교체한다. 특히, 공형 압연에서 스러스트(thrust) 조정은 상·하부 롤의 공형을 가지런하게 하기 위한 것인데, 원칙적으로는 상·하부 롤이 정확히 일치하도록 조정한다. 그러나 봉강의 압연에서는 <그림 5-13>과 같이 패스 스케줄이 리피터에서의 유도 중인 강이나 연속의 수평 롤 사이 등에서 압연 중인 강에 비틀림을 주는 일이 많은데, 이와 같은 경우에는 스러스트 조정을 하여 교정하는 일이 있다.

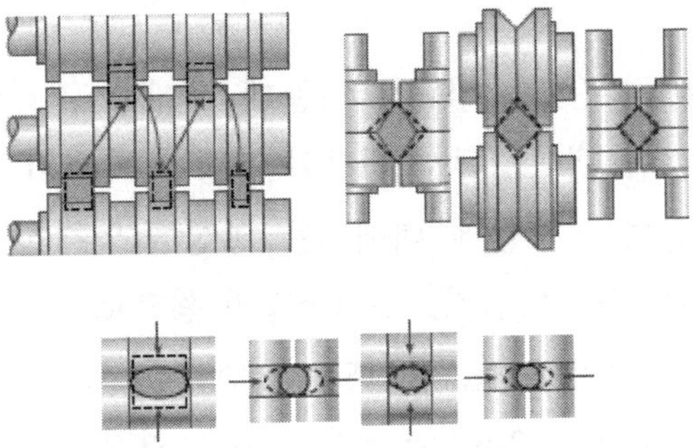

그림 5-13 ▌ 봉강의 패스 스케줄 형식

스러스트 조정을 하기 위해서는 한쪽 롤 축(roll chock)에 힘을 가하여 축방향으로 이동시키는 턴 버클(turn buckle) 기구를 갖춘 압연기를 많이 사용하고 있다.

4 교정과 검사 작업

1) 교정 공정

압연 공정에서 소정의 형상, 치수로 압연된 강재는 교정 공정으로 보내어진다. 열간 압연된 형강은 냉각상에서 냉각되는 사이 불균일에 의한 열응력 변형이 발생한다. 이것은 강재 단면의 비대칭성이나, 공냉 수냉 때의 불균일에 의한 것이 주원인이고 변형으로서는 복원, 구부러짐, 파도 등이 있다.

형강의 교정 방법은 제품에 반복해서 굽힘을 주는 방법이 주이고, 롤러 교정기, 프레스 교정기가 많이 사용되고 있다.

교정 작업의 공정은 절단 후에 하는 방법과 절단 전에 하는 방법이 있다. 전자의 특징은 후자에 비교해서 교정 이후의 설비비가 싸다. 후자의 특징은 다음과 같다.

① 장척 교정이고, 교정 능력이 높다.

② 제품의 길이 방향의 구부러짐이 냉각 중에 발생하기 어렵고, 또 제품 단부의 미교정 부분이 없다.

③ 냉간 절단을 하므로 길이의 정밀도가 높다.

2) 봉강의 교정

봉강의 교정 작업은 많은 공정을 필요로 하는데, 현재는 기계화, 자동화에 의해 이루어지고 있다. 압연한 다음 냉각상에서 냉각된 봉강은 다소의 휨이 생긴다. 다음 공정에서 기계 가공을 경유하는 제품에 대해서는 교정을 엄격히 하는 것이 보통이다. 휨 표시는 <그림 5-14>와 같이 일반적으로 1m당의 휨으로 표시하며, 또한 전장에 대한 휨에 제한을 가하는 경우가 있다. 압연된 후 냉각상, 절단 설비, 운반 방법 등에 의해 생기는 휨은 불가피하므로, 3mm/m까지는 휨을 인정하고 있다. 그러나 보다 정밀한 것이 요구되거나, 취급 부주의 등으로 인해 3mm/m 이상의 휨이 생겼을 때에는 교정기를 사용해서 교정한다.

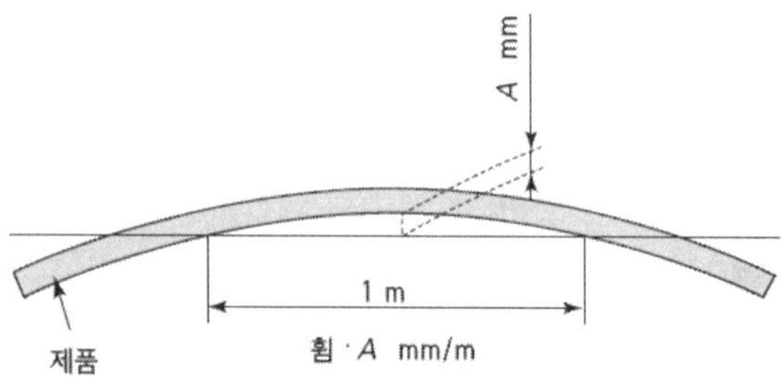

그림 5-14 ▌봉강의 휨 표시

3) 교정기

교정기는 프레스 교정기와 롤러 교정기가 주로 사용된다.

가) 프레스 교정기

프레스 교정기는 2개의 고정 지점과 상하로 이동하는 하나의 지점 사이에 제품을 끼워 이동 지점의 압력으로 제품을 변형, 교정하는 것으로, 유압을 사용하는 유압 교정기와 기계적인 힘을 사용하는 크랭크 교정기가 있다. 프레스 교정기에서는 롤러 교정기에서는 불가능한 양끝의 구부러짐, 중대형 형강의 직각도 불량이나 비틀림 등의 교정도 가능하다. 또한 원형봉, 각봉, 평강 등을 교정하므로 교정 범위가 넓은 장점은 있으나, 교정 후의 휨 정도가 낮은 것이 단점이다.

나) 롤러 교정기

롤러 교정기는 반대 방향으로 회전하는 롤을 다수 조합시킨 것으로, 필요에 따라 이것을 수평, 수직 또는 경사로 배열한 것이다. 이 교정기는 형강과 같이 불규칙한 단면 형상을 가지는 것도 교정이 가능하며, 비교적 고속도의 교정도 할 수 있기 때문에 많이 이용된다.

롤러의 취부 상태에 따라 편지식과 양지식이 있으며, 또 롤러 피치의 조정 방법에 따라 가변 피치형과 고정 피치형으로 나눌 수 있다. 교정 속도는 150m/min이하가 대부분이지만, 소형 형강에서는 330m/min, 장척 교정을 행하는 H형강 공장에서는 450m/min의 설비도 있다.

4) 검사

외관 검사는 귀, 긁힌 흠, 공형 자국, 롤 흠 등의 유무와 정도를 제품 그대로의 상태에서 육안 검사하는 것으로, 일반적으로 전수 검사를 한다. 치수 검사는 KS, 또는 수용자 간에 협약한 특정한 공차를 만족하기 위한 확인으로, 마이크로미터를 사용하여 1/100mm의 자리까지 전수 검사한다. 표면 흠 검사는 봉강의 흠에 상당한 것으로, 외관 검사에서는 발견할 수 없는 정도의 흠까지 검사한다.

MEMO

찾아보기

ㅇ

최신 열간압연공학

초 판 인쇄 | 2014년 9월 15일
초 판 발행 | 2014년 9월 20일
초 판 2쇄 발행 | 2018년 3월 20일
초 판 3쇄 발행 | 2023년 3월 31일

저 자 | 조수연 · 문희권 · 전우안 · 김형길

발행인 | 조규백
발행처 | **도서출판 구민사**
(07293) 서울특별시 영등포구 문래북로 116, 604호(문래동3가 46, 트리플렉스)
전화 (02) 701-7421(~2)
팩스 (02) 3273-9642
홈페이지 www.kuhminsa.co.kr

신고번호 | 제2012-000055호(1980년 2월 4일)
I S B N | 978-89-7074-962-4 93550

값 18,000원